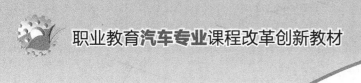

职业教育**汽车专业**课程改革创新教材

机械识图

（第2版）

Mechanical Graph Recognition
(2nd Edition)

柳阳明 丁同梅 ◎ 主编

人民邮电出版社
北京

图书在版编目（ＣＩＰ）数据

机械识图 / 柳阳明，丁同梅主编. -- 2版. -- 北京：
人民邮电出版社，2015.9（2017.8重印）
职业教育汽车专业课程改革创新教材
ISBN 978-7-115-40125-0

Ⅰ. ①机… Ⅱ. ①柳… ②丁… Ⅲ. ①机械图－识别
－中等专业学校－教材 Ⅳ. ①TH126.1

中国版本图书馆CIP数据核字(2015)第178525号

内 容 提 要

本书针对职业院校的教学要求，重点介绍了机械识图的基本知识和基本技能。全书共 10 章，主要内容包括：图样的基本知识、正投影和三视图、基本体的投影、组合体、机件的表达方法、标准件与常用件、零件图、装配图、展开图与焊接图的识读、计算机绘图（Auto CAD 2013）。

本书可作为职业院校机械类专业制图、识图课程的教材，也可供相关从业人员参考。

♦ 主　　编　柳阳明　丁同梅
　　副主编　陈秀萍
　　责任编辑　刘盛平
　　执行编辑　刘　佳
　　责任印制　张佳莹　杨林杰
♦ 人民邮电出版社出版发行　　北京市丰台区成寿寺路 11 号
　邮编　100164　　电子邮件　315@ptpress.com.cn
　网址　http://www.ptpress.com.cn
　固安县铭成印刷有限公司印刷
♦ 开本：787×1092　1/16
　印张：16.5　　　　　　　　　2015 年 9 月第 2 版
　字数：419 千字　　　　　　　2017 年 8 月河北第 2 次印刷

定价：38.00 元

读者服务热线：(010)81055256　印装质量热线：(010)81055316
反盗版热线：(010)81055315
广告经营许可证：京东工商广登字 20170147 号

第2版前言 PREFACE

随着国民经济和科学技术的快速发展，我国的汽车工业、交通运输业得到了前所未有的发展，汽车维修业也随之更加繁荣。国家已把汽车维修从业人员列为紧缺型人才之一，不断加大汽车维修人才的培养力度。但是目前技工学校和中职学校学生的文化基础、接受能力与社会现实的专业需求都存在着较大的差距，在这样的背景下因材施教显得格外重要。为此，我们组织了从事教学和实践多年的一线教师，从就业的实际需求出发，特别考虑技工和职业院校学生的特点，编写了《机械识图（第2版）》，以及与之配套的《机械识图习题集（第2版）》。本套书适合于90～130学时的教学安排。

本套书主要有以下特点。

（1）本套书既针对汽车维修专业，又兼顾了机械专业的通用性，知识体系完整，内容繁简得当，方便各学校、培训机构和自学者根据实际需要进行取舍。

（2）画图与识图是密不可分的，为了更好地掌握识图技能，本套书对画图及其相关的规则做了必要的交待。

（3）重点突出，本套书的核心内容是培养学生的空间想象力和识读各种机械图样的能力，对复杂的图形都配有立体图以帮助学生分析和理解。

（4）内容上突出了职业教育的特色，考虑了知识的实用性和中、高级技术工人等级考试标准的要求；顺序上遵循从易到难、从简到繁的原则；在专业上体现了汽车维修、制造等专业后续专业课的需求，如第7章零件图、第8章装配图、第10章计算机绘图都充分体现了专业特色。

（5）在方法上，讲解与实训采用1:1的比例，习题紧扣教材主题，不断引导学生进行分析、判断、答题，步步拔高，层层深入。

（6）本套书力求文字简练、图文并茂、通俗易懂。

（7）为了进一步加强学生的绘图能力，在第10章讲解了计算机绘图，主要介绍了Auto CAD 2013的基本操作和设置、文件管理、基本图形绘制、图形编辑、尺寸标注和打印出图等内容。内容多为实例，具有浅显、易懂、实用的特点。

（8）为方便教与学，全书配有课件。

本套书是由吉林化工学院、广东省高级技工学校和吉林工业职业技术学院工程图学教研室的教师共同编写的。本书由柳阳明、丁同梅任主编，陈秀萍任副主编。柳阳明编写了第8章和第10章，丁同梅编写了第1章、第2章、第4章和第7章，梁颖春编写了第3章和第9章，陈秀萍编写了第5章，杨健编写了第6章。

由于编者水平有限，书中难免存在不妥之处，敬请读者批评指正。

编者

2015年6月

目录 CONTENTS

图样的基本知识

为了便于生产和技术交流，必须对图样的内容、格式和表达方法等建立统一的标准。国家标准（简称"国标"，代号为"GB"），是绘制和识读图样的准绳。工程技术人员必须严格遵守国标的有关规定，树立标准化的概念。

知识目标

◎ 了解机械图样的作用和分类，建立图样概念。

◎ 掌握机械图样中图幅、比例、字体、图线的有关规定。

◎ 掌握机械图样中尺寸标注的有关规定。

◎ 掌握几何图形的画法。

技能目标

◎ 掌握图幅的种类、比例概念、图线的应用。

◎ 掌握常用的尺寸标注法。

◎ 掌握平面图形的尺寸分析、线段分析和基本作图方法。

第1节　制图国家标准简介

一、图样

根据投影原理、标准或有关规定，表示工程对象，并对有必要的技术进行说明的图，称为图样。在生产实际中，应用最广的图样是零件图和装配图。

1. 零件图

图 1-1 所示为千斤顶顶块的零件图。零件图是表示零件的结构、形状、大小及有关技术要求的图样，是加工零件的依据。

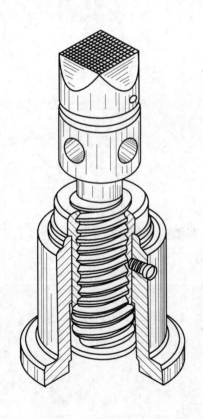
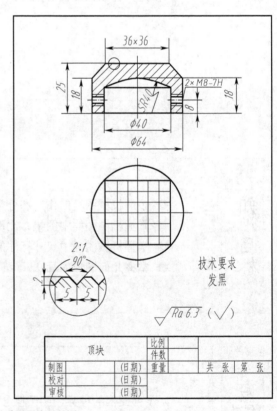

图 1-1　千斤顶顶块零件图

2. 装配图

图 1-2 所示为千斤顶装配图。装配图是表示组成机器各零件之间的连接方式和装配关系的图样。

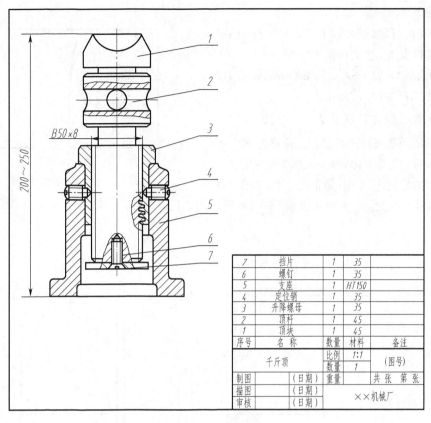

7	挡片	1	35
6	螺钉	1	35
5	支座	1	HT150
4	定位销	1	35
3	升降螺母	1	35
2	顶杆	1	45
1	顶块	1	45
序号	名　称	数量	材料	备注

千斤顶　　比例 1:1　（图号）
　　　　　数量 1

制图　（日期）　重量　共　张　第　张
描图　（日期）　　　××机械厂
审核　（日期）

图 1-2　千斤顶装配图

二、图纸幅面及格式（GB/T 14689—2008）

1. 图纸幅面

为了便于图样的绘制、使用、装订和保管以及符合缩微复制原件的要求，技术图样应画在具有一定格式和幅面的图纸上。绘制图样时，应按以下规定选用图纸幅面。

（1）应优先选用表 1-1 中规定的基本幅面。基本幅面共有 5 种，其尺寸关系如图 1-3 所示。

表 1-1　　　　　　　　　图纸基本幅面及图框尺寸　　　　　　　　　单位：mm

代号	B×L	a	c	e
A0	841×1 189	25	10	20
A1	594×841	25	10	20
A2	420×594	25	10	20
A3	297×420	25	5	10
A4	210×297	25	5	10

（2）必要时，也允许选用加长幅面。但加长幅面的尺寸必须与基本幅面的短边成整数倍。

2. 图框格式

（1）在图纸上必须用粗实线画出图框，其格式分为不留装订边和留装订边两种，但同一产品的图样只能采用一种格式。

（2）不留装订边的图纸，其图纸格式如图 1-4
所示，尺寸按表 1-1 中的规定。

（3）留有装订边的图纸，其图纸格式如图 1-5
所示，尺寸按表 1-1 中的规定。

3．标题栏的方位及格式

每张图纸都必须画出标题栏，标题栏的格式
和尺寸都应符合 GB/T 10609.1—2008 的规定。

标题栏的位置应位于图纸的右下角，如图 1-4
和图 1-5 所示。在制图作业中建议采用图 1-6 所示的格式。

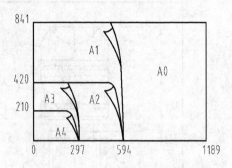

图 1-3　基本幅面的尺寸关系

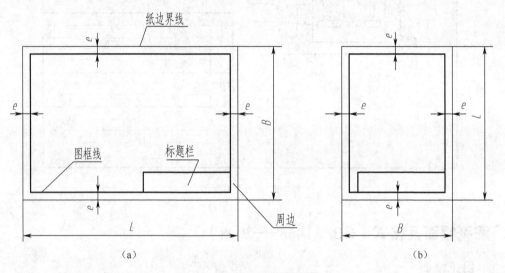

图 1-4　不留装订边的图框格式

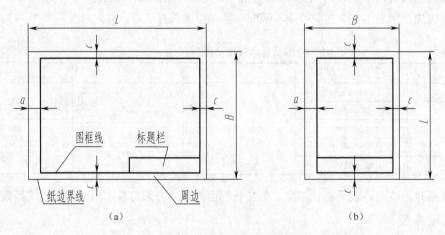

图 1-5　留有装订边的图框格式

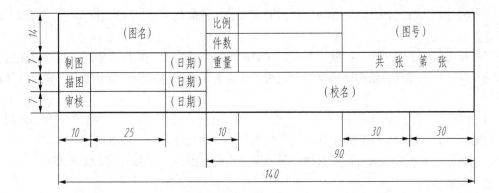

图 1-6　画零件图制图作业的标题栏格式

三、比例（GB/T 14690—1993）

1. 术语

（1）比例。比例是指图中图形与其实物相应要素的线性尺寸之比。

（2）原值比例。原值比例是指比例为 1 的比例，即 1:1。

（3）放大比例。放大比例是指比值大于 1 的比例，如 2:1 等。

（4）缩小比例。缩小比例是指比值小于 1 的比例，如 1:2 等。

2. 标注方法

（1）比例符号应以"："表示。比例的表示方法如 1:1、1:2、5:1 等。

（2）比例一般应标注在标题栏中的比例栏内。当需要按比例绘制图样时，应从表 1-2 规定的系列中选取适当的比例。

表 1-2　　　　　　　　　　比例系列

种类	优先选择系列	允许选择系列
原值比例	1:1	—
放大比例	5:1　　　2:1 $5 \times 10^n:1$　$2 \times 10^n:1$　$1 \times 10^n:1$	4:1　　　2.5:1 $4 \times 10^n:1$　$2.5 \times 10^n:1$
缩小比例	1:2　　　1:5　　　1:10 $1:2 \times 10^n:1$　$1:5 \times 10^n:1$　$1:1 \times 10^n$	1:1.5　　　1:2.5　　　1:3 $1:1.5 \times 10^n$　$1:2.5 \times 10^n$　$1:3 \times 10^n$ 1:4　　　1:6 $1:4 \times 10^n$　$1:6 \times 10^n$

四、字体（GB/T 14691—1993）

1. 基本要求

（1）图样中书写的汉字、数字和字母都必须做到：字体工整、笔画清楚、间隔均匀、排列整齐。

（2）字体高度（用 h 表示）的公称尺寸系列为：1.8 mm、2.5 mm、3.5 mm、5 mm、7 mm、10 mm、14 mm、20 mm。字体高度代表字体的号数。

（3）汉字应写成长仿宋体字，并应采用国家正式公布的简化字。汉字的高度 h 不应小于 3.5 mm，其字宽为 $h/\sqrt{2}$。

书写长仿宋体字的要领是：横平竖直、注意起落、结构均匀、填满方格。书写时要注意汉字结构的安排，应使各部分结构比例得当、疏密相宜。为保证字体大小一致和整齐，建议打格后再书写。

（4）字母和数字分为 A 型和 B 型。A 型字体的笔画宽度（d）为字高（h）的 1/14；B 型字体的笔画宽度（d）为字高（h）的 1/10。同一张图样上，只允许选用一种型式的字体。

（5）字母和数字可写成斜体和直体。斜体字字头向右倾斜，与水平基准线成 75°。

2. 字体示例

（1）汉字——长仿宋体字。

10 号字　字体工整 笔画清楚 间隔均匀 排列整齐

7 号字　横平竖直　注意起落　结构均匀　填满方格

5 号字　技术制图石油化工机械电子汽车航空船舶土木建筑矿山井坑港口纺织焊接设备工艺

（2）字母。

大写斜体　ABCDEFGHIJKLMNOPQRSTUVWXYZ

小写斜体　abcdefghijklmnopqrstuvwxyz

（3）阿拉伯数字。

斜体　0123456789

直体　0123456789

（4）罗马数字。

斜体　I II III IV V VI VII VIII IX X

直体　I II III IV V VI VII VIII IX X

五、图线

1. 线型及图线尺寸

现行有效的图线国家标准有以下两项：

① GB/T 17450—1998《技术制图　图线》；

② GB/T 4457.4—2002《机械制图　图样画法 图线》。

标准②主要规定了机械图样中采用的 9 种图线，其名称、线型、宽度和一般应用见表 1-3。

表 1-3　　　　　　　　机械制图的线型及其应用（摘自 GB/T 4457.4—2002）

图 线 名 称	线　　型	图线宽度	一 般 应 用
粗实线		d	（1）可见轮廓线 （2）可见棱边线
细实线		$d/2$	（1）尺寸线及尺寸界线 （2）剖面线 （3）过渡线
细虚线		$d/2$	（1）不可见轮廓线 （2）不可见棱边线
细点画线		$d/2$	（1）轴线 （2）对称中心线 （3）剖切线
波浪线		$d/2$	（1）断裂处边界线 （2）视图与剖视图的分界线
双折线		$d/2$	（1）断裂处边界线 （2）视图与剖视图的分界线
细双点画线		$d/2$	（1）相邻辅助零件的轮廓线 （2）可动零件的极限位置的轮廓线 （3）成形前轮廓线 （4）轨迹线
粗点画线		d	限定范围的表示线
粗虚线		d	允许表面处理的表示线

　　粗线、细线的宽度比例为 2:1（粗线宽度为 d，细线宽度为 $d/2$）。图线的宽度应根据图纸幅面的大小和所表达对象的复杂程度，在 0.13 mm，0.18 mm，0.25 mm，0.35 mm，0.5 mm，0.7 mm，1 mm，1.4 mm，2 mm 数系中选取（常用的为 0.25 mm，0.35 mm，0.5 mm，0.7 mm，1 mm）。在同一图样中，同类图线的宽度应一致。

2. 图线的应用

图线的应用示例如图 1-7 所示。

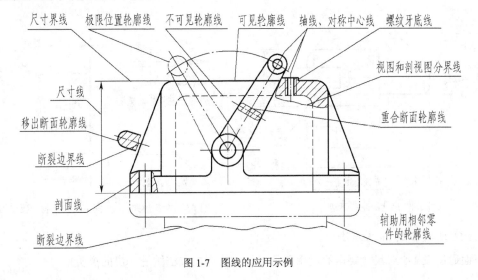

图 1-7　图线的应用示例

六、尺寸标注

1. 标注尺寸的基本规则

（1）机件的真实大小应以图样上所注的尺寸数值为依据，与图形的大小及绘图的准确度无关。

（2）图样中的尺寸如以毫米为单位时，不需标注单位的符号（或名称），如采用其他单位，则必须注明相应的单位符号。

（3）对机件的每一尺寸，一般只标注一次，并应标注在反映该结构最清晰的图形上。

（4）标注尺寸时，应尽可能使用符号和缩写词。常用的符号和缩写词见表 1-4。

表 1.4　　　　　　　　　　　常用的符号和缩写词

名称	符号和缩写词
直径	ϕ
半径	R
球直径	$S\phi$
球半径	SR
厚度	t
正方形	□
45°倒角	C
深度	▽
沉孔或锪平	⊔
埋头孔	∨
均布	EQS

2. 尺寸的组成

完整的尺寸由尺寸数字、尺寸线和尺寸界线等要素组成，其标注示例如图 1-8 所示，图中的尺寸线终端可以有箭头、斜线两种形式（机械图样中一般采用箭头作为尺寸线的终端）。箭头的形式如图 1-9 所示，适用于各种类型的图样；图 1-10 所示箭头的画法均不符合要求。

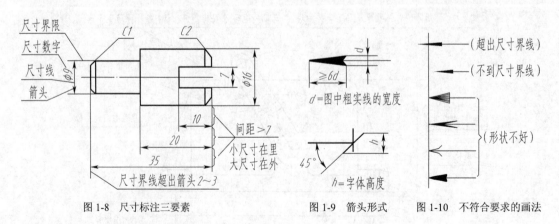

图 1-8　尺寸标注三要素　　　　图 1-9　箭头形式　　　图 1-10　不符合要求的画法

3. 常见尺寸的标注方法

下面通过表 1-5 对尺寸要素的运用和常见尺寸的标注方法做进一步的说明。

表 1-5　　　　　　　　　　　　　　　　　　常见尺寸的标注方法

项　目	说　明	图　例
尺寸数字	1. 线性尺寸的数字一般注在尺寸线的上方，也允许填写在尺寸线的中断处	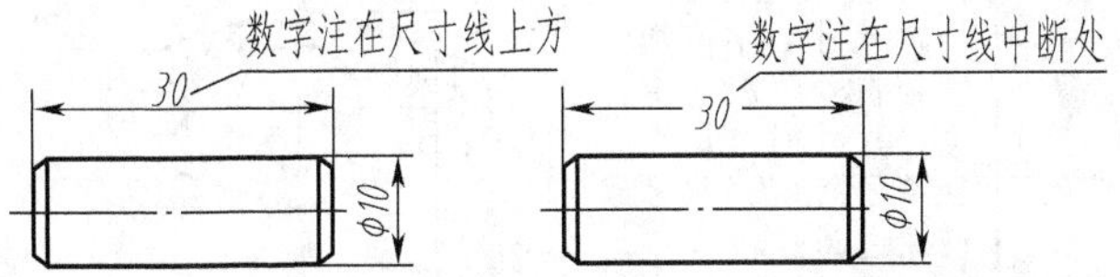 数字注在尺寸线上方　数字注在尺寸线中断处
	2. 线性尺寸的数字应按左图所示的方向填写，并尽量避免在图示 30°范围内标注尺寸（当无法避免时，可按中图所示的形式标注）。竖直方向尺寸数字也可按右图形式标注	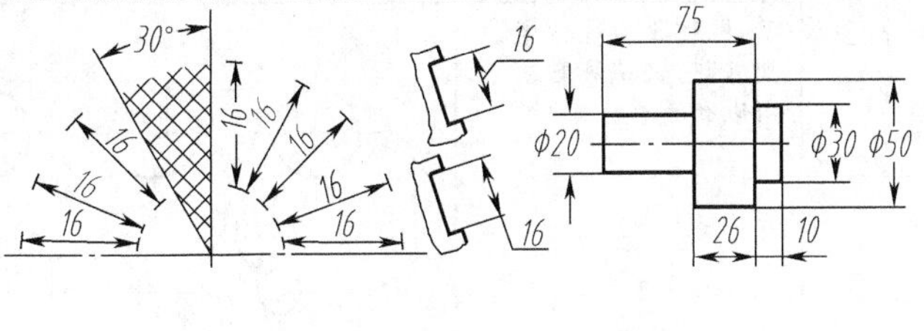
	3. 数字不可被任何图线所通过。当不可避免时，图线必须断开	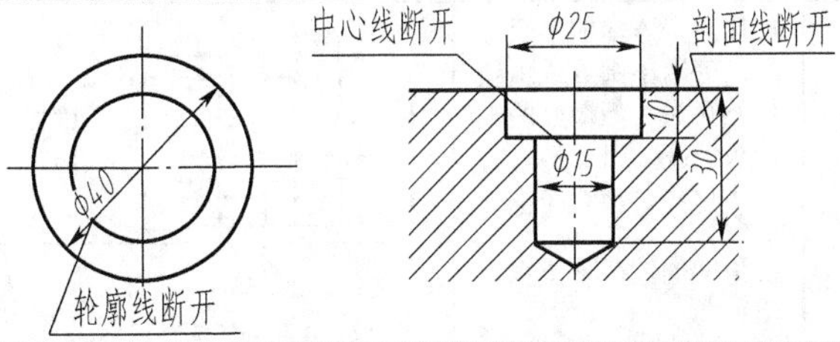 中心线断开　剖面线断开　轮廓线断开
尺寸线	1. 尺寸线必须用细实线单独画出。轮廓线、中心线或它们的延长线均不可作为尺寸线使用 2. 标注线性尺寸时，尺寸线必须与所标注的线段平行	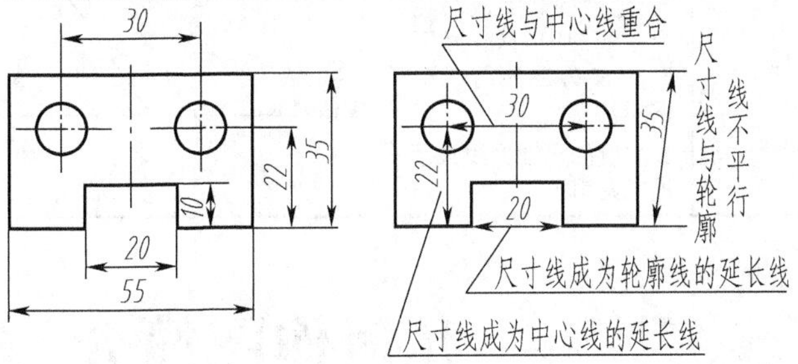 尺寸线与中心线重合　尺寸线不与轮廓平行 尺寸线成为轮廓线的延长线 尺寸线成为中心线的延长线 正确　　　　错误
尺寸界线	1. 尺寸界线用细实线绘制，也可以利用轮廓线[图（a）]或中心线[图（b）]作为尺寸界线 2. 尺寸界线应与尺寸线垂直。当尺寸界线过于贴近轮廓线时，允许倾斜画出[图（c）] 3. 在光滑过渡处标注尺寸时，必须用细实线将轮廓线延长，从它们的交点引出尺寸界线[图（d）]	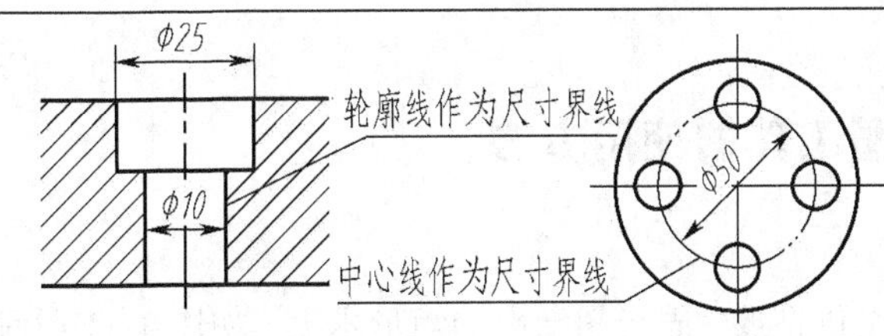 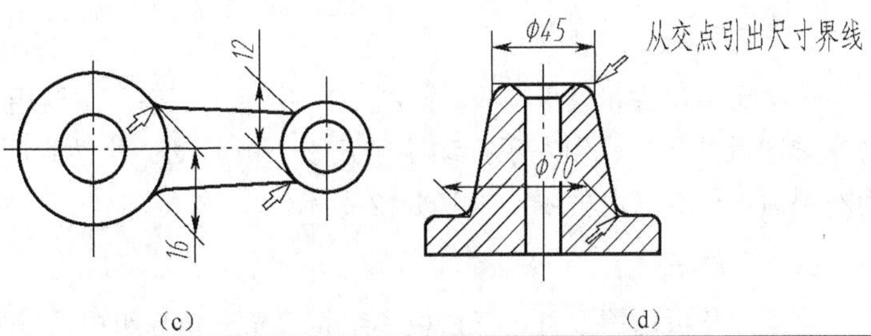 轮廓线作为尺寸界线 中心线作为尺寸界线 （a）　　　（b） 从交点引出尺寸界线 （c）　　　（d）

续表

项目	说明	图例
直径与半径	1. 标注直径尺寸时，应在尺寸数字前加注直径符号"φ"；标注半径尺寸时，加注半径符号"R"，尺寸线应通过圆心	
	2. 标注小直径或半径尺寸时，箭头和数字都可以布置在外面	
小尺寸的注法	1. 标注一连串的小尺寸时，可用小圆点或斜线代替箭头，但最外两端箭头仍应画出 2. 小尺寸可按右图标注	
角度	1. 角度的数字一律水平填写 2. 角度的数字应写在尺寸线的中断处，必要时允许写在外面或引出标注 3. 角度的尺寸界线必须沿径向引出	

第2节　几何作图简介

一、绘图工具的使用方法

1. 图板

图板是供铺放、固定图纸用的矩形木板，如图 1-11 所示。板面要求平整光滑，左侧为导边，必须平直。使用时，应注意保持图板的整洁完好。

2. 丁字尺

丁字尺由尺头和尺身构成，如图 1-11 所示。丁字尺主要用来画水平线。使用时，尺头内侧必须靠紧图板的导边，用左手推动丁字尺上、下移动。移动到所需位置后，改变手势，压住尺身，用右手由左至右画水平线，如图 1-12 所示。

3. 三角板

每副三角板由等腰直角三角板和细长直角三角板组成。等腰直角三角板的两个锐角都是 45°，细长三角板的锐角分别是 30°和 60°。将三角板和丁字尺配合使用，可画出垂直线、倾斜线和一些常用的特殊角度，如 15°、75°、105°等，如图 1-13、图 1-14 所示。

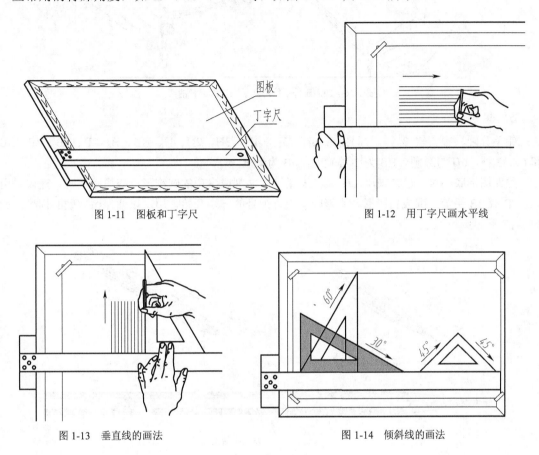

图 1-11　图板和丁字尺　　　　　　　　　图 1-12　用丁字尺画水平线

图 1-13　垂直线的画法　　　　　　　　　图 1-14　倾斜线的画法

4. 圆规

圆规主要用来画圆或圆弧。圆规的附件有钢针插脚、铅芯插脚、鸭嘴插脚和延伸插杆等。

画圆时，圆规的钢针应使用有肩台的一端，并使肩台与铅芯尖平齐，圆规的使用方法如图 1-15 和图 1-16 所示。

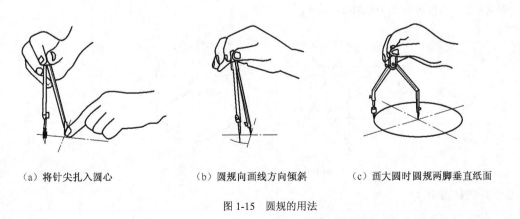

（a）将针尖扎入圆心　　　（b）圆规向画线方向倾斜　　　（c）画大圆时圆规两脚垂直纸面

图 1-15　圆规的用法

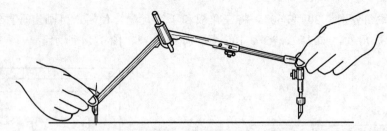

图 1-16 加入延伸插杆用双手画较大半径的圆

5. 铅笔

铅笔分硬、中、软 3 种。标号有：6H、5H、4H、3H、2H、H、HB、B、2B、3B、4B、5B 和 6B 13 种。6H 为最硬，HB 为中等硬度，6B 为最软。

绘制图形底稿时，建议采用 2H 或 3H 铅笔，并削成尖锐的圆锥形；描黑底稿时，建议采用 HB、B 或 2B 铅笔，削成扁铲形。铅笔应从没有标号的一端开始使用，以便保留软硬的标号，如图 1-17 所示。

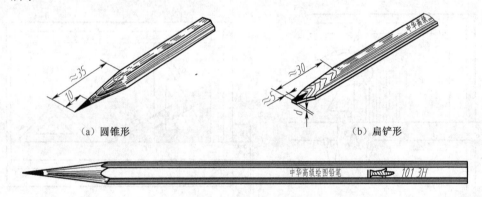

（a）圆锥形　　　　　　　　　　　　　　（b）扁铲形

（c）从无字端削

图 1-17　铅笔的削法

二、等分作图

1．圆周的三、六等分

圆周的三、六等分作图方法如图 1-18 所示。

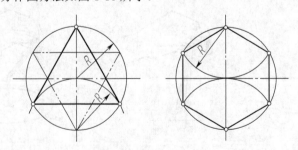

图 1-18　圆周的三、六等分

2．圆周的五等分

圆周的五等分作图方法如图 1-19 所示。

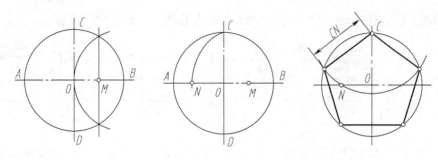

图 1-19　圆周的五等分

三、斜度、锥度

1. 斜度

斜度是指一直线对另一直线或一平面对另一平面的倾斜程度，其大小用两直线或两平面间夹角的正切值来表示，如图 1-20 所示，即 $\tan\alpha=\dfrac{H}{L}$。在图样上常以 1:n 的形式加以标注，并在其前面加上斜度符号"∠"（画法如图 1-20 所示，h 为宋体的高度，符号线宽为 $h/10$），符号的方向应与斜度方向一致。

斜度为 1:6 的方斜垫圈的绘制方法和标注方法如图 1-21 所示。

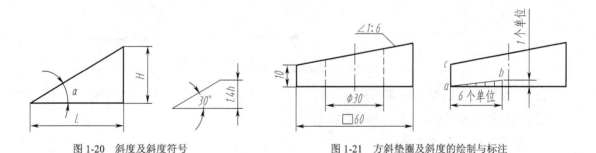

图 1-20　斜度及斜度符号　　　　　　图 1-21　方斜垫圈及斜度的绘制与标注

2. 锥度（C）

锥度是指圆锥的底圆直径与圆锥高度之比。如果是锥台，则为两底圆直径之差与锥台高度之比，如图 1-22 所示，即锥度 $C=\dfrac{D}{L}=\dfrac{D-d}{l}=2\tan\dfrac{\alpha}{2}$。

通常，锥度也以 1:n 的形式加以标注，并在 1:n 前面加上锥度符号"▷"。锥度符号的画法如图 1-23 所示。该符号应配置在基准线上，如图 1-23 所示，符号的方向应与锥度方向一致。

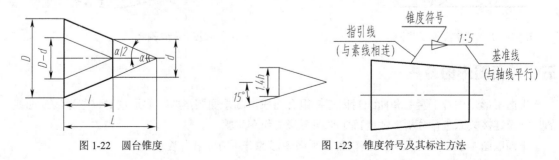

图 1-22　圆台锥度　　　　　　图 1-23　锥度符号及其标注方法

在图纸上以 1:n 的形式标注锥度，锥度的画法与标注方法如图 1-24 所示。

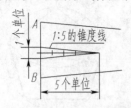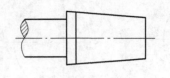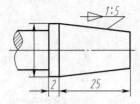

（a）作 1:5 的锥度线，并过已知点　　　（b）完成作图　　　　　（c）锥度的标注方法
　　　A、B 作锥度线的平行线

图 1-24　锥度的画法及标注方法

四、圆弧连接

1. 用圆弧连接两直线

用圆弧连接两直线，如图 1-25 所示。

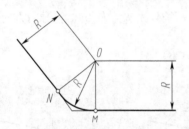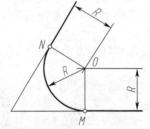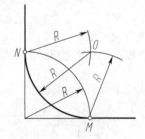

图 1-25　用圆弧连接两直线

2. 用圆弧连接已知直线与圆弧

用圆弧连接已知直线与圆弧，如图 1-26 所示。

3. 用圆弧连接两已知圆弧

用圆弧连接两已知圆弧，如图 1-27 所示。

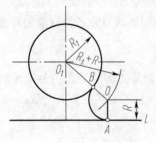

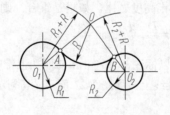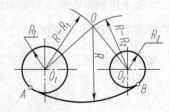

图 1-26　用圆弧连接直线和圆弧　　　　　　图 1-27　用圆弧连接两圆弧

五、平面图形的画法

平面图形是由若干直线和曲线封闭连接组合而成。画平面图形时，要通过对这些直线或曲线的尺寸及连接关系进行分析，才能确定平面图形的作图步骤。

下面以图 1-28 所示的手柄为例，说明平面图形的分析方法和作图步骤。

1. 尺寸分析

平面图形中所注尺寸按其作用可分为两类。

（1）定形尺寸。定形尺寸指确定形状大小的尺寸，如图 1-28 中的 $\phi20$、$\phi5$、15、$R15$、$R50$、$R10$、$\phi32$ 等尺寸。

（2）定位尺寸。定位尺寸是指确定各组成部分之间相对位置的尺寸，如图 1-28 中的 8 是确定 $\phi5$ 小圆位置的定位尺寸。有的尺寸既有定形尺寸的作用，又有定位尺寸的作用，如图 1-28 中的 75。

2. 线段分析

平面图形中的各线段，有的尺寸齐全，可以根据其定形、定位尺寸直接作图画出；有的尺寸不齐全，必须根据其连接关系通过几何作图的方法画出。按尺寸是否齐全，线段分为以下 3 类。

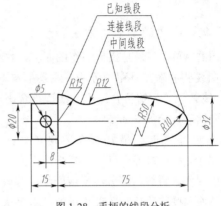

图 1-28　手柄的线段分析

（1）已知线段。已知线段指定形、定位尺寸均齐全的线段，如手柄的 $\phi5$、$R10$、$R15$。

（2）中间线段。中间线段指只有定形尺寸和一个定位尺寸，而缺少另一定位的线段。这类线段要在其相邻一端的线段画出后，再根据连接关系（如相切），通过几何作图的方法画出，如手柄的 $R50$。

（3）连接线段。连接线段指只有定形尺寸而缺少定位尺寸的线段，如手柄的 $R12$。

图 1-29 所示为手柄的作图步骤。

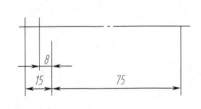

（a）画基准线

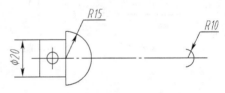

（b）画已知线段

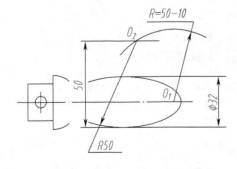

（c）画中间线段（求出圆心、切点）

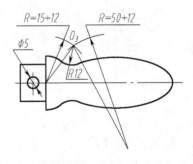

（d）画连接线段（求圆心、切点），描深图形

图 1-29　手柄的作图步骤

六、徒手画图简介

用绘图仪器画出的图，称为仪器图；以目测比例、按一定画法及要求，徒手绘制的图称为草图。草图是技术人员交谈、记录、构思、创作的有力工具。技术人员必须熟练掌握徒手作图的技巧。

1. 徒手画图的要求、方法和步骤

草图的"草"字只是指徒手作图而言，并没有允许潦草的含义。画草图的要求：① 草图上的线条和图线要清晰并且粗细分明，线条基本平直而且方向正确；② 目测尺寸要准，绘图速度要快；③ 线条长短大致符合比例，线型符合国家标准；④ 标注尺寸无误，字体工整；⑤ 画草图的铅笔要软些，例如 B 或 2B。

初学画草图时，最好画在方格（坐标）纸上，图形各部分之间的比例可借助方格数的比例来解决。熟练后可逐步减少使用方格纸，并在空白的图纸上画出工整的草图。画草图要手眼并用，作垂直线、等分线段或圆弧、截取相等的线段等，都是靠眼睛估计决定的。要想画好草图，必须掌握徒手绘制各种线条的基本手法。图 1-30 所示为徒手画水平线、竖直线、斜线的方法与步骤，图 1-31 所示为徒手画角度的方法与步骤，图 1-32 所示为徒手画圆的方法与步骤，图 1-33 所示为徒手画椭圆的方法与步骤。

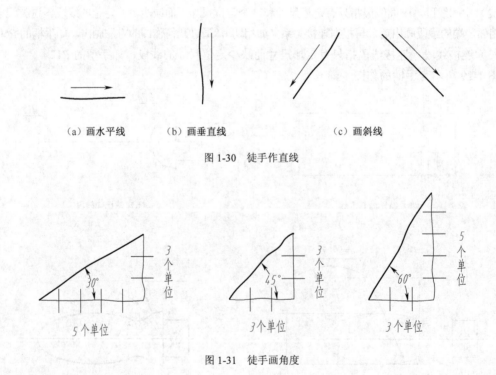

（a）画水平线　　（b）画垂直线　　　　（c）画斜线

图 1-30　徒手作直线

图 1-31　徒手画角度

2. 徒手画图实例

徒手画平面图形时，其步骤与仪器绘图的步骤相同。不要急于画细部，先要考虑大局，即要注意图形长与高的比例，也要注意图形的整体与细部的比例是否正确，要尽量做到直线平直、曲线光滑、尺寸完整。

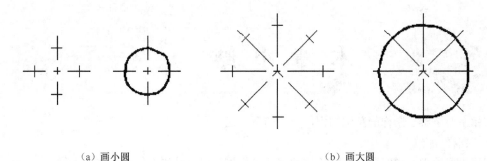

（a）画小圆　　　　　　　　　　　　　　　　（b）画大圆

图 1-32　徒手画圆

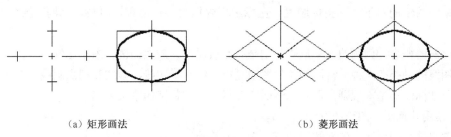

（a）矩形画法　　　　　　　　　　　　　　　　（b）菱形画法

图 1-33　徒手画椭圆

绘制如图 1-34 所示的垫片草图，其方法及步骤如下：

（1）分析所绘对象，选定绘图比例及图纸大小；

（2）布图、绘中心线；

（3）绘底图；

（4）加深；

（5）根据图形表达的需要绘尺寸界线及尺寸线；

（6）标注尺寸数值，填写必要的文字说明及标题栏内容，完成全图。

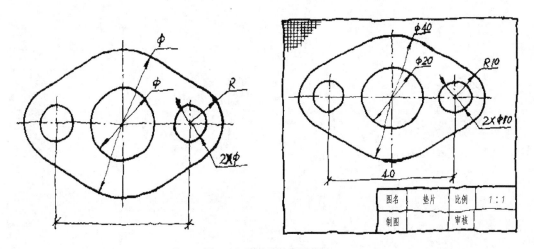

图 1-34　画垫片的平面草图

本 章 小 结

本章主要讲解了图样的基础知识，要点如下所述。

一、图样

根据投影原理，遵照国家标准绘制的用于工程施工或产品制造的图，称为图样。

二、制图国家标准简介

1．图纸幅面的 5 种基本形式，A0 尺寸最大，A4 尺寸最小。

2．每张图纸的右下角画出标题栏，在标题栏内填写零件名称、材料、比例、数量及姓名等内容。

3．比例的概念。比例的 3 种形式分别是：原值比例、放大比例、缩小比例。

4．图线的种类有 9 种。常用的 4 种图线是粗实线、细实线、虚线和细点画线。

5．尺寸标注的基本规则，尺寸标注的三要素，尺寸数字的字头方向。

三、常用几何图形的作图方法

1．常用等分圆周法，包括圆周的三、六、五等分。

2．圆弧连接的概念，包括任意角内、直线与圆弧、圆弧间的圆弧连接的作图方法。

3．锥度、斜度的画法。

4．平面图形的尺寸分析和线段分析方法，及平面图形的作图方法和步骤。

5．徒手画图的要求、方法和步骤。按照画草图的要求，掌握徒手画水平线、垂直线、斜线、角度、小圆、大圆以及椭圆的方法。

正投影法和三视图

　　正投影法能准确地表达物体的形状，且度量性好、作图方便，所以在工程上得到广泛应用。机械图样主要是用正投影法绘制的，以后除部分轴测图投影外，所述投影均指正投影。用正投影法把物体分别向 3 个互相垂直的投影面进行投射，所得到的视图，称为三视图。

知识目标

◎ 建立投影的概念，掌握正投影的特点和点、线、面的投影规律，为说明三视图的形成打下必要的基础。

◎ 正确理解投影面的概念，高度重视三视图的形成过程和三视图之间的投影关系。

技能目标

◎ 根据投影原理，运用正投影法准确地表达物体的形状。

◎ 熟练掌握三视图的形成过程和三视图之间的投影关系。

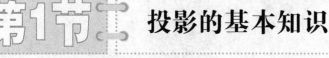

第1节　投影的基本知识

一、投影法的基本概念

物体在阳光或灯光的照射下，在地面或墙面上就会出现物体的影子，这就是在日常生活中所见到的投影现象。人们对这种现象进行科学的总结和抽象，提出了投影法。

所谓投影法，就是投射线通过物体，向选定的投影面投射，并在该面上得到物体图形的方法。

二、投影法的分类

投影法分为中心投影法和平行投影法两种。

1. 中心投影法

投射线汇交于一点的投影法，称为中心投影法，如图 2-1 所示。用这种方法所得的投影称为中心投影。

2. 平行投影法

投射线相互平行的投影法，称为平行投影法。

在平行投影法中，按投射线是否垂直于投影面分类，又可分为斜投影法和正投影法。

（1）斜投影法。斜投影法是指投射线与投影面相倾斜的平行投影法。根据斜投影法所得到的图形，称为斜投影或斜投影图，如图 2-2（a）所示。

（2）正投影法。正投影法是指投射线与投影面相垂直的平行投影法。根据正投影法所得到的图形，称为正投影或正投影图，如图 2-2（b）所示，可简称为投影。

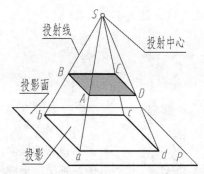

图 2-1　中心投影法

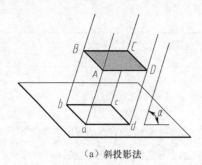

（a）斜投影法

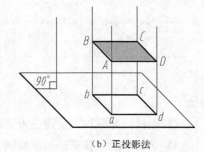

（b）正投影法

图 2-2　平行投影法

由于正投影法的投射线相互平行且垂直于投影面，所以，当空间平面图形平行于投影面时，其投影将反映该平面图形的真实形状和大小，即使改变它与投影面之间的距离，其投影形状和大小不会改变。因此，绘制机械图样主要采用正投影法。

三、正投影的基本特性

（1）显实性。当直线或平面与投影面平行时，则直线的投影反映实长，平面的投影反映实形的性质，称为显实性，如图 2-3（a）所示。

（2）积聚性。当直线或平面与投影面垂直时，则直线的投影积聚成一点，平面的投影积聚成一条直线的性质，称为积聚性，如图 2-3（b）所示。

（3）类似性。当直线或平面与投影面倾斜时，其直线的投影长度变短，平面的投影面积变小，但投影的形状仍与原来的形状相类似，这种投影性质，称为类似性，如图 2-3（c）所示。

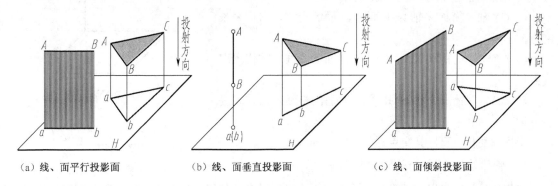

（a）线、面平行投影面　　　　（b）线、面垂直投影面　　　　（c）线、面倾斜投影面

图 2-3　正投影的基本特性

第2节　三视图的形成及其对应关系

一、视图的基本概念

用正投影法将机件向投影面投影所得到的图形，称为视图。

在正投影中只用一个视图是不能确定物体的形状和大小的。图 2-4 所示为几个不同形状的物体，它们在投影面上的投影完全相同。因此，为了确切表示物体的形状和大小，必须从几个方向进行投影。也就是要用几个视图才能完整地表达物体的形状和大小。在实际绘图中，常用的是三视图。

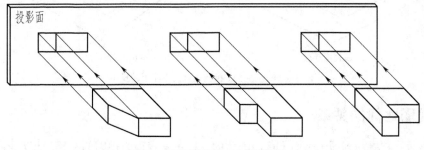

图 2-4　不同物体的一个相同视图

二、三视图的形成

1. 三投影面体系

3 个互相垂直的投影面构成三投影面体系，如图 2-5 所示。

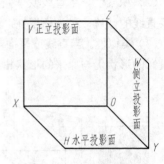

图 2-5　三投影面体系

- 正立投影面：简称正面，用 V 表示。
- 水平投影面：简称水平面，用 H 表示。
- 侧立投影面：简称侧面，用 W 表示。

两个投影面的交线，称为投影轴。

- OX 轴（简称 X 轴）：V 面和 H 面的交线，它代表长度方向。
- OY 轴（简称 Y 轴）：W 面和 H 面的交线，它代表宽度方向。
- OZ 轴（简称 Z 轴）：W 面和 V 面的交线，它代表高度方向。

坐标轴互相垂直，其交点称为原点。

2. 物体在三投影面体系中的投影

将物体放在三投影面体系中，分别向 3 个投影面做正投影，如图 2-6（a）所示，即可分别得到物体的正面投影、水平面投影和侧面投影。

3. 三投影面的展开

为了便于画图与看图，需将 3 个相互垂直的投影面展开摊平在同一个平面上。其展开方法是：正面（V 面）不动，水平面（H 面）绕 OX 轴向下旋转 90°，侧面（W 面）绕 OZ 轴向右后旋转 90°，如图 2-6（b）所示，分别旋转到与正面处在同一平面上。

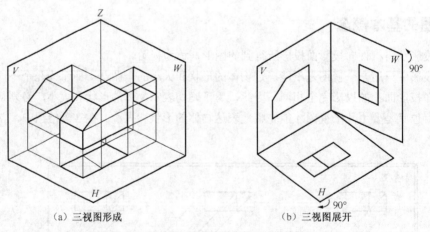

（a）三视图形成　　　　　　　　　　　（b）三视图展开

图 2-6　物体在 3 个相互垂直投影面上的投影

三、三视图之间的关系

将投影面旋转展开到同一平面上后，物体的三视图就表现为规则的配置，相互之间形成了一定的对应关系。

1．位置关系

以主视图为准，俯视图放置在它的正下方，左视图放置在它的正右方，如图 2-7 所示。画三视图时，要严格按此位置关系进行绘制。

2．尺寸关系

物体有长、宽、高 3 个方向的尺寸，每个视图都反映物体两个方向的尺寸：主视图反映物体的长度和高度，俯视图反映物体的长度和宽度，左视图反映物体的宽度和高度。

由于三视图反映的是同一物体，所以相邻两个视图同一方向的尺寸必定相等。

- 主、俯视图同时反映物体的左右长度，相等且对正。
- 主、左视图同时反映物体的上下高度，相等且平齐。
- 俯、左视图同时反映物体的前后宽度，宽度相等。

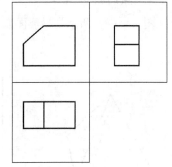

图 2-7　摊平的三视图

三视图之间"长对正、高平齐、宽相等"的"三等"关系，就是三视图的投影规律，对于物体的整体或局部都是如此。这是画图、读图的依据，要严格遵循，如图 2-8 所示。

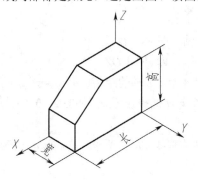

（a）物体上的长、宽、高

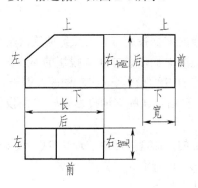

（b）"三等"关系及方向

图 2-8　三视图之间的对应关系

3．方位关系

物体有上、下、左、右、前、后 6 个方位。主视图反映物体的上、下和左、右，俯视图反映物体的左、右和前、后，左视图反映物体的前、后和上、下。

由俯视图和左视图所反映的宽相等，以及前后位置关系，初学者容易搞错，这是由于 H、W 两投影面在展开摊平时按不同的方向转过 90° 的缘故。应该注意在俯、左视图中，靠近主视图的边，表示物体的后面，远离主视图的边，则表示物体的前面，如图 2-8 所示。

第3节　物体几何要素的投影

一、点的投影

点是最基本的几何要素。为了迅速而正确地画出物体的三视图，必须掌握点的投影规律。

例如，如图 2-9（a）所示的正三棱锥，求 S 点的正面投影，就是分别向 3 个投影面作垂线，则其垂足 s、s'、s'' 即为点 S 的三面投影，如图 2-9（b）所示。

1. 点的投影规律

图 2-9（c）所示是投影面展开后的投影图，由投影图可看出，点的投影有如下规律。

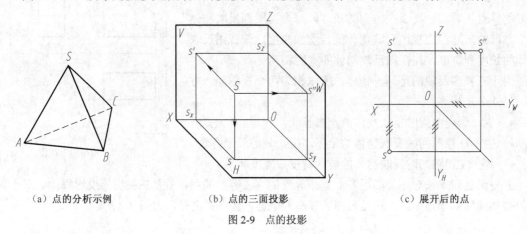

（a）点的分析示例　　　　　　（b）点的三面投影　　　　　　（c）展开后的点

图 2-9　点的投影

（1）点的 V 面投影与 H 面投影的连线垂直于 OX 轴，即 $s's \perp OX$。

（2）点的 V 面投影与 W 面投影的连线垂直于 OZ 轴，即 $s's'' \perp OZ$。

（3）点的 H 面投影至 OX 轴的距离等于其 W 面投影至 OZ 轴的距离，即 $ss_x = s''s_z$。

例 1　已知点 A 的 V 面投影 a' 与 W 面投影 a''，求作 H 面投影图 a，如图 2-10（a）所示。

分析：

根据点的投影规律可知，$a'a \perp OX$，过 a' 作 OX 轴的垂线 $a'a_X$，所求 a 必在 $a'a_X$ 的延长线上，由 $a''a_Z = aa_X$，可确定 a 的位置。

作图步骤如下。

（1）过 a' 作 $a'a_X \perp OX$，并延长，如图 2-10（b）所示。

（2）量取 $a''a_Z = aa_X$，求得 a。也可利用 45° 线作图，如图 2-10（c）所示。

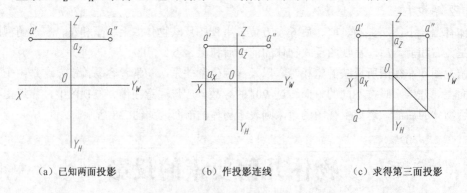

（a）已知两面投影　　　　　　（b）作投影连线　　　　　　（c）求得第三面投影

图 2-10　根据点的两面投影求第三面投影

2. 点的投影与直角坐标

如图 2-11（a）所示，如果将 3 个投影面作为坐标面，投影轴作为坐标轴，O 为坐标原点，则空间点 S 到 3 个投影面的距离即是 S 点的坐标。

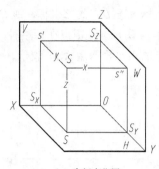
（a）空间点位置

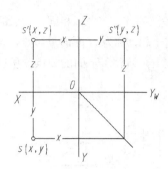
（b）投影点的坐标

图 2-11　点的投影与坐标的关系

（1）点到 W 面的距离 $Ss'' = s's_Z = ss_Y = Os_X = S$ 点的 X 坐标。

（2）点到 V 面的距离 $Ss' = ss_X = s''s_Z = Os_Y = S$ 点的 Y 坐标。

（3）点到 H 面的距离 $Ss = s's_X = s''s_Y = Os_Z = S$ 点的 Z 坐标。

空间一点的位置可由该点的坐标（x，y，z）确定，如图 2-11（b）所示。S 点三面投影坐标分别为 s（x，y），s'（x，z），s''（y，z）。任一投影都由其中的两个坐标确定，所以一点的两个投影就包含了确定该点空间位置的 3 个坐标，即确定了点的空间位置。

例 2　已知空间点 B（20，40，30），求作 B 点的三面投影。

分析：

已知空间点的 3 个坐标，便可作出该点的两个投影，再求作另一个投影，如图 2-12 所示。

作图步骤如下。

（1）在 OX 轴上向左量取 20，得 b_X。

（2）过 b_X 作 OX 轴的垂线，在此垂线上向下量取 40 得 b；向上量取 30 得 b'。

（3）由 b、b' 作出 b''。

3．两点相对位置

空间两点的相对位置可由它们同面投影的坐标大小来确

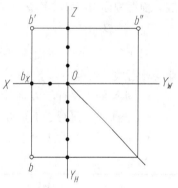

图 2-12　根据点的坐标作投影图

定。如图 2-13 所示，A 点的 X 坐标大于 B 点的 X 坐标，A 点在 B 点左侧；A 点的 Y 坐标大于 B 点的 Y 坐标，A 点在 B 点前方；A 点的 Z 坐标小于 B 点的 Z 坐标，A 点在 B 点下方。

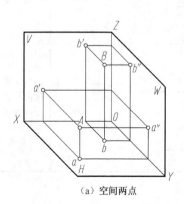
（a）空间两点

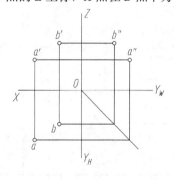
（b）两点的投影

图 2-13　两点的相对位置

如果 C 点和 D 点的 X、Y 坐标相同，C 点的 Z 坐标大于 D 点的 Z 坐标，则 C 点和 D 点的 H 面投影 c 和 d 重合在一起，称为 H 面的重影点，如图 2-14 所示。重影点在标注时，将不可见的投影加括号，如 C 点在上，遮住了下面的 D 点，所以 D 点的水平投影用 (d) 表示。

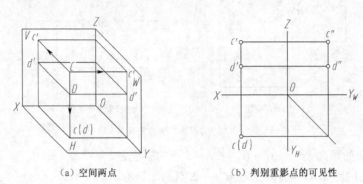

（a）空间两点　　　　　　　　　　　（b）判别重影点的可见性

图 2-14　重影点的投影

二、直线的投影

直线按其与投影面的相对位置不同可分为 3 种：投影面平行线、投影面垂直线、一般位置直线。前两种称为特殊位置直线。

1. 投影面平行线

只平行于一个投影面，与另外两个投影面倾斜的直线，称为投影面平行线（见表 2-1）。投影面平行线又可分为以下 3 种。

- 水平线：平行于 H 面并与 V、W 面倾斜的直线。
- 正平线：平行于 V 面并与 H、W 面倾斜的直线。
- 侧平线：平行于 W 面并与 H、V 面倾斜的直线。

表 2-1　　　　　　　　　　　　　　　投影面平行线

	三视图	投影图	投影特性
水平线			（1）水平投影 ab 反映实长 （2）正面投影 $a'b' /\!/ OX$，侧面投影 $a''b'' /\!/ OY_W$，都不反映实长
正平线			（1）正面投影 $a'b'$ 反映实长 （2）水平投影 $ab /\!/ OX$，侧面投影 $a''b'' /\!/ OZ$，都不反映实长

续表

三视图	投影图	投影特性
侧平线		（1）侧面投影 $a''b''$ 反映实长 （2）正面投影 $a'b' \parallel OZ$，水平投影 $ab \parallel OY_H$，都不反映实长

投影面平行线的投影特性：在直线所平行的投影面上，其投影反映实长并倾斜于投影轴；另外两个投影分别平行于相应投影轴，且小于实长。

2. 投影面垂直线

垂直于一个投影面的直线，称为投影面垂直线（见表 2-2）。投影面垂直线有以下 3 种位置。

- 铅垂线：垂直于 H 面，与 V、W 面平行的直线。
- 正垂线：垂直于 V 面，与 H、W 面平行的直线。
- 侧垂线：垂直于 W 面，与 H、V 面平行的直线。

表 2-2　　　　　　　　　　　　　　投影面垂直线

	三视图	投影图	投影特性
铅垂线			（1）水平投影积聚成一点 $a(b)$ （2）正面投影 $a'b' \perp OX$，侧面投影 $a''b'' \perp OY_W$，都反映实长
正垂线			（1）正面投影积聚成一点 $a'(b')$ （2）水平投影 $ab \perp OX$，侧面投影 $a''b'' \perp OZ$，都反映实长
侧垂线			（1）侧面投影积聚成一点 $a''(b'')$ （2）水平投影 $ab \perp OY_H$，正面投影 $a'b' \perp OZ$，都反映实长

投影面垂直线的投影特性：在所垂直的投影面上，其投影积聚成一点；另外两个投影分别垂直于相应的投影轴，且反映实长。

3．一般位置直线

与 3 个投影面都处于倾斜位置的直线，称为一般位置直线，如图 2-15 所示。

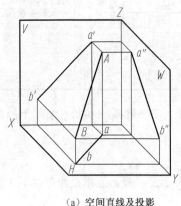

（a）空间直线及投影　　　　　　　　　（b）展开的投影图

图 2-15　一般位置直线的投影

一般位置直线的投影特性：3 个投影都倾斜于投影轴；3 个投影的长度均小于空间直线段的实长。

三、平面的投影

平面按其与投影面的相对位置不同也有 3 种：投影面平行面、投影面垂直面、一般位置平面。前两种称为特殊位置平面。

1．投影面平行面

平行于一个投影面的平面，称为投影面平行面（见表 2-3）。投影面平行面有以下 3 种位置。

- 水平面：平行于 H 面，垂直于 V、W 面的平面。
- 正平面：平行于 V 面，垂直于 H、W 面的平面。
- 侧平面：平行于 W 面，垂直于 V、H 面的平面。

表 2-3　　　　　　　　　　　　　　　　投影面平行面

	三视图	投影图	投影特性
水平面			（1）水平投影反映实形 （2）正面投影积聚成直线且平行于 OX，侧面投影积聚成直线且平行于 OY_W

三视图	投影图	投影特性
正平面		(1) 正面投影反映实形 (2) 水平投影积聚成直线且平行于 OX，侧面投影积聚成直线且平行于 OZ
侧平面		(1) 侧面投影反映实形 (2) 水平投影积聚成直线且平行于 OY_H，正面投影积聚成直线且平行于 OZ

投影面平行面的投影特性：在平面所平行的投影面上，其投影反映实形；另外两个投影积聚成直线且分别平行于相应的投影轴。

2. 投影面垂直面

垂直于一个投影面，与另外两个投影面倾斜的平面，称为投影面垂直面（见表 2-4）。投影面垂直面有以下 3 种位置。

- 铅垂面：垂直于 H 面，与 V、W 面倾斜的平面。
- 正垂面：垂直于 V 面，与 H、W 面倾斜的平面。
- 侧垂面：垂直于 W 面，与 H、V 面倾斜的平面。

表 2-4　　　　　　　　　　　　投影面垂直面

三视图	投影图	投影特性
铅垂面		(1) 水平投影积聚成直线 (2) 正面和侧面投影为缩小的类似形

续表

三视图	投影图	投影特性
正垂面		（1）正面影积聚成直线 （2）水平和侧面投影为缩小的类似形
侧垂面		（1）侧面投影积聚成直线 （2）水平和正面投影为缩小的类似形

投影面垂直面的投影特性：在平面所垂直的投影面上，其投影积聚成一倾斜的直线；另外两个投影均为缩小的类似形。

3. 一般位置平面

与 3 个投影面都倾斜的平面，称为一般位置平面。

如图 2-16 所示，△ABC 与 V 面、H 面、W 面都倾斜，所以在 3 个投影面上的投影都不反映平面实形，均为缩小的类似形。

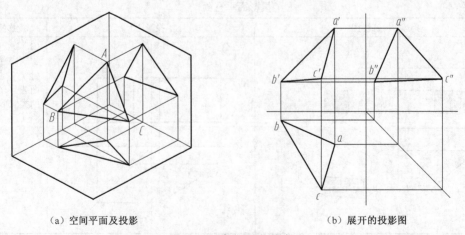

（a）空间平面及投影　　　　　　　　（b）展开的投影图

图 2-16　一般位置平面的投影

本 章 小 结

本章主要讲解投影的基本知识，三视图的形成及点、直线、平面的投影。

一、正投影法

投射线垂直于投影面的平行投影法为正投影法。正投影图能准确表达物体的形状和大小，度量性好，作图简便，正投影的基本性质为显实性、积聚性、类似性。

二、三视图的形成及对应关系

1．三投影面

正立投影面，用 V 表示；水平投影面，用 H 表示；侧立投影面，用 W 表示。H、V 及 W 这 3 个面相互垂直。

2．视图之间的对应关系

（1）主、俯视图——长对正。

（2）主、左视图——高平齐。

（3）俯、左视图——宽相等。

三、点、直线、平面的投影

1．点的投影规律

（1）点的正面投影与水平投影的连线垂直于 OX 轴。

（2）点的正面投影和侧面投影的连线垂直于 OZ 轴。

（3）点的水平投影到 OX 轴的距离等于点的侧面投影到 OZ 轴的距离。

2．直线段的投影特性

（1）投影面平行线：在所平行的投影面上的投影为斜线，反映实长；而在其他两面的投影比空间直线缩短，且平行于所平行的投影面上的两个投影轴。

（2）投影面垂直线：在所垂直的投影面上投影积聚成点，在其他两面的投影反映空间线段实长且垂直于所垂直的投影面上的两个投影轴。

（3）一般位置直线：它的三面投影均小于实长，且与投影轴倾斜。

3．平面的投影特性

（1）投影面平行面：在所平行的投影面上的投影反映实形；在其他面投影积聚为直线，分别平行于所平行的投影面上的两个投影轴。

（2）投影面垂直面：在所垂直的投影面上的投影积聚为斜线，与其他两面投影为类似形。

（3）一般位置平面：在 3 投影个面的投影均为类似形。

第3章

基本体的投影

　　一般机件都可以看成由若干基本几何体按一定的方式组合而成，这些基本几何体根据其表面的几何性质可分为平面立体和曲面立体两类。由平面所围成的基本体称为平面立体，如棱柱、棱锥；由曲面或曲面与平面围成的基本体称为曲面立体，如圆柱、圆锥、圆球等。

　　在机械零件中还常见立体被平面切割而形成的截交线或两立体相交而形成的相贯线的形体，了解它们的画法有利于读图，同时为了读图时对机件进行具体分析，了解轴测图的画法也是非常必要的。

知识目标

◎ 掌握基本体的三视图和投影特点。
◎ 了解正等轴测图、斜二轴测图投影特点。
◎ 了解基本体的截交线与相贯线的画法特点。

技能目标

◎ 能根据基本体三视图想象出基本体的形状。
◎ 会用投影关系画出基本体的三视图。
◎ 能叙述正等轴测图、斜二轴测图投影特点及基本体的截交线与相贯线的画法特点，能根据投影特点画出形体的正等轴测图、斜二轴测图。

第1节 平 面 体

平面立体主要分为棱柱和棱锥两种。由于平面立体表面均为平面形，因此不管是什么形状的平面体只要作出各个平面形的投影，就能绘出该平面立体的视图。

一、棱柱

1. 棱柱的三视图

棱柱由底面和棱面所围成，且各棱线相互平行，常见的棱柱有三棱柱、四棱柱、五棱柱、六棱柱等。下面以六棱柱为例分析棱柱的投影和作图方法。

图 3-1（a）所示为六棱柱的直观图。该六棱柱的上下底面平行于水平面，水平投影重合，为正六边形，正面和侧面投影积聚成直线；其前后两棱面平行于正面，正面投影重合为矩形线框，水平和侧面投影积聚成直线；其余 4 个侧面为铅垂面，水平投影为直线，正面与侧面投影为矩形线框，是类似形。

如图 3-1（b）和图 3-1（c）所示，在画棱柱投影图时，一般先画底面的投影，再画棱面的投影，并判断可见性，具体步骤如下：

（1）画对称中心线；

（2）画底面的三面投影，水平投影为正六边形，另两面投影积聚为直线；

（3）量取高度并按三等关系画其他各面的三面投影。

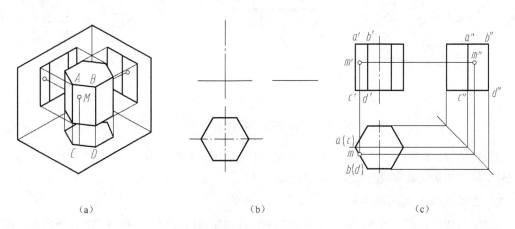

(a)　　　　　　　　(b)　　　　　　　　(c)

图 3-1　六棱柱的三视图及表面上点的投影

直棱柱三面投影的特征：一个投影具有积聚性，是反映棱柱形状特征的多边形；另两个投影由实线或虚线矩形线框组成。

2. 求棱柱表面上点的投影

棱柱表面上点的投影可根据投影的积聚性求得。如图 3-1（c）所示，点 m 在六棱柱的棱面上，该棱面的水平投影积聚成直线，点 m 的水平投影在该直线上。已知 m 的正面投影 m'，可由 m' 直接作出 m，再由 m′ 和 m 求出 m″。由于棱面 ABCD 的侧面投影可见，m″ 为可见点。

二、棱锥

棱锥的底面为多边形，各棱面是若干具有公共顶点的三角形，从棱锥顶点到底面的距离叫作锥高，当棱锥底面为正多边形，各侧面是全等的等腰三角形时，称为正棱锥。常见的有三棱锥、四棱锥、五棱锥等。

1. 棱锥的三视图

图 3-2（a）所示为正三棱锥，底面为正三角形，平行于水平面，其水平投影反映实形；有一个棱面为侧垂面，侧面投影积聚为直线；其他两个棱面为一般位置平面，它们在各投影面上的投影均为类似的三角形。

画棱锥的三视图时，一般先画底面和锥顶的各个投影，然后将锥顶与底面各顶点的同名投影连接起来，即可完成三面投影图，具体步骤如下：

（1）作正三棱锥的对称中心线及水平投影为三角形的底面的三面投影，如图 3-2（b）所示；

（2）根据三棱锥的高度定出锥顶的投影位置，画出锥顶的三面投影，如图 3-2（b）所示；

（3）用直线连接锥顶与底面各顶点的同名投影，画出各棱线并加深，如图 3-2（c）所示。

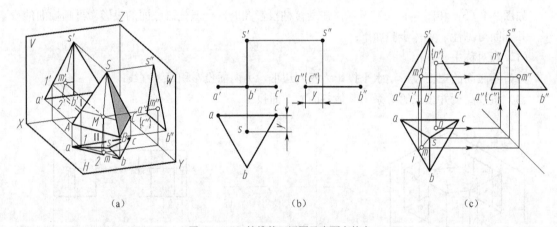

| (a) | (b) | (c) |

图 3-2　正三棱锥的三视图及表面上的点

棱锥体的投影特征：一个投影的外形轮廓为正 n 边形，其内部为 n 个等腰三角形，另两个投影的外形轮廓由实线或虚线的三角形线框组成。

2. 棱锥表面上点的投影

棱锥特殊位置表面上的点，可利用投影的积聚性直接求得；属于一般位置表面上的点，可用在平面上作辅助线的方法求得。

如图 3-2（c）所示，已知棱面 △SAB 上点 M 的正面投影 m′ 和棱面 △SAC 上点 N 的水平投影 n，求作 M、N 的另两面投影。棱面 △SAB 是一般位置平面可用辅助线法求得，首先过 M 作辅助线 SI，其正面投影 s′i 过 m′ 并与 a′b′ 交于 i′，根据点的投影规律求出 i，连 si 则 m 必在 si 上，再由 m、m′ 求出 m″，由于 △SAB 的水平投影和侧面投影可见，故 m″ 和 m 可见。棱面 △SAC 是侧垂面可利用投影的积聚性直接求得，如图 3-2（c）所示。

常见的平面立体三面投影见表 3-1。

表 3-1　　　　　　　　　　　常见的平面立体的三面投影

三棱柱	四棱柱	五棱柱
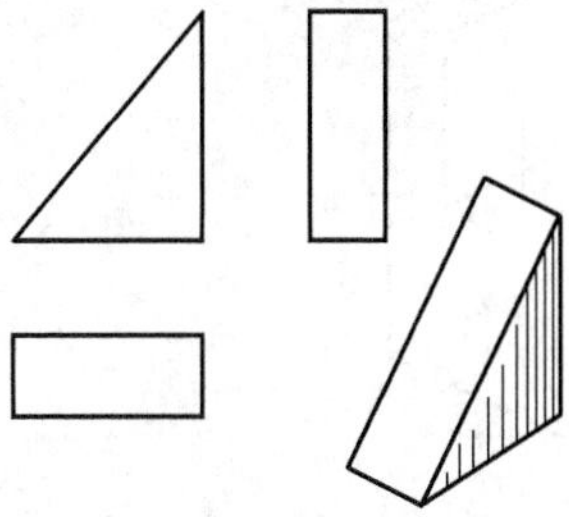	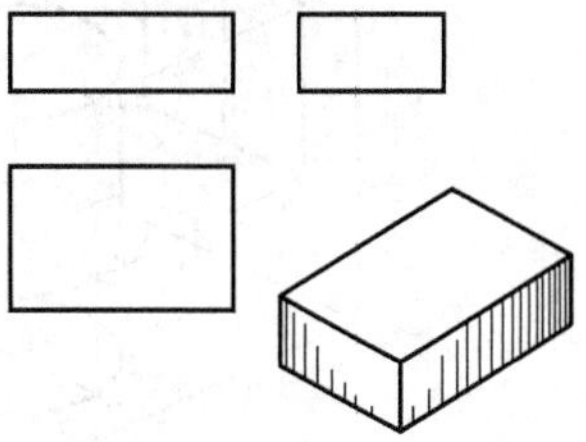	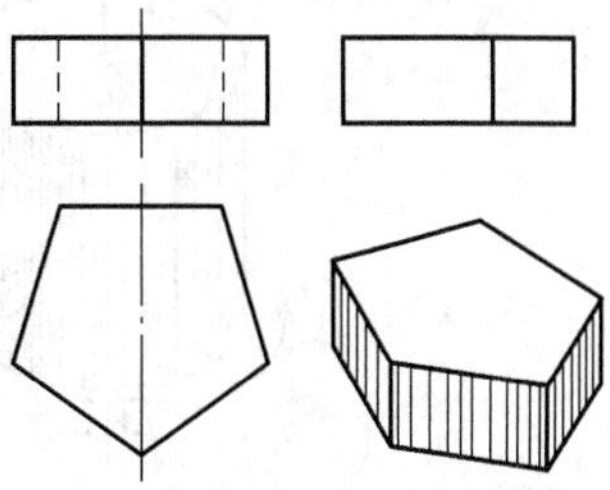

三棱锥	四棱锥	四棱台
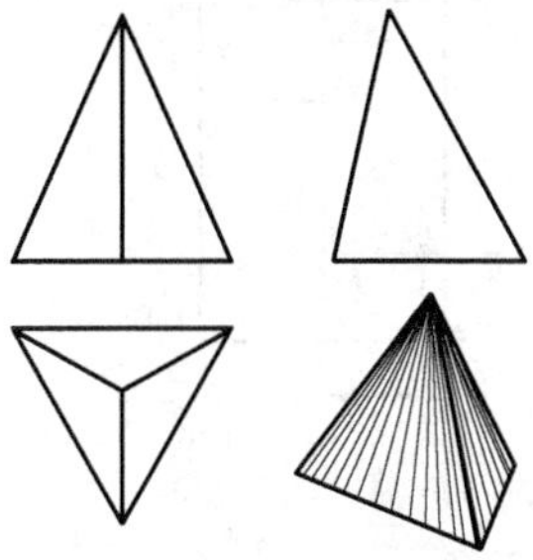	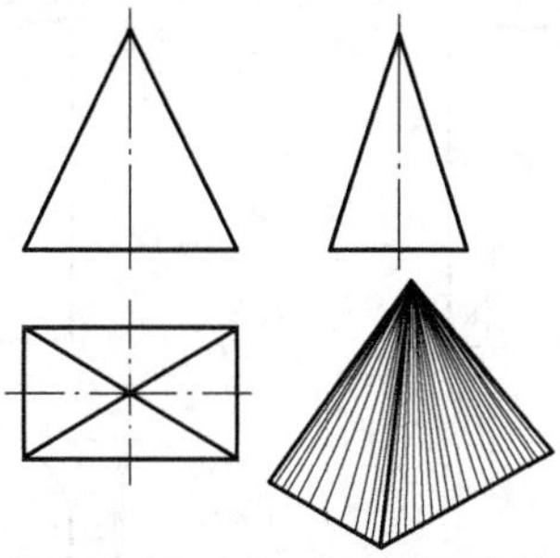	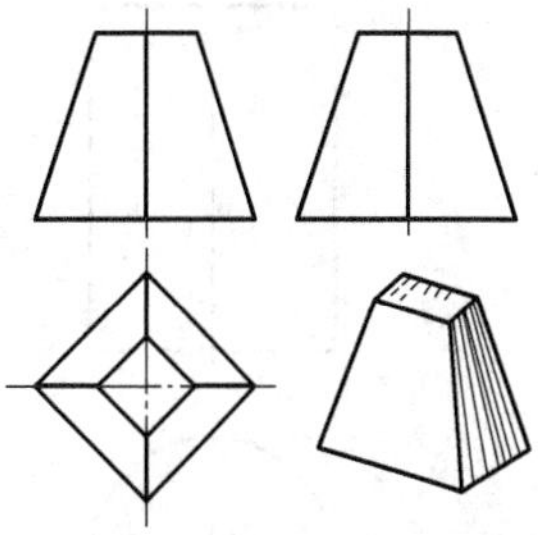

第2节　回　转　体

在机件中常见的曲面立体是回转体，如圆柱、圆锥、圆球、圆环等。

一、圆柱

圆柱体由圆柱面与上、下两底面围成，可看作是由一条直母线围绕与它平行的轴线 OO 回转而成的，母线在柱面上的任意位置称为圆柱面的素线，如图 3-3（a）所示。

1. 圆柱的三视图

如图 3-3（b）所示，圆柱轴线垂直于水平面，圆柱上、下底面的水平投影反映实形，正面投影和侧面投影积聚成直线，圆柱面上所有素线都是铅垂线，其水平投影积聚成一圆周，与两底面的水平投影重合。正面投影的矩形表示圆柱面的投影，矩形两条竖线分别是圆柱面最左、最右素线的投影，它们将圆柱面分为前、后两半，是圆柱由前向后的转向线，在侧面投影中矩形的两条竖线分别是圆柱面最前、最后素线的投影，也是圆柱面左、右分界转向线。

画圆柱体三视图时，一般先画轴线、对称线，再画投影是圆的视图，最后根据圆柱体的高度和投影规律画出其他两面视图，具体步骤如下：

（1）画出轴线和中心线；

（2）画出圆柱面投影中投影为圆的视图；

（3）量出圆柱体高度，画出另外两个视图。

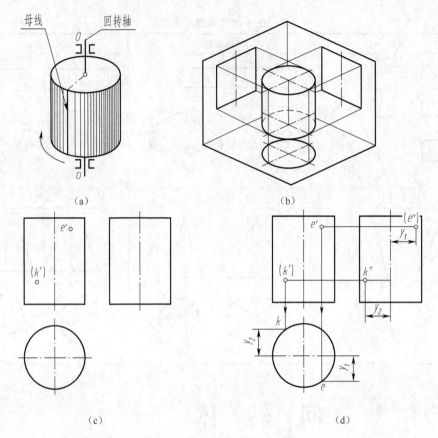

图 3-3 圆柱的投影及柱面上的点

圆柱三视图的投影特性：一面投影为圆，其他两面投影均为相等的矩形线框。

2. 圆柱体表面上的点

在圆柱体表面上取点，可利用投影的积聚性进行作图。如图 3-3（c）和图 3-3（d）所示，已知圆柱表面上点的正面投影 e' 求点 e 和 e''。由 e' 可知，点 E 必在前半圆柱面上，其水平投影在水平中心线的下方，投影一定重合在圆周上，求得 e。由 e'、e 求出 e''。又因 E 在右半圆柱上，其侧投影在轴线的右方，且 e'' 为不可见点。K 点的投影可自行分析。

二、圆锥

圆锥表面由圆锥面和底面圆所组成，圆锥面可看作是一条直线绕与它相交的固定轴 OO 回转而形成的曲面，SA 为母线，SA 在圆锥面的任意位置即是它的素线，如图 3-4（a）所示。

1. 圆锥的三视图

如图 3-4（b）和图 3-4（c）所示，圆锥轴线为铅垂线，底面圆为水平面，水平投影反映实形，其正面投影和侧面投影均积聚为直线，圆锥面水平投影是与底面重合的圆形，正面投影和侧面投影均为等腰三角形，正面投影两腰分别是圆锥面最左、最右素线的投影，侧面投影两腰分别是圆锥最前、最后两条素线，圆锥面的 3 个投影均没有积聚性。

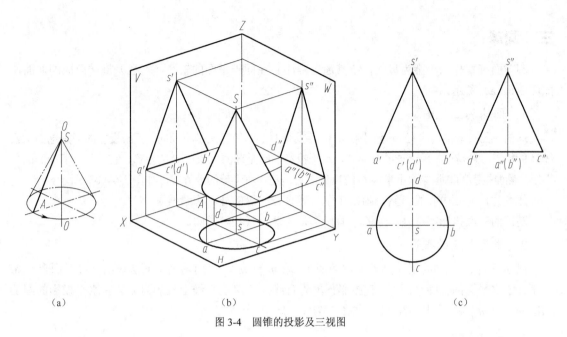

（a）　　　　　　　　　　　　　（b）　　　　　　　　　　　　　（c）

图 3-4　圆锥的投影及三视图

画圆锥体时，先画底圆和顶点三面投影，再将特殊位置的素线画出即可，具体步骤如下：

（1）画出轴线和中心线；

（2）画出底面投影；

（3）量出锥体高度，画出锥顶点投影和等腰三角形。

圆锥三视图的投影特征是：一个投影为圆，其他两个投影均为等腰三角形。

2. 圆锥表面上点的投影

如图 3-5（a）所示，已知圆锥面上 M 点的正面投影 m'，求 m 和 m'' 的作图方法有两种。

（1）辅助线法。如图 3-5（b）所示，过锥顶和锥面上点 M 作一素线 SI，连接正面投影 $s'm'$ 交底面于 i'，求出其水平投影 si。根据点在线上的投影规律求出 m。由 m、m' 求得 m''。

（2）辅助圆法。如图 3-5（c）所示，过 M 点作一辅助圆垂直于圆锥轴线，其正面投影为垂直于轴线的直线，水平投影是半径为 $s3$ 的圆，由 m' 求出 m，从而求出 m''。

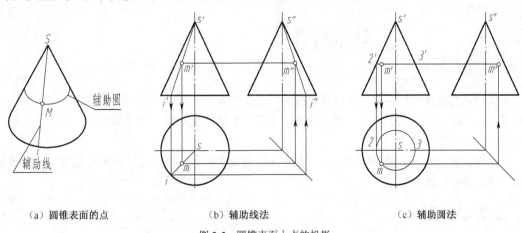

（a）圆锥表面的点　　　　　　（b）辅助线法　　　　　　（c）辅助圆法

图 3-5　圆锥表面上点的投影

三、圆球

圆球面可看作以一圆为母线，绕其通过圆心且在同一平面的轴线（直径）旋转而成的曲面，如图 3-6（a）所示。

1. 圆球的三视图

球的三面投影均为半径相等的圆形，但各投影面上圆的意义是不同的，正面投影的圆是球面上素线 A 的投影，它是前、后半球的分界线，水平投影的圆是球面上素线 B 的投影，它是上、下球面的分界线，侧面投影的圆是球面上素线 C 的投影，它是左、右半球的分界线，如图 3-6（b）所示。

作图时，先画中心线，然后画出 3 个与球直径相等的外轮廓素线圆。

圆球的三面投影特征是：球的三面投影是与球直径相等的圆。

2. 球面上点的投影

已知球面上点 M 的正面投影 m'（可见），求 m 和 m''。可用辅助平面法求出，过球面上点 M 作平行于水平面的辅助平面，其正投影积聚为直线，点 M 在直线上投影为 m'，在水平投影的圆上求出 m，由 m、m'' 求出 m''，画法如图 3-6（c）所示。

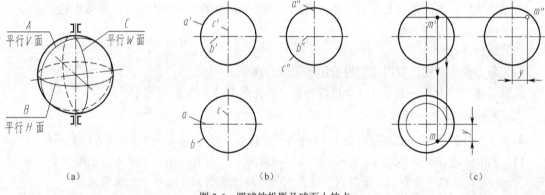

图 3-6　圆球的投影及球面上的点

第3节　轴测图

正投影是将物体向相互垂直的投影面投影所得到的视图，它能较完整、准确地表达物体的结构形状，且作图简单，是工程图上采用的基本方法，但缺乏立体感，为帮助看图，工程上常用立体感强的轴测图作为辅助图样。

根据投影方向和轴测投影面的相对关系，可以得到多种轴测图，本节简要介绍常用的正等轴测图和斜二轴测图的画法。

一、正等轴测图

如图 3-7 所示，使物体的 3 个坐标轴与轴测投影面 P 的倾角相等，然后用正投影法向轴测投影面投射，得到的轴测图称为正等轴测图，简称正等测。

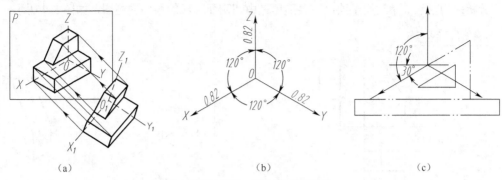

图 3-7 正等轴测图、轴间角及轴向系数

1. 正等测图的轴间角、轴向伸缩系数

在正等测图中，空间直角坐标系的 3 个坐标轴与轴测投影面的倾角都是 $35°16'$，3 个坐标轴的轴向伸缩系数相等，即 $P_1 = q_1 = r_1 = 0.82$。

正等测图中规定：轴间角 $\angle XOY = \angle XOZ = \angle ZOX = 120°$。一般将 OZ 轴画成垂直位置，OX 轴、OY 轴与水平成 30° 角，利用三角板画图较为方便，轴向伸缩率简化为 1:1，画图时，沿轴向尺寸按三视图的相应尺寸直接量取。

2. 平面立体轴测图画法

绘制平面立体正等轴测图的基本方法有：坐标法、切割法、叠加法等。

例 1 画出正六棱柱的正等轴测图。

分析：由于正六棱柱前后、左右对称，故选择顶面中心为坐标原点并建立坐标系，再量取正六边形各点的坐标可直接画出，如图 3-8 所示。

作图步骤如下：

（1）在投影图中定出原点及坐标轴 OX、OY、OZ；

（2）画出轴测轴 OX、OY、OZ，取 I 、 II = S，III 、 IV = D，如图 3-8（b）所示；

（3）分别过 I 、 II 点作直线平行于 OX 轴，取各点坐标为 $a/2$，并连接各顶点，如图 3-8（c）所示；

（4）过各顶点，向下画各棱边量取尺寸 H，画出底面各边，描深完成全图，如图 3-8（d）所示。

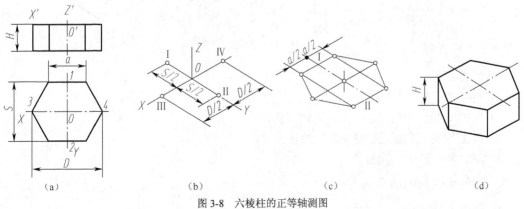

图 3-8 六棱柱的正等轴测图

例 2　用切割法画轴测图。

分析：切割法通常适用于绘制主要形体是由切割而形成的零件轴测图，如图 3-9 所示。

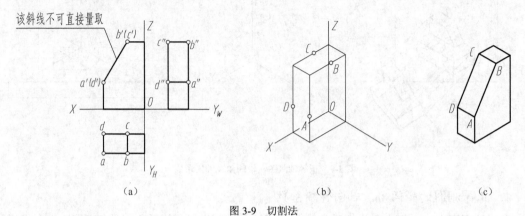

图 3-9　切割法

作图步骤如下：

（1）按三视图尺寸画出长方体的边；

（2）在顶面和侧面沿棱边取 C、B、A、D 点并连线；

（3）擦去多余部分、加深。

例 3　堆叠法作图，如图 3-10 所示。

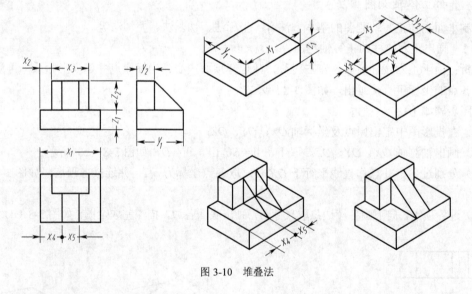

图 3-10　堆叠法

作图步骤如下：

（1）根据 X_1、Y_1、Z_1 画底板；

（2）由 X_2 定位置，根据 X_3、Y_2、Z_2 画立板；

（3）由 X_4 定出三角板的位置画出三角板；

（4）擦去多余部分，加深。

3．曲面立体轴测图画法

（1）圆的正等测画法。

方法 1：作图步骤如图 3-11 所示。

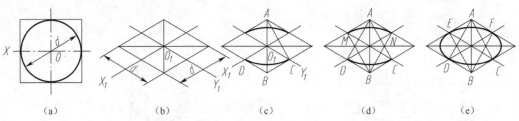

（a）　　　　　　（b）　　　　　　（c）　　　　　　（d）　　　　　　（e）

图 3-11　圆的正等测画法（一）

方法 2：作图步骤如图 3-12 所示。

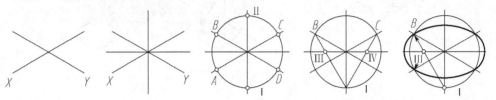

（a）画正等轴测轴 X、Y　（b）作角平分线　（c）以圆半径为半径画圆　（d）连接IB、IC　（e）以 Ⅰ、Ⅱ、Ⅲ、Ⅳ 为圆心
　　　　　　　　　　　　　　　　　　　　得交点 A、B、C、D 及　得圆心Ⅲ、Ⅳ　IB、$IIIB$ 为半径画圆弧
　　　　　　　　　　　　　　　　　　　　圆心 Ⅰ、Ⅱ

图 3-12　圆的正等测画法（二）

（2）画图举例。

例 4　作圆柱的正等轴测图。

分析：图 3-13（a）所示是圆柱的两面投影，圆柱的顶面和底面都平行水平面，其正等测图都是椭圆，只要画出顶面和底面的椭圆，再作两椭圆的公切线，即得圆柱的正等轴测图。

作图步骤如下：

（1）在投影图中，确定坐标轴 OX、OY、OZ，如图 3-13（a）所示；

（2）画出轴测轴 OX_1、OY_1、OZ_1，使 OZ_1 轴与圆柱轴线重合，分别在 X、Y 轴上量取直径长 D，Z 轴量取圆柱高。作出正方形正等测图为菱形，利用四心法找出圆心，画出椭圆，如图 3-13（b）和图 3-13（c）所示；

（3）作两椭圆公切线为轴测图中圆柱外形素线，擦去多余图线，即得圆柱的正等测图，如图 3-13（d）所示。

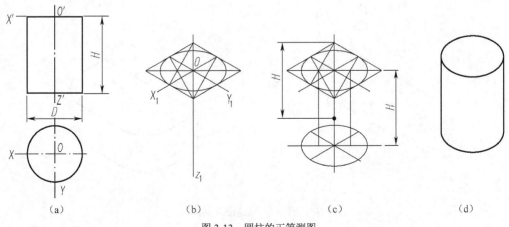

（a）　　　　　　　（b）　　　　　　　（c）　　　　　　　（d）

图 3-13　圆柱的正等测图

例 5 当圆柱摆放位置不同时，其轴测图形状如图 3-14 所示。

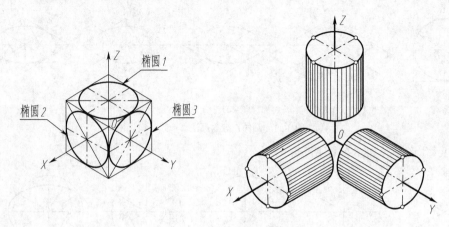

图 3-14 三向正等测圆柱的画法

例 6 求带圆角平板的轴测图。

分析： 圆角是圆柱的 1/4，其正等测图画法与圆柱的正等测画法相同。

作图步骤如下：

（1）作出平板的正等测图，如图 3-15（b）所示；

（2）根据圆角半径 R 在平板正等测图上表面前部取得切点 A_1、B_1、C_1、D_1，如图 3-15（b）所示；

（3）过切点 A_1、B_1、C_1、D_1 作各边的垂线，垂线交点为圆心 O_1、O_2，如图 3-15（c）所示；

（4）将切点、圆心平行下移 H，以顶面相同的半径画弧，即完成圆角的作图，如图 3-15（c）所示；

（5）整理、描深，如图 3-15（d）所示。

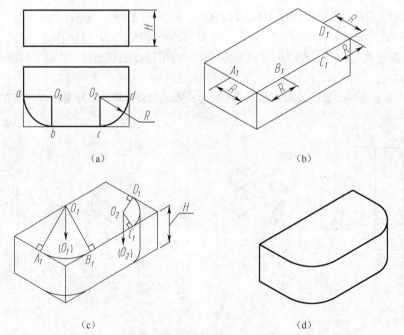

图 3-15 带圆角平板轴测图的画法

二、斜二测轴测图

将直角坐标体系中物体的一个坐标平面平行于轴测投影面，然后用规定的斜投影法向轴测投影面投射，得到的轴测图称为斜二等轴测图，简称斜二测。

斜二测图的轴间角 $\angle XOZ = 90°$、$\angle XOY = \angle YOZ = 135°$，轴向伸缩系数 $p = r = 1$，$q = 0.5$，斜二测能反映物体正面的实形，当零件在一个坐标平面及其平行面上有较多的圆或圆弧，而在其他平面上图形较简单时，采用斜二测投影画轴测图很方便，如图 3-16 所示。

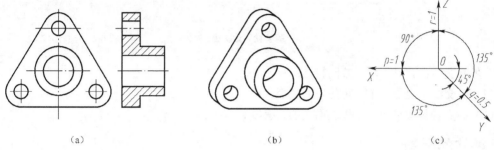

（a）　　　　　　　　　　　（b）　　　　　　　　　　　（c）

图 3-16　物体的斜二测及轴间角、轴向伸缩系数

例 7　根据主、俯视图，画机件的斜二测。

分析：该机件圆形较多，采用斜二测画图能反映正面实形，易于作图。

作图步骤如下：

（1）在视图上确定坐标原点和坐标轴，如图 3-17（a）所示；

（2）画轴测轴，再画机件的前面，如图 3-17（b）所示；

（3）在 Y 轴方向向后取 0.5y 画出机件的后面，如图 3-17（c）所示；

（4）描深，完成全图，如图 3-17（d）所示。

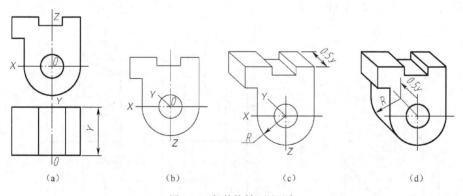

（a）　　　　　　　　（b）　　　　　　　　（c）　　　　　　　　（d）

图 3-17　机件的斜二测画法

截割体的投影

任何机件都是由基本几何体组成的，根据结构需要，一些基本体在实际机件中会被切去一部

分，故其表面上经常会出现平面与平面、平面与曲面相交的交线，这种平面与立体表面的交线称为截交线，如图 3-18 所示。

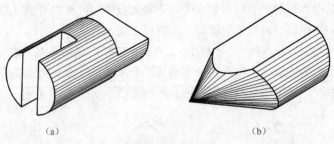

（a）　　　　　　　　　　　　　　（b）

图 3-18　截交线

一般截交线都有以下两个共同特性：

（1）截交线一定是一个封闭的平面图形；

（2）截交线是截平面与立体表面上的共有线。

一、棱柱的截割

例 8　如图 3-19（a）所示，正六棱柱被一个水平面和一个正垂面所截，分析截交线的形状和作图步骤。

分析：水平面截正六棱柱部分，截交线为三角形，截平面与棱边的交点是 *A*、*B*、*H*。正垂面截六棱柱部分，截交线为七边形，截平面与棱边的交点分别为 *B*、*C*、*D*、*E*、*F*、*G*、*H*。两截平面交线为正垂线 *BH*。画截交线时，一般先画相对于投影面有积聚性的投影，再作截交线的另外两面投影。

作图步骤如下：

（1）先画出正六棱柱的三视图，利用截面平的积聚性，找出截交线各点的正投影 *a'*、*b'*、*c'*、*d'*、*e'*、*f'*、*g'*、*h'*，如图 3-19（b）所示；

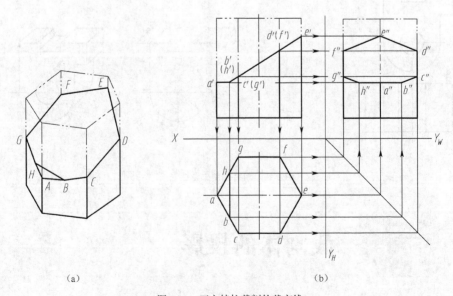

（a）　　　　　　　　　　　　　　（b）

图 3-19　正六棱柱截割的截交线

（2）根据点的投影特点，求出各点的水平投影 a、b、c、d、e、f、g、h 及侧面投影 a″、b″、c″、d″、e″、f″、g″、h″；

（3）依次连接各点的同名投影，最后得出截交线的各个投影。

二、棱锥的截割

求棱锥的截交线，同样是先求出其棱线与截平面的交点投影，再将各点的同名投影依次连接而得到。

例9　如图 3-20 所示，正六棱锥被正垂面切割，求作切割后的三视图。

分析：截平面为正垂面，截平面与六棱锥的 6 条棱线和 6 个棱面都相交，截交线形成一个六边形，六边形的顶点过各棱线与截平面的交点 A、B、C、D、E、F。

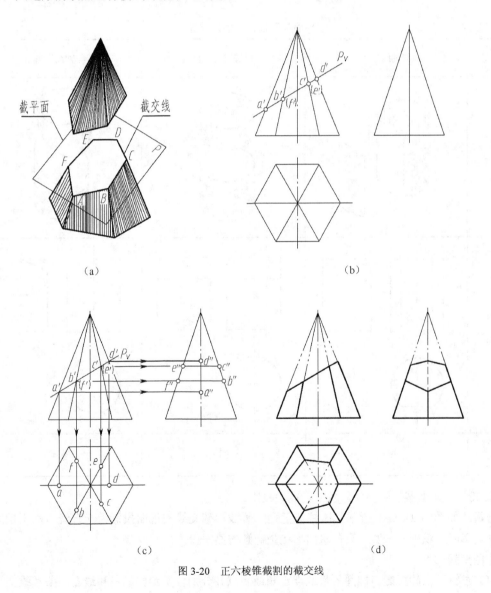

（a）　　　　　　　　　　　　　　（b）

（c）　　　　　　　　　　　　　　（d）

图 3-20　正六棱锥截割的截交线

作图步骤如下：

（1）画正六棱锥的三视图，利用截交线的正面投影积聚成直线，可直接求出各交点的正面投影 a'、b'、c'、d'、e'、f'；

（2）由直线上点的投影特性，可求出交点的水平投影 a、b、c、d、e、f 并求出侧面投影 a''、b''、c''、d''、e''、f''；

（3）依次连接各顶点的同名投影，即得截交线的投影。

三、圆柱的截割

圆柱截割后得到的截交线，根据截平面与圆柱轴线的相对位置不同而有不同的形状，见表 3-2。

表 3-2　　　　　　　　　　　　　平面与圆柱相交的截交线

截平面的位置	与轴线平行	与轴线垂直	与轴线倾斜
轴测图	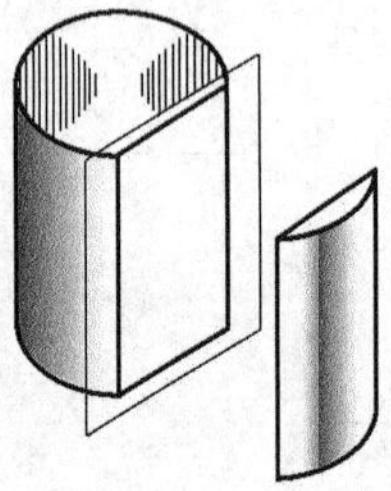	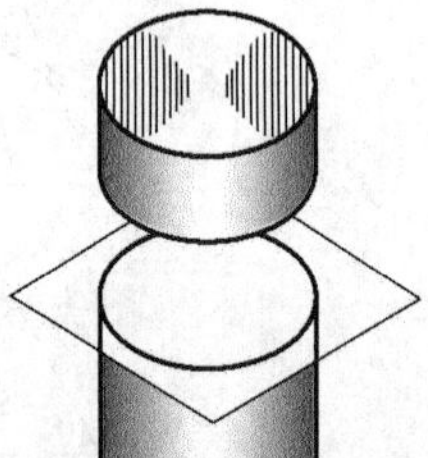	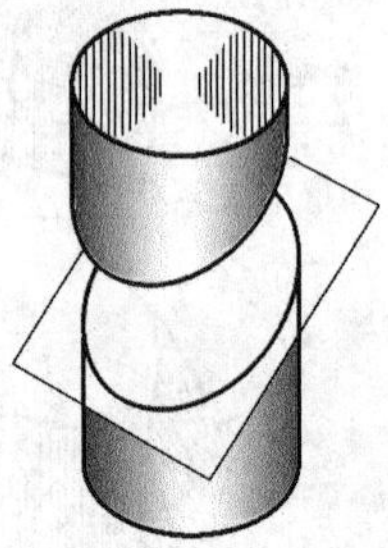
投影图	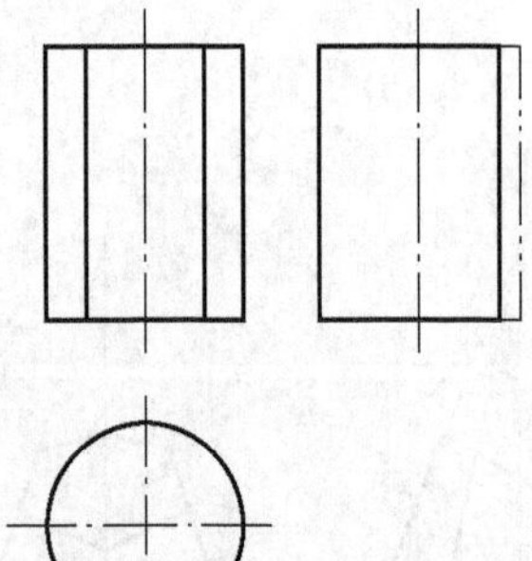	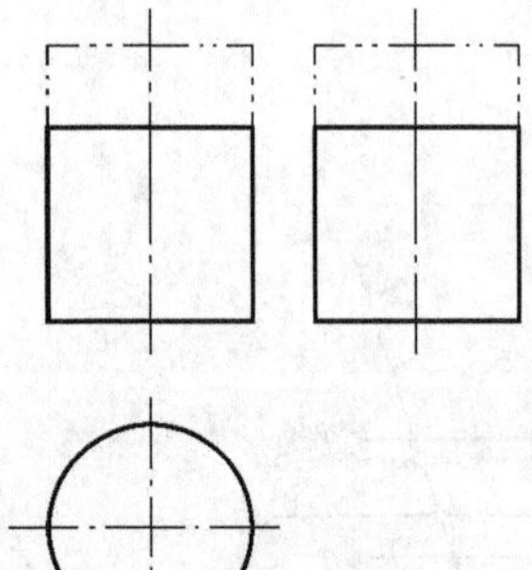	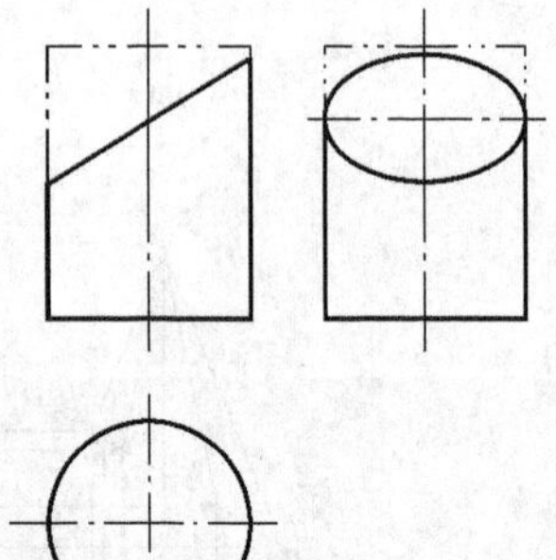
截交线形状	矩形	圆	椭圆

例 10　正垂面截割圆柱体，求截交线的投影。

分析：如图 3-21（a）所示，圆柱被正垂面所截，截交线的正面投影为一直线，水平投影与圆柱面投影同时积聚成一圆，只需求出形状是椭圆的侧面投影。

作图步骤如下：

（1）求特殊点的投影。椭圆的最低点 Ⅰ 和最高点 Ⅱ 分别位于圆柱最左和最右两条素线上，也是长轴的端点；椭圆的最前点Ⅲ和最后点Ⅳ分别位于圆柱最前和最后两条素线上，也是短轴的端点，这 4 个点的正面投影是 1′、2′、3′（4′）。

（2）求出一般位置点。求 A、B、C、D 点的投影，水平投影和正面投影分别是 a、b、c、d，a′（d′）、b′（c′），根据点的投影规律，求出侧面投影 a″、b″、c″、d″（取几个点可根据作图准确要求而定，取点要对称）。

（3）依次平滑连接 1″、2″、3″、4″、a″、b″、c″、d″，即得截交线的侧面投影，如图 3-21（b）所示。

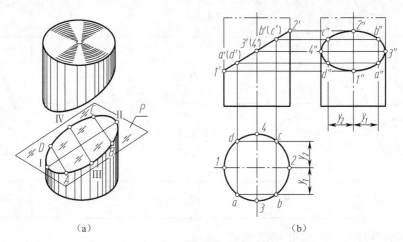

（a）　　　　　　　　　　　　（b）

图 3-21　圆柱截割的截交线

由平面与曲面立体相交而形成的具有缺口或开槽的圆柱切割体和穿孔的圆柱体，只要逐个作出各个截平面与曲面立体的截交线，并画出截平面之间的交线，就可以作出这些曲面立体的投影图，如图 3-22 所示。

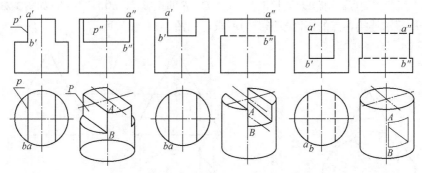

图 3-22　圆柱缺口、开槽和穿孔后截交线的投影图

四、圆锥的截割

根据截平面与圆锥轴线的位置不同，圆锥面的截交线有 5 种情况，见表 3-3。

表 3-3　　　　　　　　　　　　　　　　　　　圆锥的截交线

截平面的位置	与轴线垂直	与轴线倾斜（不平行任意素线）	平行任意素线	与轴线平行	过圆锥顶点
轴测图					
投影图					
截交线形状	圆	椭圆	抛物线	双曲线	两相交直线

例 11　求圆锥被正平面切割的截交线。

分析：正平面与圆锥面的交线为双曲线，其正面投影反映实形，水平投影和侧面投影均积聚为直线，只要求出双曲线的正面投影，如图 3-23 所示。

作图步骤如下：

（1）求特殊点的投影。先画出圆锥的正面投影，利用投影关系求出位于底圆上的截交线的最左、最右点 A、B 的投影 a'、b'；位于圆锥最前素线上，截交线的最高点 C 的投影 c'，如图 3-23（b）所示。

（2）求一般位置的点。用辅助圆法作出中间点 D、E 的投影 d'、e' 和 d''、e''，如图 3-23（c）所示。

（3）依次平滑连接各点的正面投影即为所求，如图 3-23（d）所示。

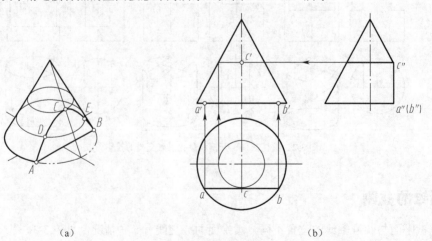

（a）　　　　　　　　　　　　　　　　　　（b）

图 3-23　圆锥截割的截交线

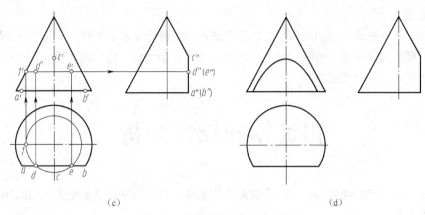

(c)   (d)

图 3-23 圆锥截割的截交线（续）

五、圆球的截割

当平行于投影面的平面截割圆球时，不论平面与圆球的相对位置怎样，其截交线都为圆，但当截平面与投影面倾斜时，其截交线另两投影则为椭圆。圆球的截交线见表 3-4。

表 3-4   圆球的截交线

截平面的位置	与投影面平行	与投影面垂直
图例		
截交线形状	圆	椭圆

例 12 如图 3-24 所示，已知半球切槽后的正面投影，求作截交线的水平投影和侧面投影。

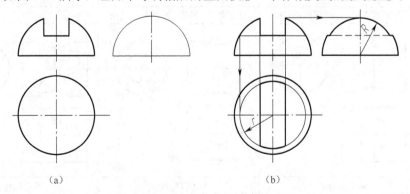

(a)   (b)

图 3-24 半圆球切口的投影

分析：该槽由一个水平面和两个侧平面构成，水平面切球体，截交线是一半径为 r 的水平圆弧，侧平面切球体，截交线是一半径为 R 的侧平圆弧。

作图步骤如下：

（1）作槽的水平投影，槽的两侧面投影积聚成直线，底面投影是半径为 r 的两段圆弧；

（2）作开槽的侧面投影，槽两侧面的投影是半径为 R 的圆弧，槽的底面投影积聚成直线，且注意被圆球面遮住的部分画成虚线。

相贯体的投影分析

两立体相交时，它们表面所产生的交线称为相贯线，任何两立体表面相交而成的相贯线都具有下面的基本特性：

（1）相贯线是两相交立体表面的共有线，也是立体表面的分界线，相贯线上的点一定是相交立体表面的共有点。

（2）相贯线一般都是封闭的。

一、两圆柱垂直相交的相贯线的投影分析

轴线垂直相交的两圆柱相交是常见的相贯形式。随着圆柱直径变化，它们相贯线形态也变化，其投影也随之变化，圆柱相贯投影形状的变化见表3-5。

表3-5　　　　　　　　　　　　　　圆柱正交相贯线的变化

相对位置 立体形状	两立体尺寸的变化		
圆柱与圆柱正交			
	直立圆柱直径小于水平圆柱直径	直立圆柱直径等于水平圆柱直径	直立圆柱直径大于水平圆柱直径
圆柱孔			
	轴上圆柱孔	不等径圆柱孔	等径圆柱孔

一般求作两圆柱相交的相贯线，可采用表面取点法和简化画法等。如图 3-25（a）所示，求作两直径不等轴线正交圆柱的相贯线。

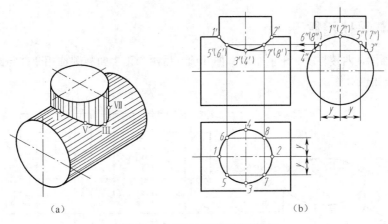

图 3-25　两直径不等圆柱的相贯线

1. 表面取点法

两圆柱的轴线正交，直立圆柱轴线为铅垂线，水平圆柱轴线为侧垂线，直立圆柱面和水平圆柱面投影都具有积聚性，因此，相贯线的水平投影和侧面投影分别积聚在圆周上，正面投影可根据投影关系求得。

作图步骤如下：

（1）求特殊点。水平圆柱的最高素线与竖直圆柱最左、最右素线的交点Ⅰ、Ⅱ是相贯线上的最高点，同时也是最左、最右点。1′、2′，1、2 和 1″、2″可直接得出。点Ⅲ、Ⅳ是相贯线的最前、最后点，也是最低点。3、4 和 3″、4″可直接作出，再由投影关系求出 3′（4′）。

（2）求中间点。根据积聚性可在水平投影和侧面投影上直接定出点Ⅴ、Ⅵ、Ⅶ、Ⅷ的投影 5、6、7、8 和 5″（7″）、6″（8″），由投影关系求出 5′（6′）、7′（8′）。

（3）平滑连接 1′、2′、3′（4′）、5′（6′）、7′（8′）即为相贯线的正面投影，如图 3-25（b）所示。

2. 简化画法

为了简化作图，国家标准规定允许采用简化画法作出两圆柱正交相贯线的投影，即以圆弧代替非圆曲线。以大圆柱的半径为半径（$R=\phi/2$），以两圆柱的轮廓素线交点为圆心，在小圆柱轴线或延长线上截取交点，圆心远离大圆柱的轴线，以该点为圆心画圆弧即为相贯线，如图 3-26 所示。

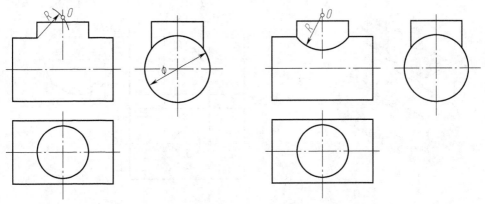

图 3-26　两直径不等圆柱的相贯线简化画法

二、四棱柱与圆柱相贯

如图 3-27 所示，四棱柱上、下两个水平面和前、后两个正平面与圆柱相交并与圆柱轴线前后对称，因此相贯线也对称。

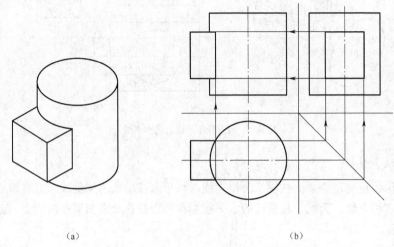

（a）　　　　　　　　　　　　　　（b）

图 3-27　四棱柱与圆柱相贯

四棱柱的 4 个棱面垂直于侧投影面，相贯线在该投影面上的投影积聚在长方形上，圆柱的轴线垂直于水平面，相贯线的水平投影是积聚在圆上的两段圆弧，故只需求出正面投影。

作图步骤如下：

（1）前、后两平面平行轴线，截圆柱截交线为两素线；

（2）上、下两平面垂直轴线，截交线为圆，正面投影积聚成直线。

三、圆柱与圆锥正交相贯的分析

圆柱与圆锥正交时，相贯线为封闭曲线。由于圆锥面的投影没有积聚性，因此，不能利用积聚性法作图，可用辅助平面法求出相贯线。求圆柱与圆锥正交的相贯线，如图 3-28（a）所示。

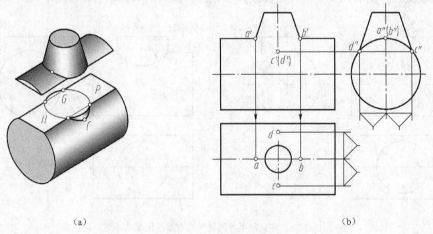

（a）　　　　　　　　　　　　　　（b）

图 3-28　圆柱与圆锥正交相贯

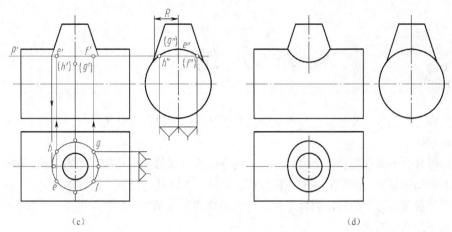

图 3-28　圆柱与圆锥正交相贯（续）

分析：由于圆柱的轴线垂直于侧投影面，因此，相贯线的侧面投影与圆柱的侧面投影重合为一段圆弧，只需求出相贯线的正面投影和水平投影。

作图步骤如下：

（1）求特殊位置点。根据相贯线的最高点 A、B（最左、最右点）和 C、D（最前、最后点）的侧面投影 a″（b″）、c″（d″），可直接求出正面投影 a′、b′、c′、d′的水平投影 a、b、c、d，如图 3-28（b）所示。

（2）求一般位置的点。在最高点和最低点之间适当的位置作辅助平面 P，平面截圆锥截交线的水平投影为圆，平面平行轴线截圆柱截交线的水平投影为两条平行直线，截交线的交点 e、f、g、h 即为相贯线上的点，根据投影关系可求出正面投影 e′、f′、g′、h′，如图 3-28（c）所示。

（3）依次平滑连接各同名投影即可，如图 3-28（d）所示。

四、圆柱与圆球相贯

两回转体相交其相贯线一般为空间曲线，两同轴回转体相贯时为平面曲线，且一定是与轴线垂直的圆。当回转体轴线平行于投影面时，这个圆在该投影面的投影为垂直于轴线的直线。如图 3-29 所示，圆柱与圆球是同轴相贯，相贯线为圆，与轴平行的投影面的投影为直线。

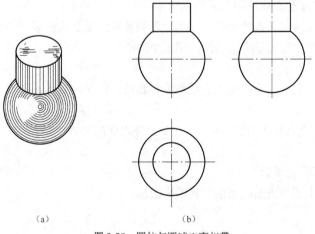

（a）　　　　　　　　　　　（b）

图 3-29　圆柱与圆球正交相贯

本章主要讲了基本体及切割、相贯体的三视图及投影规律，并对其轴测图进行了简单介绍。

一、基本体

基本体可分为平面立体和曲面立体两类。由平面所围成的基本体称为平面立体，如棱柱、棱锥；由曲面或曲面与平面围成的基本体称为曲面立体，如圆柱、圆锥、圆球等。

平面立体表面均为平面形，因此不管是什么形状的平面立体，只要作出各个平面形的投影，就能绘出该平面立体的视图。

曲面立体的投影就是绘制曲面立体的转向线及投影轴的投影。

识图时只要掌握各种基本体的投影特征，抓住特征视图根据投影特性分析即可。

二、正等测与斜二测

1．正等测

使物体的 3 个坐标轴与轴测投影面 p 的倾角相等，然后用正投影法向轴测投影面投射，得到的轴测图称为正等轴测图，简称正等测。在正等测图中，3 个坐标轴的轴向伸缩系数相等，即 $p_1 = q_1 = r_1 = 0.82$。轴间角 $\angle XOY = \angle XOZ = \angle ZOX = 120°$，一般将 OZ 轴画成垂直位置。

2．斜二测

将直角坐标系中物体的一个坐标平面平行于轴测投影面，然后用斜投影法向轴测投影面投射，得到的轴测图称为斜二等轴测图，简称斜二测。

斜二测图的轴间角 $\angle XOZ = 90°$、$\angle XOY = \angle YOZ = 135°$，轴向伸缩系数 $p = r = 1$，$q = 0.5$，斜二测能反映物体正面的实形。

三、截交线和相贯线

1．截交线

平面与立体表面的交线称为截交线。截交线的两个共同特性：

① 截交线一定是一个封闭的平面图形。

② 截交线是截平面与立体表面上的共有线。

求平面立体的截交线就是求截平面与立体上各被截棱线交点的投影，判断可见性后连线即可。

求曲面立体的截交线的方法有素线法、辅助平面法等。

2．相贯线

两立体相交时，它们表面所产生的交线称为相贯线。任何两立体表面相交的相贯线都具有下面两个基本特性：

① 相贯线是两相交立体表面的共有线，也是立体表面的分界线，相贯线上的点一定是相交立体表面的共有点。

② 相贯线一般都是封闭的。

求相贯线的方法主要有表面取点法和辅助平面法。

第4章

组　合　体

　　任何复杂的零件都可以看成是由若干较简单的形体经过叠加、切割等而形成的组合体。学习组合体的作图、读图是为掌握汽车零件图和装配图奠定基础。本章着重介绍组合体画图、读图和尺寸标注的方法。

知识目标

◎ 了解组合体的形式，掌握表面连接关系及画法。

◎ 熟练掌握组合体视图的画法。

◎ 掌握基准选择的原则、基本形体和组合体视图尺寸标注的方法。

◎ 熟练掌握组合体视图的读图方法和看图要点。

技能目标

◎ 能够用形体分析法，按照一定的画图方法和步骤，正确画出组合体视图。

◎ 能够根据尺寸标注的基本规则和方法，按照一定的步骤标注组合体视图的尺寸，并做到尺寸标注正确、清晰、完整、合理。

◎ 能够用形体分析法和线面分析法识读组合体视图。

第1节　组合体的形体分析

　　任何复杂的物体，仔细分析都可以看成是由若干基本形体组合而成。因此，画组合体三视图时，就可采用"先分后合"的办法。先根据组成情况按照其相对位置逐个画出各基本体的投影，然后综合起来，即得到整个组合体的视图。这种为了便于画图和看图，假想将组合体分解为若干基本体，分析各基本体的形状、组合形式和相对位置，弄清组合体的形体特征的方法称为形体分析法。图 4-1（a）所示的支座，可分解成如图 4-1（b）所示的 4 个部分：底板、大圆筒、小圆筒和肋板。

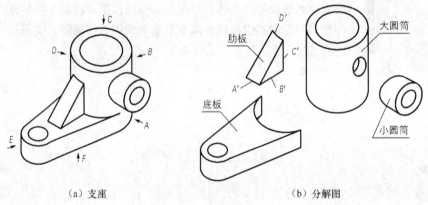

（a）支座　　　　　　　　　　　　　　　（b）分解图

图 4-1　组合体的形体分析

　　当然，在实际画图时，往往会遇到一个物体上同时存在几种组合形式的情况，这就要求更要注意分析。无论物体的结构怎样复杂，相邻两形体之间的组合形式仍旧是单一的，只要善于观察和正确地运用形体分析法作图，问题还是不难解决的。

一、组合体的组成形式

　　组合体的组成形式一般分为叠加、切割和综合 3 种方式。

　　1. 叠加

　　叠加是基本形体组合的简单形式，如图 4-2（a）所示。

　　2. 切割

　　用若干个面对基本形体进行切割。对于切割体，画图时要先画出完整的基本形体三视图，然后逐个画出被切部分的投影，如图 4-2（b）所示。

　　3. 综合

　　综合是上面两种基本形式的组合，如图 4-2（c）所示。

（a）叠加　　　　　　　　（b）切割　　　　　　　　（c）综合

图 4-2　组合体的组成形式

二、组合体之间的表面连接关系

1. 平齐或不平齐

当两基本体表面平齐时，结合处不画分界线。当两基本体表面不平齐时，结合处应画出分界线。

图 4-3（a）所示的组合体，上、下两表面平齐，在主视图上不应画分界线。图 4-3（b）所示的组合体，上、下两表面不平齐，在主视图上应画出分界线。

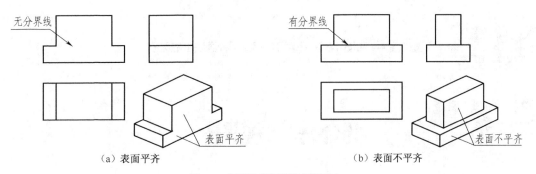

（a）表面平齐　　　　　　　　　　　　　　（b）表面不平齐

图 4-3　表面平齐和不平齐的画法

2. 相切

当两基本形体表面相切时，在相切处不画分界线，如图 4-4 所示。

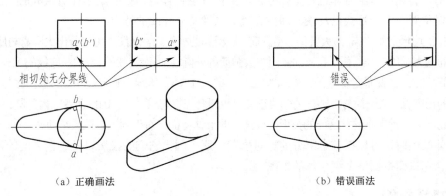

（a）正确画法　　　　　　　　　　　　　　（b）错误画法

图 4-4　表面相切的画法

3. 相交

当两基本形体表面相交时，在相交处应画出分界线。

图 4-5（a）所示组合体，它也是由底板和圆柱体组成的，但本例中底板的侧面与圆柱面是相交关系，故在主、左视图中相交处应画出交线。图 4-5（b）所示为常见的错误画法。

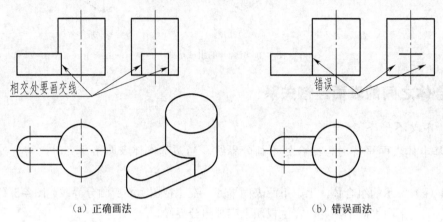

（a）正确画法　　　　　　　　　　　　（b）错误画法

图 4-5　表面相交的画法

　注意　　通过图 4-4 和图 4-5 认识相切与相交两种画法上的区别。

　**组合体三视图**

下面以图 4-1 所示的支座为例，说明画组合体三视图的方法与步骤。

一、形体分析

画图前，首先应对组合体进行形体分析，分析该组合体是由哪些基本体所组成的，了解它们之间的相对位置、组合形式以及表面间的连接关系及其分界线的特点。

图 4-1（a）所示的支座，由大圆筒、小圆筒、底板和肋板组成，从图中可以看出大圆筒与底板接合，底板的底面与大圆筒底面共面，底板的侧面与大圆筒的外圆柱面相切；肋板叠加在底板的上表面上，右侧与大圆筒相交，其表面交线为 A'、B'、C'、D'，如图 4-1（b）所示。其中，D' 为肋板斜面与圆柱面相交而产生的椭圆弧；大圆筒与小圆筒的轴线正交，两圆筒相贯连成一体，因此两者的内外圆柱面相交处都有相贯线。通过对支座进行这样的分析，弄清它的形体特征，对于画图有很大帮助。

在具体画图时，可以按各个部分的相对位置，逐个画出它们的投影以及它们之间的表面连接关系，综合起来即得到整个组合体的视图。

二、选择主视图

表达组合体形状的一组视图中，主视图是最主要的视图。在画三视图时，主视图的投影方向确定以后，其他视图的投影方向也就被确定了。因此，主视图的选择是绘图中的一个重要环节。主视图的选择一般根据形体特征原则来考虑，即以最能反映组合体形体特征的那个视图作为主视图，同时兼顾其他两个视图表达的清晰性。选择时还应考虑物体的安放位置，尽量使其主要平面和轴线与投影面平行或垂直，以便使投影能得到实形。

如图 4-1（a）所示的支座，比较箭头所指的 A、B、C、D、E、F 6 个投影方向，A 向满足了上述的基本要求，因此，选择 A 向投影作为主视图较为合理。

三、确定比例和图幅

视图确定后，要根据物体的复杂程度和尺寸大小，按照标准的规定选择适当的比例与图幅。选择的图幅要留有足够的空间以便于标注尺寸和画标题栏等。

四、布置视图位置

布置视图时，应根据已确定的各视图每个方向的最大尺寸，并考虑到尺寸标注和标题栏等所需的空间，匀称地将各视图布置在图幅上。

五、绘制底稿

支座的绘图步骤如图 4-6 所示。

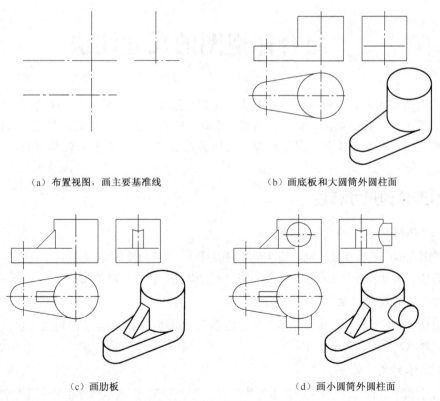

（a）布置视图，画主要基准线　　　　　　（b）画底板和大圆筒外圆柱面

（c）画肋板　　　　　　　　　　　　（d）画小圆筒外圆柱面

图 4-6　支座三视图的作图步骤

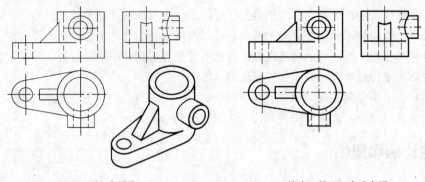

（e）画 3 个圆孔　　　　　　　　　　　　（f）检查、描深，完成全图

图 4-6　支座三视图的作图步骤（续）

绘图时应注意以下几点：

（1）为保证三视图之间相互对正，提高画图速度，减少差错，应尽可能把同一形体的三面投影联系起来作图，并依次完成各组成部分的三面投影。不要孤立地先完成一个视图，再画另一个视图。

（2）先画主要形体，后画次要形体；先画各形体的主要部分，后画次要部分；先画可见部分，后画不可见部分。

（3）应考虑到组合体是各个部分组合起来的一个整体，作图时要正确处理各形体之间的表面连接关系。

第3节　组合体视图的尺寸注法

组合体视图可用来表示该组合体的形状，而其实际大小则由图上所标注的尺寸来确定。标注尺寸的基本要求是：正确、完整、清晰、合理。正确标注尺寸应遵循有关国家标准的基本规定，使尺寸标注既不重复，又不遗漏，保证其完整性，并使尺寸标注布置匀称、清楚、整齐，便于阅读。

一、基本形体的尺寸标注

1. 几何体的尺寸注法

（1）平面立体一般标注长、宽、高 3 个方向的尺寸，如图 4-7 所示。

（2）圆柱、圆锥和圆台在直径尺寸前加注"ϕ"，圆球直径尺寸前加注"$S\phi$"，如图 4-7 所示。

2. 切割体的尺寸注法

标注切割体的尺寸时，应标注基本形体的定形尺寸和确定截平面位置的定位尺寸，如图 4-8 所示。图中画"×"的为多余尺寸。

3. 相贯体的尺寸注法

标注相贯体的尺寸时，应标注两基本形体的定形尺寸和确定两基本形体相对位置的定位尺寸，如图 4-9 所示。

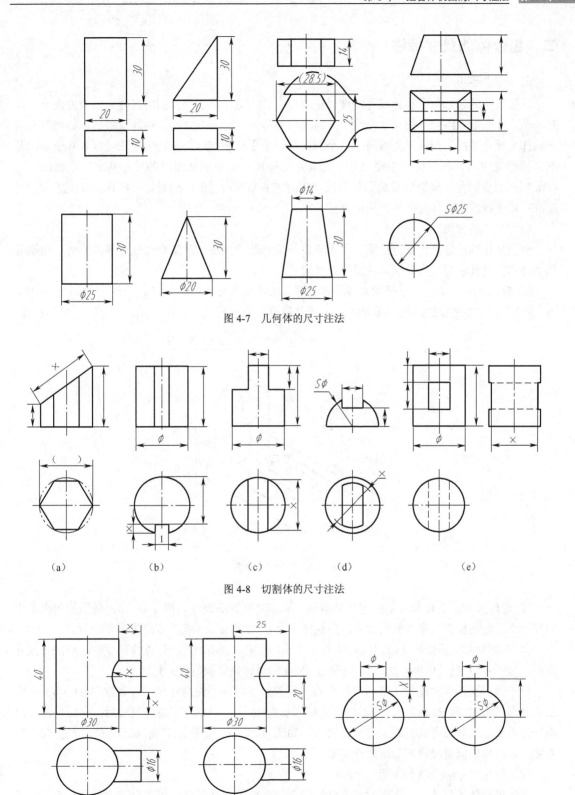

图 4-7 几何体的尺寸注法

（a） （b） （c） （d） （e）

图 4-8 切割体的尺寸注法

错误 正确 错误 正确

图 4-9 相贯体的尺寸注法

二、组合体的尺寸标注

1. 尺寸基准

标注尺寸的起始位置称为尺寸基准。组合体有长、宽、高 3 个方向的尺寸，每个方向至少应有一个尺寸基准。组合体的尺寸标注中，常选取对称面、底面、端面、轴线或圆的中心线等几何元素作为尺寸基准。在选择基准时，每个方向除一个主要基准外，根据情况还可以有几个辅助基准。基准选定后，各方向的主要尺寸（尤其是定位尺寸）就应从相应的尺寸基准进行标注。图 4-10 所示的支架是用竖板的右端面作为长度方向尺寸基准；用前、后对称平面作为宽度方向尺寸基准；用底板的底面作为高度方向的尺寸基准。

（1）尺寸的种类

要使尺寸标注完整，既无遗漏，又不重复，最有效的办法是对组合体进行形体分析，根据各基本体形状及其相对位置分别标注以下几类尺寸。

① 定形尺寸。定形尺寸是确定各基本体形状大小的尺寸。图 4-11（a）所示的 50、34、10、R8 等尺寸确定了底板的形状。而 R14、18 等是竖板的定形尺寸。

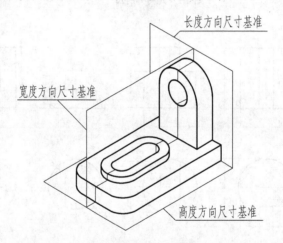

图 4-10　支架尺寸基准

② 定位尺寸。定位尺寸是确定各基本体之间相对位置的尺寸。图 4-11（a）所示的俯视图中的尺寸 8 确定竖板在宽度方向的位置，主视图中尺寸 32 确定 φ16 孔在高度方向的位置。

③ 总体尺寸。总体尺寸确定组合体外形总长、总宽、总高的尺寸。总体尺寸有时和定形尺寸重合，如图 4-11（a）中所示的总长 50 和总宽 34 同时也是底板的定形尺寸。

对于具有圆弧面的结构，通常只注中心线位置尺寸，而不注总体尺寸，如图 4-11（b）中所示的总高可由 32 和 R14 确定，此时就不再标注总高 46 了。当标注了总体尺寸后，有时可能会出现尺寸重复，这时可考虑省略某些定形尺寸，如图 4-11（c）中所示总高 46 和定形尺寸 10、36 重复，此时可根据情况将此二者之一省略。

（2）标注尺寸的方法和步骤

标注组合体的尺寸时，应先对组合体进行形体分析、选择基准，标注出定形尺寸、定位尺寸和总体尺寸，最后检查、核对。

以图 4-12（a）所示的支座为例，说明组合体尺寸标注的方法和步骤。

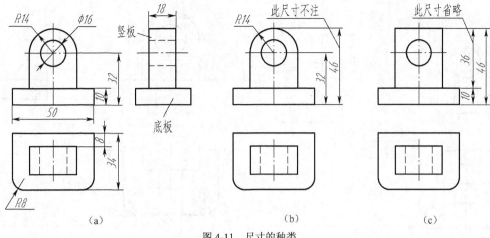

图 4-11　尺寸的种类

① 进行形体分析。该支座由底板、圆筒、支撑板、肋板 4 个部分组成，它们之间的组合形式为叠加，如图 4-12（b）所示。

② 选择尺寸基准。该支座左右对称，故选择对称平面作为长度方向尺寸基准；底板和支撑板的后端面平齐，可选作宽度方向尺寸基准；底板的下底面是支座的安装面，可选作高度方向尺寸基准，如图 4-12（c）所示。

③ 根据形体分析，逐个注出底板、圆筒、支撑板、肋板的定形尺寸，如图 4-12（d）、图 4-12（e）所示。

④ 根据选定的尺寸基准，注出确定各部分相对位置的定位尺寸，如图 4-12（f）中所示的确定圆筒与底板相对位置的尺寸 32，以及确定底板上两个 $\phi8$ 孔位置的尺寸 34 和 26。

⑤ 标注总体尺寸。图 4-12（e）中所示支座的总长与底板的长度相等，总宽由底板宽度和圆筒伸出部分长度确定，总高由圆筒轴线高度加圆筒直径的一半决定，因此这几个总体尺寸都已标出。

⑥ 检查尺寸标注有无重复、遗漏，并进行修改和调整，最后结果如图 4-12（f）所示。

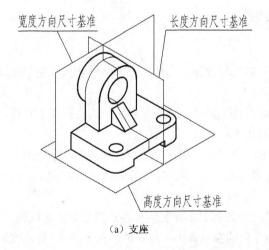

（a）支座

（b）支座形体分析

图 4-12　支座的尺寸标注

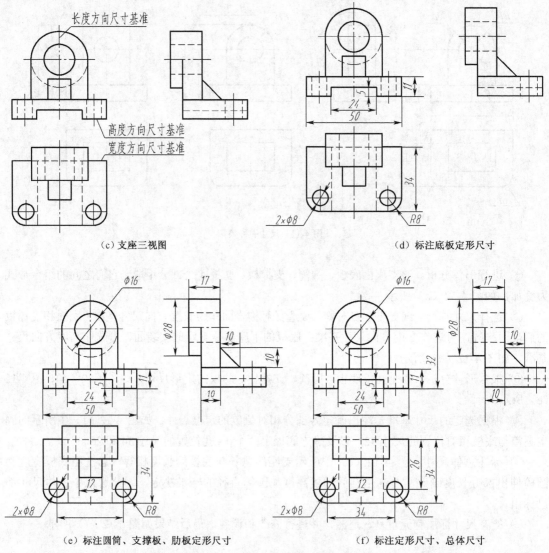

（c）支座三视图　　　　　　　　　　　　（d）标注底板定形尺寸

（e）标注圆筒、支撑板、肋板定形尺寸　　　　　　（f）标注定形尺寸、总体尺寸

图 4-12　支座的尺寸标注（续）

2. 标注尺寸的几点要求

标注尺寸不仅要求正确、完整，还要求清晰，以方便读图。为此，在严格遵守机械制图国家标准的前提下，还应注意以下几点：

（1）尺寸应尽量标注在反映形体特征最明显的视图上，且标注在反映实形的主视图上较好，如图 4-12（d）中所示的底板下部开槽宽度 24 和高度 5。

（2）同一基本形体的定形尺寸和确定其位置的定位尺寸，应尽可能集中标注在一个视图上。如图 4-12（f）上将两个 $\phi8$ 圆孔的定形尺寸 $2×\phi8$ 和定位尺寸 34、26 集中标注在俯视图上，这样便于在读图时寻找尺寸。

（3）直径尺寸应尽量标注在投影为非圆的视图上，而圆弧的半径应标注在投影为圆的视图上。如图 4-12（e）中圆筒的外径 $\phi28$ 标注在其投影为非圆的左视图上，底板的圆角半径 R8 标注在其投影为圆的俯视图上。

（4）尽量避免在虚线上标注尺寸。如图 4-12（e）中将圆筒的孔径ϕ16 标注在主视图上，而不是标注在俯视、左视图上，因为ϕ16 孔在这两个视图上的投影都是虚线。

（5）同一视图上的平行并列尺寸，应按"小尺寸在内，大尺寸在外"的原则来排列，且尺寸线与轮廓线、尺寸线与尺寸线之间的间距要适当。

（6）尺寸应尽量配置在视图的外面，以避免尺寸线与轮廓线交错重叠，保持图形清晰。

3．常见结构的尺寸注法

组合体上一些常见结构的尺寸注法如图 4-13 所示。

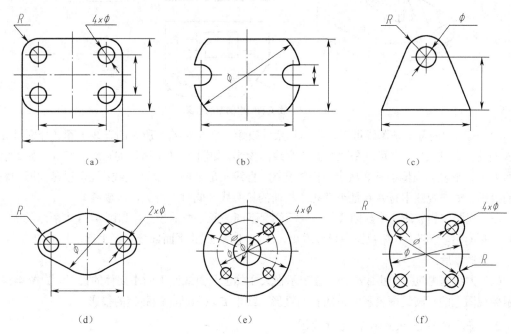

图 4-13　组合体上常见结构的尺寸注法

第4节　读组合体视图

画图是运用投影规律将空间的物体形状在平面上绘制成视图，而读图则是运用投影原理及其对应关系分析组合体的结构特点，分析视图中特殊线条、线框的空间含义，最后综合想象视图所表达机件结构形状的过程。通过读图，进一步提高空间想象和分析问题的能力。

一、看图要点

1．理解视图中线条和线框的含义

视图是由线条和线框组成的，弄清视图中线条和线框的含义对读图有很大帮助。

（1）视图中的每个封闭线框可以是物体上一个表面（平面、曲面或它们相切形成的组合面）

的投影，也可以是一个孔的投影。如图 4-14 所示，主视图上的线框 A、B、C 是平面的投影，线框 D 是平面与圆柱面相切形成的组合面的投影，主、俯视图中大、小两个圆线框分别是大小两个孔的投影。

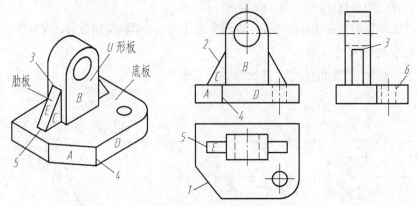

图 4-14　线条和线框的空间含义

（2）视图中的每一条图线可以是面的积聚性投影，如图 4-14 中所示的直线 1 和 2 分别是 A 面和 E 面的积聚性投影；也可以是两个面的交线的投影，如图 4-14 中所示的直线 3 和 5 分别是肋板斜面 E 与拱形柱体左侧面和底板上表面的交线，直线 4 是 A 面和 D 面交线；还可以是曲面的轮廓线的投影，如左视图中直线 6 是小圆孔圆柱面的轮廓线（此时不可见，画虚线）。

（3）视图中相邻的两个封闭线框，表示位置不同的两个面的投影。如图 4-14 中所示的 B、C、D 3 个线框两两相邻，从俯视图中可以看出，B、C 以及 D 的平面部分互相平行，且 D 在最前，B 居中，C 最靠后。

（4）大线框内包括的小线框，一般表示在大立体上凸出或凹下的小立体的投影。如图 4-14 中所示俯视图上的小圆线框表示凹下的孔的投影，线框 E 表示凸起的肋板的投影。

2．将几个视图联系起来进行读图

一个组合体通常需要几个视图才能表达清楚，一个视图不能确定物体形状。如图 4-15 所示的 3 组视图，它们的主视图都相同，但由于俯视图不同，表示的实际是 3 个不同的物体。

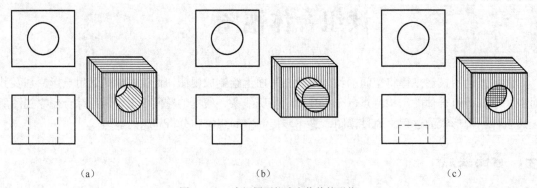

（a）　　　　　　　　　　　　　（b）　　　　　　　　　　　　　（c）

图 4-15　一个视图不能确定物体的形状

有时即使有两个视图相同，若视图选择不当，也不能确定物体的形状。如图 4-16 所示的 3 组视图，它们的主、俯视图都相同，但由于左视图不同，也表示了 3 个不同的物体。

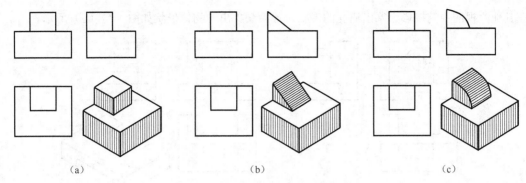

(a) (b) (c)

图 4-16 两个视图不能确定物体的形状

在读图时，一般应从反映形状特征最明显的视图入手，联系其他视图进行对照分析，才能确定物体形状，切忌只看一个视图就下结论。

二、看图的方法步骤

读图的基本方法有：形体分析法和线面分析法。

1. 形体分析法

（1）概念

根据组合体的特点，将其大致分成几个部分；然后逐一将每一部分的几个投影对照进行分析，想象出其形状，并确定各部分之间的相对位置和组合形式；最后综合想象出整个物体的形状。这种读图方法称为形体分析法。此法用于叠加类组合体较为有效。

（2）读图步骤

① 分线框，对投影。将 3 个视图相比较，用形体分析的方法找出每个组成部分的特征线框。所谓特征，就是指物体的形状特征和各基本形体间的位置特征。根据"长对正、高平齐、宽相等"三等关系分别在另外两视图中找出与其对应的投影线框，如图 4-17（a）所示的三视图。由于主视图上具有的特征部位一般较多，故通常先从主视图开始进行分析。

② 想出形体，确定位置。每组有投影联系的线框表示组合体中的一个简单形体，根据各组线框图形特征所反映出的投影特点，依次想象出各部分形体的结构形状，如图 4-17（b）、图 4-17（c）和图 4-17（d）所示。

③ 综合起来，想出整体。一般的读图顺序是：先看主要部分，后看次要部分；先看容易确定的部分，后看难以确定的部分；先看某一组成部分的整体形状，后看其细节部分形状。

例如，读图 4-17（a）所示的三视图，想象出它所表示的物体的形状。

① 分离出特征明显的线框。3 个视图都可以看作是由 3 个线框组成的，因此大致将该物体分为 3 个部分。其中，主视图中Ⅰ、Ⅲ两个线框特征明显，俯视图中线框Ⅱ的特征明显，如图 4-17（a）所示。

② 逐个想象各形体形状。根据投影规律，依次找出Ⅰ、Ⅱ、Ⅲ 3 个线框在其他两个视图的对应投影，并想象出它们的形状。图 4-17（b）所示为前后开槽底板，图 4-17（c）所示为后方开槽的立板，图 4-17（d）所示为拱形立板。

③ 综合想象整体形状。确定各形体的相互位置，初步想象物体的整体形状，如图 4-17（e）和图 4-17（f）所示。然后把想象的组合体与三视图进行对照、检查，如根据主视图中的圆线框及

它在其他两视图中的投影想象出通孔的形状，最后想象出的物体形状如图 4-17（g）所示。

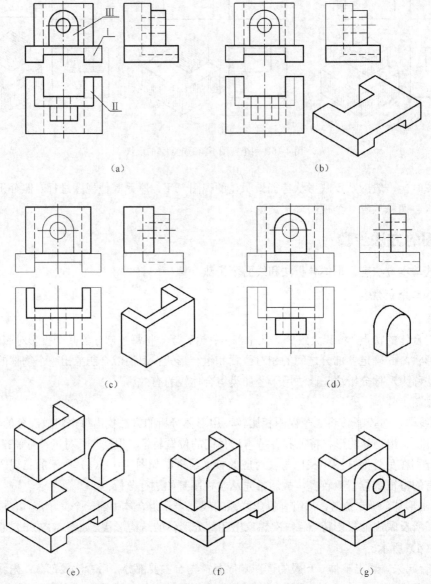

图 4-17　用形体分析法读组合体的三视图

2．线面分析法

在读图过程中，遇到物体形状不规则，或物体被多个面切割，物体的视图往往难以读懂，此时可以在形体分析的基础上进行线面分析。

（1）概念

线面分析法读图，就是运用投影规律，通过对物体表面的线、面等几何要素进行分析，确定物体的表面形状、面与面之间的位置及表面交线，从而想象出物体的整体形状。此法用于切割类组合体较为有效。

（2）读图步骤

① 判断主体形状。

② 确定切割面的形状和位置。

③ 逐个想象各切割处的形状。

④ 想象整体形状。

⑤ 综合归纳各截切面的形状和空间位置，想象物体的整体形状。

例如，读图 4-18（a）所示的三视图，想象出它所表示的物体的形状。

① 初步判断主体形状。物体被多个平面切割，但从 3 个视图的最大线框来看，基本都是矩形，据此可判断该物体的主体应是长方体。

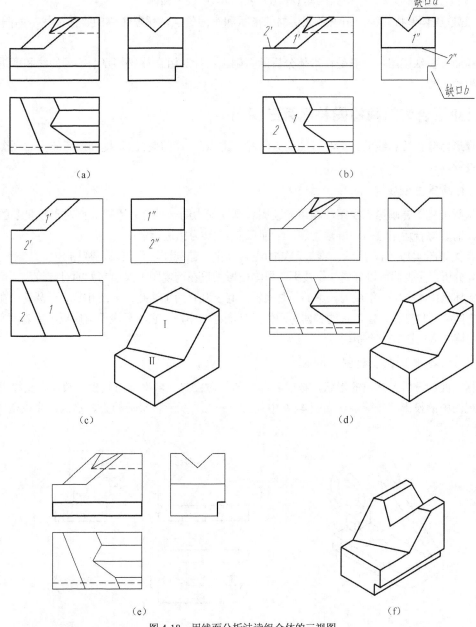

图 4-18　用线面分析法读组合体的三视图

② 确定切割面的形状和位置。图 4-18（b）所示是分析图，从左视图中可明显看出该物体有

a、b 两个缺口，其中，缺口 a 是由两个相交的侧垂面切割而成，缺口 b 是由一个正平面和一个水平面切割而成。还可以看出主视图中线框 1'、俯视图中线框 1 和左视图中线框 1" 有投影对应关系，据此可分析出它们是一个一般位置平面的投影。主视图中线段 2'、俯视图中线框 2 和左视图中线段 2" 有投影对应关系，可分析出它们是一个水平面的投影。并且可看出 Ⅰ、Ⅱ 两个平面相交。

③ 逐个想象各切割处的形状。可以暂时忽略次要形状，先看主要形状。例如看图时可先将两个缺口在 3 个视图中的投影忽略，如图 4-18（c）所示。此时可认为该物体是由一个长方体被 Ⅰ、Ⅱ 两个平面切割而成的，可想象出此时物体的形状，如图 4-18（c）的立体图所示。然后再依次想象缺口 a、b 处的形状，分别如图 4-18（d）和图 4-18（e）所示。

④ 想象整体形状。综合归纳各截切面的形状和空间位置，想象物体的整体形状，如图 4-18（f）所示。

用线面分析法读图，一般是在形体分析的基础上，针对组合体局部复杂不清的线和面进行进一步分析的过程。

三、已知组合体的两视图补画第三视图

掌握形体分析法和线面分析法读图的方法和步骤以后，补画视图是提高读图能力和画图能力的重要过程。

1. 补画第三视图

根据两个视图补画第三视图，是培养读图和画图能力的一种有效手段。而对于较复杂的组合体视图，需要综合运用这两种方法读图，下面以图 4-19 为例进行说明。

组合体如图 4-19（a）所示，根据已知的组合体主、俯视图，作出其左视图。

形体分析：主视图可以分为 4 个线框，根据投影关系在俯视图上找出它们的对应投影，可初步判断该物体是由 4 个部分组成的。下部 Ⅰ 是底板，其上开有两个通孔；上部 Ⅱ 是一个圆筒；在底板与圆筒之间有一块支撑板Ⅲ，它的斜面与圆筒的外圆柱面相切，它的后表面与底板的后表面平齐；在底板与圆筒之间还有一个肋板Ⅳ。

2. 画出各部分在左视图的投影

根据上面的分析及想出的形状，按照各部分的相对位置，依次画出底板、圆筒、支撑板、肋板在左视图中的投影。作图步骤如图 4-19 中（b）～（e）所示，最后检查、描深，完成全图。

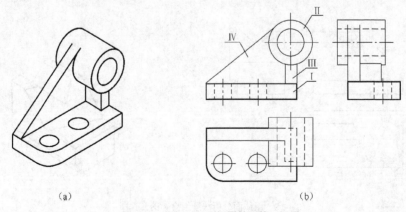

(a)　　　　　　　　　　(b)

图 4-19　根据已知两视图补画第三视图

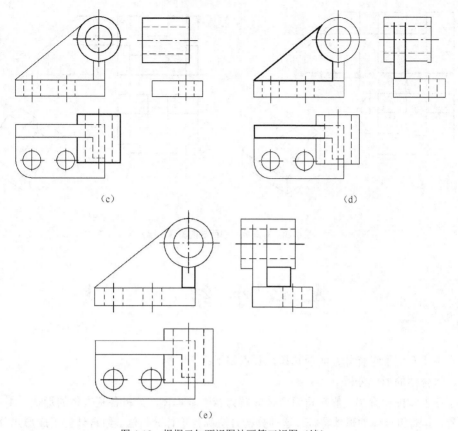

(c)　　　　　　　　　　　　　(d)

(e)

图 4-19　根据已知两视图补画第三视图（续）

四、补画视图中的缺线

补画视图中的缺线也是培养和提高看图能力的一种有效方法。作图时，应从视图中的形状、位置特征明显之处出发，在另外两个视图中找出其对应投影。要按物体的组成，一部分一部分地看，发现一处，补出一处。补线完成后，再将想出的物体与三视图对照，若相互都"吻合"，说明补线齐全，图形正确、完整；否则，须再推敲、修正，直到"完全吻合"为止。补缺线主要利用形体分析法和线面分析法，分析已知视图并补全图中遗漏的图线，要求视图完整正确。图 4-20（a）、（b）、（c）、（d）所示为一个补画视图中所缺的图线作图步骤的示例。

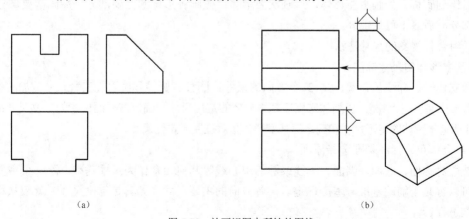

(a)　　　　　　　　　　　　　　(b)

图 4-20　补画视图中所缺的图线

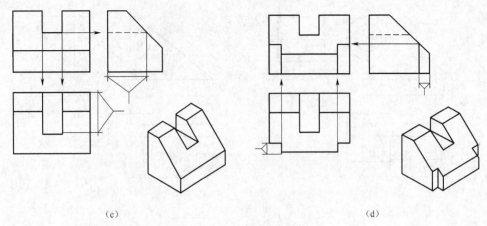

(c)   (d)

图 4-20 补画视图中所缺的图线（续）

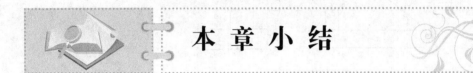

本 章 小 结

本章主要介绍了组合体方面的知识，要点如下：

一、组合体的形体分析

为了便于画图和看图，假想将组合体分解为若干基本体，分析各基本体的形状、组合形式和相对位置，弄清组合体的形体特征，这种分析方法称为形体分析法。组合体的组成形式分为叠加、切割和综合 3 种方式。表面连接关系包括平齐或不平齐、相切、相交。

二、画组合体三视图的方法与步骤

（1）形体分析。

（2）选择主视图。以最能反映组合体形体特征的那个视图作为主视图，同时兼顾其他两个视图表达的清晰性，还应考虑物体的安放位置，尽量使其主要平面和轴线与投影面平行或垂直，以便使投影能得到实形。

（3）确定比例和图幅。

（4）布置视图位置。

（5）绘制底稿。先画主要形体，后画次要形体；先画各形体的主要部分，后画次要部分；先画可见部分，后画不可见部分。

三、组合体视图的尺寸注法

1. 基本形体的尺寸标注

平面立体一般标注长、宽、高 3 个方向的尺寸；圆柱、圆锥和圆台在直径尺寸前加注 "ϕ"，圆球直径尺寸前加注 "$S\phi$"；切割体应标注基本形体的定形尺寸和确定截平面位置的定位尺寸；相贯体应标注两基本形体的定形尺寸和确定两基本形体相对位置的定位尺寸。

2. 组合体尺寸标注基准选择原则

常选取对称面、底面、端面、轴线或圆的中心线等几何元素作为尺寸基准。除一个主要基准外，还可以有几个辅助基准。基准选定后，各方向的主要尺寸（尤其是定位尺寸）就应从相应的尺寸基准进行标注。

3．标注尺寸的方法和步骤

标注组合体的尺寸时，应先对组合体进行形体分析，选择基准，标注定形尺寸、定位尺寸和总体尺寸，最后检查、核对。

4．标注尺寸的要求

尺寸应尽量标注在反映形体特征最明显的视图上。同一基本形体的定形尺寸和定位尺寸，应尽可能集中标注在一个视图上。直径尺寸应尽量标注在投影为非圆的视图上，而圆弧的半径应标注在投影为圆的视图上。尽量避免在虚线上标注尺寸。同一视图上的平行并列尺寸，应按"小尺寸在内，大尺寸在外"的原则来排列，且尺寸线与轮廓线、尺寸线与尺寸线之间的间距要适当。尺寸应尽量配置在视图的外面，以避免尺寸线与轮廓线交错重叠，保持图形清晰。

四、读组合体视图

1．形体分析法

根据组合体的特点，将其分成大致几个部分，然后逐一将每一部分的几个投影对照进行分析，想象出其形状，并确定各部分之间的相对位置和组合形式，最后综合想象出整个物体的形状，这种读图方法称为形体分析法。此法用于叠加类组合体较为有效。读图步骤为：

① 分线框，对投影；

② 想出形体，确定位置；

③ 综合起来，想出整体。

一般的读图顺序是：先看主要部分，后看次要部分；先看容易确定的部分，后看难以确定的部分；先看某一组成部分的整体形状，后看其细节部分形状。

2．线面分析法

运用投影规律，通过对物体表面的线、面等几何要素进行分析，确定物体的表面形状、面与面之间的位置及表面交线，从而想象出物体的整体形状。此法用于切割类组合体较为有效。读图步骤为：

① 判断主体形状；

② 确定切割面的形状和位置；

③ 逐个想象各切割处的形状；

④ 想象整体形状；

⑤ 综合归纳各截切面的形状和空间位置，想象物体的整体形状。

第5章

机件的表达方法

　　机件的结构形状是多种多样的，对于有些结构复杂的机件，仅用前面学过的三视图表达其内外结构形状，往往是不够的，还需要采用其他的表达方法。为此，国家标准《技术制图》《机械制图》中规定了绘制机械图样的基本表示法：视图、剖视图、断面图等。要把机件的内外结构形状正确、完整、清楚、简练地表达出来，就必须根据机件的结构特点，灵活地选用适当的表达方法。

知识目标

◎ 掌握视图的分类及其画法、应用。

◎ 掌握剖视图的种类、剖切面的种类及其应用场合。

◎ 掌握断面图的分类及其画法、应用。

◎ 掌握其他表达方法及其应用。

◎ 了解第三角画法。

技能目标

◎ 能绘制各种视图、剖视图、断面图等。

◎ 会综合运用各种表达方法表达零件。

◎ 能利用第三角绘制物体的三视图。

用正投影的方法绘制出物体的图形,称为视图。视图(GB/T 17451—1998、GB/T 4458.1—2002)主要用来表达机件的外部结构形状,一般仅画出机件的可见部分,必要时才用虚线表示其不可见部分。

视图分为基本视图、向视图、局部视图、斜视图 4 种。

一、基本视图

国家标准规定,采用 6 个互相垂直的投影面作为基本投影面,将物体分别向基本投影面投射所得的视图称为基本视图。如图 5-1 所示,基本视图的名称和投射方向规定如下。

- 主视图:由前向后投射所得的视图。
- 俯视图:由上向下投射所得的视图。
- 左视图:由左向右投射所得的视图。
- 右视图:由右向左投射所得的视图。
- 仰视图:由下向上投射所得的视图。
- 后视图:由后向前投射所得的视图。

6 个基本投影面展开时,以正面为基准,其他投影面展开至与正面处于同一平面上,如图 5-1(a)所示。基本视图按图 5-1(b)所示的位置配置时,一律不标注视图名称,它们仍保持"长对正、高平齐、宽相等"的投影规律。

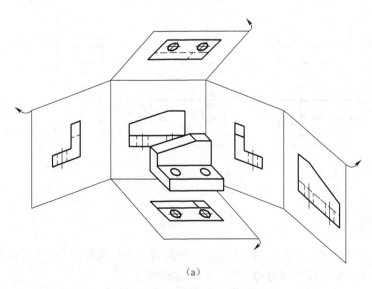

(a)

图 5-1　6 个基本视图的形成与配置

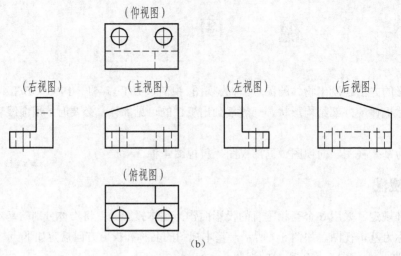

图 5-1　6 个基本视图的形成与配置（续）

二、向视图

基本视图按规定位置配置时，有时会给布置图面带来不便，因此，国家标准中规定了一种可以自由配置的视图，称为向视图。

画向视图时，必须要进行标注，即在向视图的上方用大写的拉丁字母标出视图的名称，在相应的视图附近用箭头表示投射方向，并在箭头的附近注上相同的字母，如图 5-2 所示。

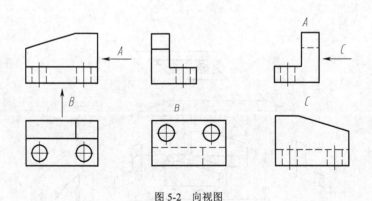

图 5-2　向视图

三、局部视图

当仅需表达物体上某一部分的结构形状时，可将该部分结构向基本投影面投射，这种将机件的某一部分向基本投影面投射所得的视图，称为局部视图。

如图 5-3 所示，左边的连接板和右边的缺口，采用局部视图表示，不但省略了复杂的左视图和右视图，减少了画图的工作量，而且表达清楚、重点突出、简单明了。

画局部视图时应注意以下两点。

（1）局部视图的断裂边界应以波浪线表示。当所表示的局部结构是完整的，且外形轮廓线成封闭时，波浪线可以省略不画，如图 5-3 中 B 向局部视图所示。

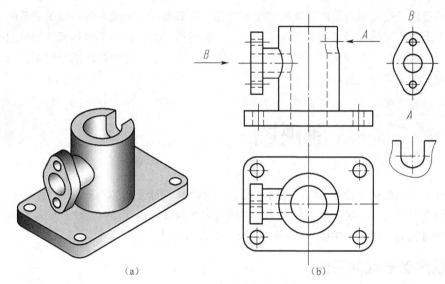

（a）　　　　　　　　　　（b）

图 5-3　局部视图

（2）局部视图按基本视图的配置形式配置时，可省略标注，如图 5-3 中所示的位于左视图处的 B 向局部视图；局部视图按向视图的配置形式配置时，必须标注，如图 5-3 中所示的 A 向局部视图。

四、斜视图

如图 5-4 所示的机件，其上具有倾斜结构，这部分结构在基本视图上不能反映实形，给画图和读图带来不便。这时，为了表达该部分结构的实形，可以选择一个与机件上的倾斜结构平行的新的投影面，将这部分倾斜结构向新的投影面投射，在该投影面上即可得到倾斜结构的实形。这种将机件的倾斜结构向不平行于基本投影面的平面投射所得到的视图称为斜视图。

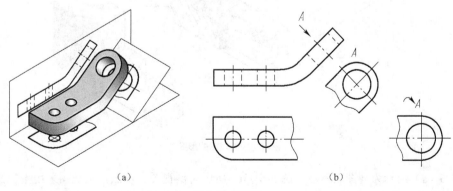

（a）　　　　　　　　　　（b）

图 5-4　斜视图

画斜视图时应注意以下两点。

（1）斜视图通常用于表达机件上倾斜部分的实形，而机件的其余部分不必画出，其断裂边界应用波浪线表示，如图 5-4 中 A 所示。

（2）斜视图一般按向视图的配置形式配置并标注，必要时，也允许将斜视图旋转配置，此时应在斜视图上方标注的视图名称前加注旋转符号。旋转符号为半径等于字体高度的半圆形，表示视图名称的字母应标注在旋转符号的箭头端，如图 5-4 所示。当需要标注图形的旋转角度时，应将旋转角度标注在字母之后。

剖视图

当机件的内部结构比较复杂时，视图中就会出现比较多的虚线，虚线过多，图形就会不清楚，给读图、绘图以及尺寸标注带来不便。为了清晰地表达机件的内部结构形状，国家标准规定了剖视图（GB/T 17452—1998、GB/T 4458.6—2002）的表示方法。

一、剖视图的形成和画法

1．剖视图的形成

假想用剖切面剖开机件，将处在观察者和剖切面之间的部分移去，将剩余部分向投影面投射所得的视图，称为剖视图，简称剖视，如图 5-5 所示。

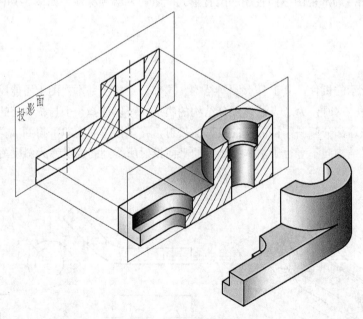

图 5-5　剖视图的形成

图 5-6（a）所示为视图表示法，图 5-6（b）所示为剖视图表示法，主视图采用剖视图后，原来不可见的结构变成了可见的，原有的虚线变成了实线，使图形更加清晰。

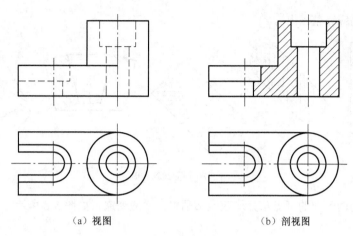

（a）视图　　　　　　　　　　　（b）剖视图

图 5-6　视图与剖视图的区别

2. 剖面符号

为了区别机件内部的空体与实体，通常要在剖切面与机件的接触部分（即剖面区域）画出剖面符号，以增强剖视图形的表达效果，便于读图。国家标准规定的剖面符号见表 5-1。

表 5-1　　　　　　　　　　剖面符号（自 GB/T 4457.5—2013）

材 料 名 称		剖 面 符 号	材 料 名 称	剖 面 符 号
金属材料 （已有规定剖面符号者除外）			线圈绕组元件	
非金属材料 （已有规定剖面符号者除外）			转子、电枢、变压器电抗器等的叠钢片	
型砂、填砂、粉末冶金、砂轮 陶瓷刀片、硬质合金刀片等			玻璃及供观察用的其他透明材料	
本质胶合板（不分层数）			格网（筛网、过滤网等）	
木材	纵断面		液体	
	横断面			

金属材料的零件最为常见，国标规定表示金属的剖面区域，采用通用剖面线，剖面线应以适当角度、互相平行的细实线绘制，最好与主要轮廓线或剖面区域的对称线成 45°，如图 5-7 所示。同一机件的各个剖面区域，其剖面线应方向相同、间隔相等。

3. 画剖视图的注意事项

（1）剖切是假想的，并不是真的把机件切开并移去一部分，因此一个视图画成剖视图，其他视图不受影响，仍应完整画出。

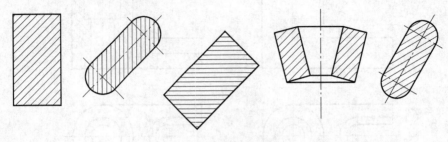

图 5-7　剖面线的方向

（2）凡是剖切面后面的可见部分均应全部画出，不应遗漏，如图 5-8 所示。

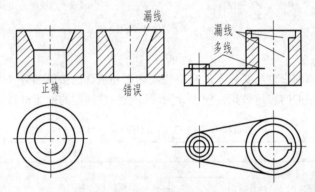

图 5-8　剖切面后面的可见部分不应遗漏

（3）剖视图中看不见的结构，若在其他视图中已表达清楚，则虚线应省略不画，如图 5-6 所示。但对于尚没有表达清楚的结构形状，若画出少量的虚线能减少视图的数量，可画出必要的虚线，如图 5-9 所示。

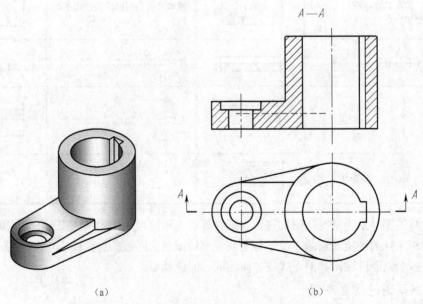

（a）　　　　　　　　　　　　　　　　　（b）

图 5-9　剖视图中可画出必要的虚线

4. 剖视图的标注方法

为便于读图，剖视图一般应进行标注，如图 5-9 所示，标注内容如下所述。

（1）剖切符号。在剖切面的起始、转折、终止处画出粗短线表示剖切位置。

（2）箭头。在剖切符号的两端画出箭头表示投射方向。

（3）字母。在剖视图的上方注写大写的拉丁字母表示剖视图的名称，并在箭头的附近注写相同的字母。

当单一剖切面通过机件的对称平面或基本对称平面，且剖视图按投影关系配置，中间没有其它图形隔开时，可省略标注，如图 5-5 和图 5-9 所示。

当剖视图按投影关系配置，中间没有其他图形隔开时，可省略箭头。

二、剖视图的种类

根据剖切面剖切机件范围的大小，剖视图分为全剖视图、半剖视图和局部剖视图 3 种。

1. 全剖视图

用剖切面完全地剖开机件所得的剖视图，称为全剖视图。

全剖视图适用于表达外形比较简单，而内部结构比较复杂且不对称的机件。如图 5-5 和图 5-9 中的主视图均为全剖视图。

2. 半剖视图

当机件具有对称平面时，向垂直于对称平面的投影面上投射所得的图形，可以对称中心线为界，一半画成剖视图，另一半画成视图，这种组合的图形称为半剖视图，如图 5-10 所示。

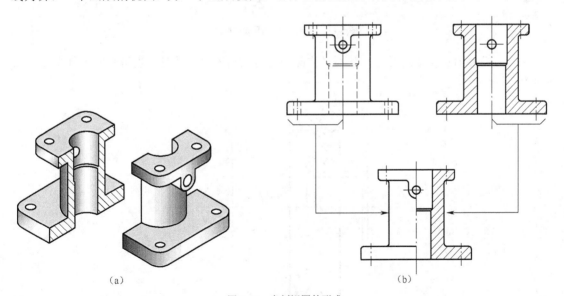

（a）　　　　　　　　　　　　　　　　　（b）

图 5-10 半剖视图的形成

在半剖视图中用剖视的一半表达机件的内部结构，用视图的一半反映机件的外形，它既表达了机件的内部形状，又保留了机件的外形，由此可见半剖视图适用于表达内、外结构都比较复杂的对称机件。

画半剖视图时应注意以下几点：

（1）视图与剖视图的分界线应是细点画线，而不应画成粗实线；

（2）机件的内部结构已在剖视的一半视图中表达清楚，另一半表达外形的视图中一般不再画出虚线；

（3）半剖视图的标注与全剖视图的标注相同，如图 5-11 所示。

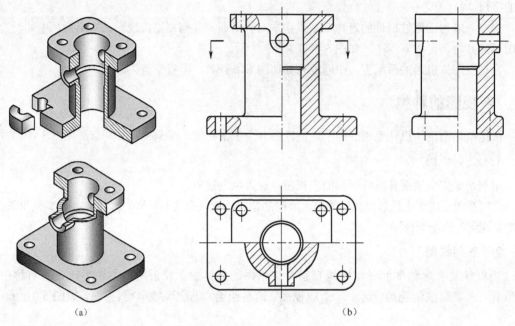

（a）　　　　　　　　　　　　　　（b）

图 5-11　半剖视图的画法与标注

（4）当机件的形状接近对称，且不对称部分已有图形表达清楚时，也可画成半剖视图，如图 5-12 所示。

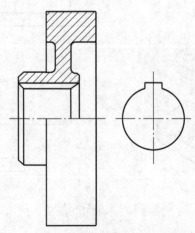

图 5-12　机件的形状接近对称可画成半剖视图

3. 局部剖视图

用剖切面局部地剖开机件所得的剖视图，称为局部剖视图，如图 5-13 所示。

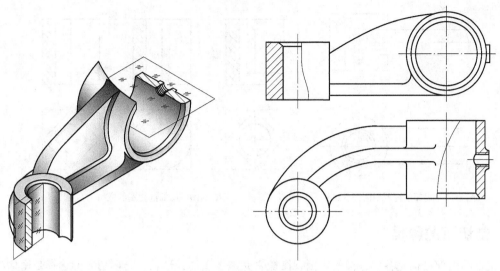

图 5-13　局部剖视图

局部剖视图主要用于表达机件的局部内部结构形状,或不宜采用全剖视图或半剖视图的场合。局部剖视图能同时反映机件的内、外结构形状,不受机件是否对称条件的限制,剖切位置、剖切范围可根据需要而定,是一种比较灵活的表达方法,因此应用非常广泛。

画局部剖视图时应注意以下几点。

(1)剖开部分与未剖开部分的分界线用波浪线表示,波浪线应画在机件的实体部分,不应超出图形的轮廓线;不应与其他轮廓线重合;也不应画在其他轮廓线的延长线上,如图 5-14 所示。

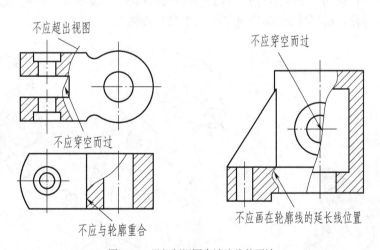

图 5-14　局部剖视图中波浪线的画法

(2)当被剖的局部结构为回转体时,允许将该结构的中心线作为局部剖视图与视图的分界线,如图 5-15 所示。

(3)当对称机件的轮廓线与中心线重合时,不便采用半剖视图,可采用局部剖视图,如图 5-16 所示。

当单一剖切平面的剖切位置明显时,局部剖视图可省略标注。

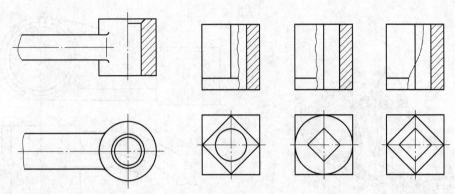

图 5-15　局部剖视图中的分界线　　　　　　图 5-16　局部剖视图的应用

三、剖切面的种类

机件的内部结构是各种各样的，剖视图能否完整地表达其形状，与剖切面的选择是密切相关的。国标规定剖切面共有 3 种：单一剖切面、几个平行的剖切面和几个相交的剖切面，可根据机件结构的特点和表达的需要选用。

1. 单一剖切面

当机件的内部结构位于一个剖切面上时，可选用单一剖切面。单一剖切面有单一剖切平面和单一剖切柱面两种。

前面学习过的全剖视图、半剖视图、局部剖视图都是采用平行于基本投影面的单一剖切平面剖切而获得的剖视图。

图 5-17 所示为采用单一斜剖切平面剖切所获得的剖视图。画这种剖视图时，通常按向视图的配置形式配置并标注，必要时允许将图形旋转，并加注旋转符号。

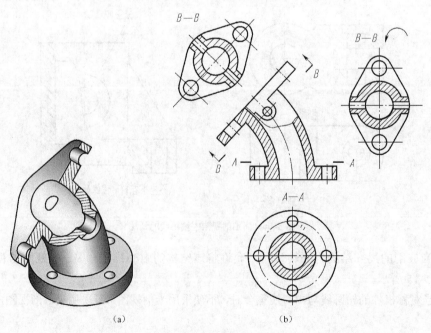

图 5-17　单一斜剖切平面

图 5-18 所示为采用单一柱面剖切所获得的剖视图。当采用柱面剖切时，剖视图应展开绘制。

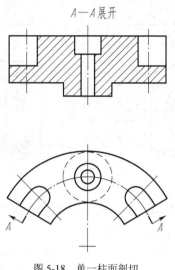

图 5-18　单一柱面剖切

2. 几个平行的剖切面

几个平行的剖切面指的是两个或两个以上的平行剖切平面。图 5-19 所示的机件是采用两个平行的剖切平面剖切所获得的剖视图。

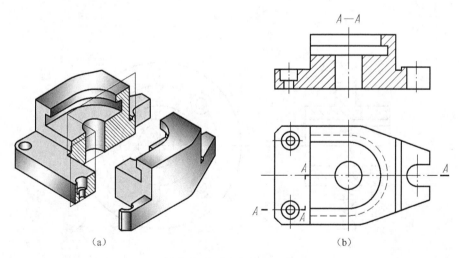

（a）　　　　　　　　　　　　　（b）

图 5-19　两个平行的剖切平面

采用这种剖切平面画剖视图时，应注意以下几点：

（1）各剖切平面的转折处必须是直角；

（2）因为剖切是假想的，所以在剖视图上不应画出剖切平面各转折处的投影，如图 5-20（a）所示；

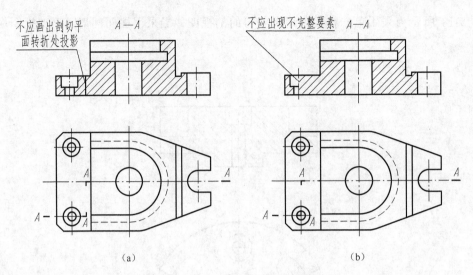

图 5-20　几个平行的剖切面剖切的画法

（3）剖切平面转折处不应与图形中的轮廓线重合；

（4）在剖视图中不应出现不完整要素，如图 5-20（b）所示。

画这种剖视图时，必须在剖切面的起止和转折处标注剖切符号和相同的字母，如图 5-19 所示。

3．几个相交的剖切面

几个相交的剖切面指的是两个或两个以上相交的剖切面。图 5-21 和图 5-22 所示的机件是采用两个相交的剖切平面剖切所获得的剖视图。

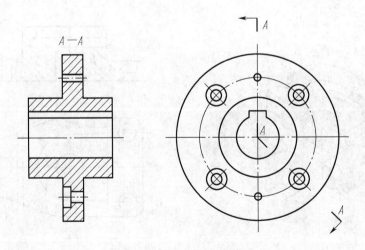

图 5-21　几个相交的剖切面

采用几个相交的剖切面画剖视图时，应注意以下几点：

（1）几个相交的剖切面的交线必须垂直于某一投影面；

（2）应将与投影面倾斜的剖切平面剖开的结构及有关部分旋转到与选定投影面平行后再进行投影，即先剖切后投影，如图 5-21 和图 5-22 所示；

（3）剖切平面后面的其他结构一般仍按原来的位置投射，如图 5-22 中所示的油孔；

（4）当剖切后产生不完整要素时，应将该部分按不剖画出，如图 5-23 所示。

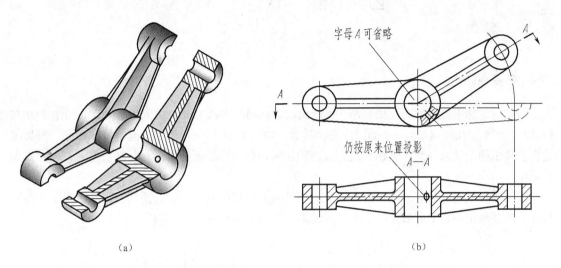

（a）　　　　　　　　　　　　　　　（b）

图 5-22　剖切平面后的结构仍按原来位置投射

画这种剖视图时，其标注方法如图 5-21 和图 5-22 所示。

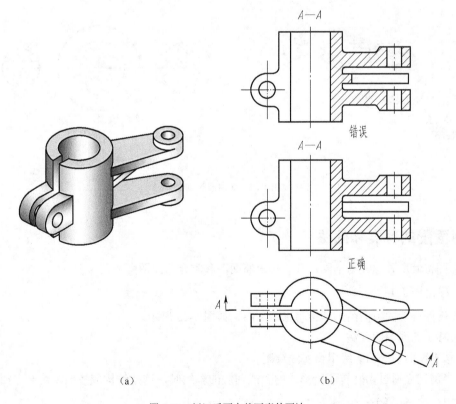

（a）　　　　　　　　　　　　　　　（b）

图 5-23　剖切后不完整要素的画法

第3节　断　面　图

一、基本概念

假想用剖切面将机件的某处切断，仅画出剖切面与机件接触部分的图形，称为断面图（GB/T 17452—1998、GB/T 4458.6—2002），简称断面。如图 5-24 所示，轴上开有键槽和通孔，假想用垂直于轴线的剖切面分别在键槽和通孔处将轴切断，仅画出断面的图形，并画上剖面符号，即为断面图。

断面图与剖视图的区别是：断面图只画机件被剖切后的断面形状，而剖视图除了画出断面形状外，还要画出剖切平面后面的所有可见轮廓，如图 5-24 所示。

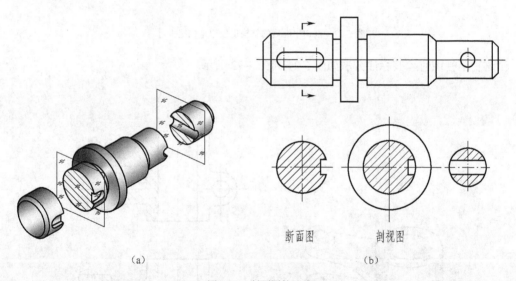

断面图　　　　剖视图

（a）　　　　　　　　　　　　　（b）

图 5-24　断面图的形成

二、断面图的种类和画法

断面图按其所画位置的不同，分为移出断面图和重合断面图两种。

1. 移出断面图

画在视图外面的断面图，称为移出断面图，如图 5-25 所示。

（1）移出断面图的画法

① 移出断面图的轮廓线用粗实线绘制。

② 当剖切面通过由回转面所形成的孔或凹坑的轴线时，这些结构应按剖视绘制，如图 5-25 中的 $A—A$、$C—C$ 所示。

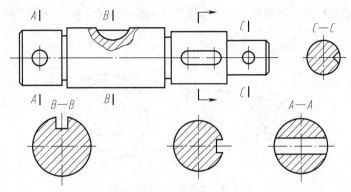

图 5-25　移出断面图及标注

③ 当剖切面通过非圆孔，会导致出现完全分离的两个断面时，这些结构应按剖视绘制，如图 5-26 所示。

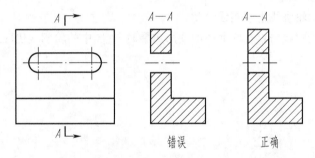

图 5-26　剖切面通过非圆孔的画法

④ 由两个或多个相交的剖切面剖切所得到的移出断面图，中间应断开，如图 5-27 所示。

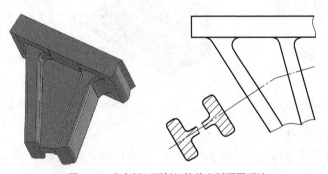

图 5-27　多个剖切面剖切的移出断面图画法

（2）移出断面图的配置与标注

① 移出断面图通常配置在剖切符号或剖切线的延长线上。此时，若图形不对称可省略字母，但箭头不可以省略；若图形对称，移出断面又画在剖切平面的延长线上，可不必标注，如图 5-24 所示。

② 移出断面图可以配置在其他适当位置，但需标注，如图 5-25 所示。若图形对称，可省略箭头。

③ 当断面图形对称时，移出断面图可配置在视图的中断处，如图 5-28 所示。此时，视图应用波浪线断开。

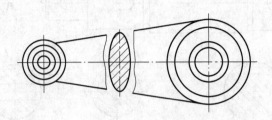

图 5-28　断面图形对称时的配置

2. 重合断面图

画在视图内部的断面图，称为重合断面图，如图 5-29 所示。

（1）重合断面图的画法

① 重合断面图的轮廓线用细实线绘制。

② 当视图中的轮廓线与重合断面图的图形重叠时，视图中的轮廓线仍应连续画出，不可间断，如图 5-30 所示。

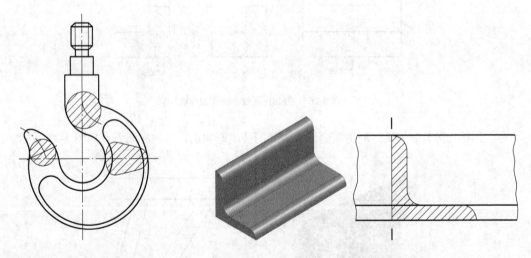

图 5-29　重合断面图的画法（一）　　　　　　　图 5-30　重合断面图的画法（二）

（2）重合断面图的标注

对称的重合断面图不必标注，如图 5-29 所示；不对称的重合断面图，在不致引起误解时可省略标注，如图 5-30 所示。

第4节　其他表达方法

为使图形清晰和画图简便，国家标准还规定了局部放大图和简化表示法。

一、局部放大图

将机件的部分结构，用大于原图形所采用的比例画出的图形，称为局部放大图，如图 5-31 所示。

局部放大图可以画成视图、剖视、断面的形式，与被放大部分的表达方法无关。

局部放大图的标注方法：当机件上仅有一处被放大时，可用细实线圆圈出被放大的部位，在局部放大图的上方注出所采用的比例；当同一机件上有几处被放大时，必须用罗马数字依次标明被放大的部位，并在局部放大图上方用分数形式标注相应的罗马数字和采用的比例，如图 5-31 所示。

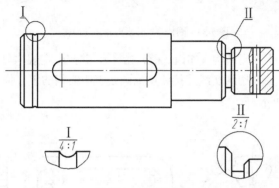

图 5-31　局部放大图

二、简化画法（GB/T 16675.1—2012、GB/T 4458.1—2002）

（1）当机件上的肋、轮辐、薄壁等结构按纵向剖切时，这些结构都不画剖面符号，而用粗实线将其与邻接部分分开，如图 5-32 所示。

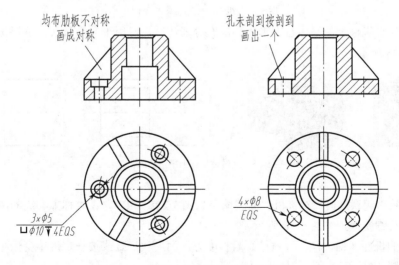

图 5-32　机件上的肋板、孔等结构的简化

（2）当机件回转体上均匀分布的肋、轮辐、孔等结构不处于剖切平面上时，可将这些结构旋转到剖切平面上画出，如图 5-32 和图 5-33 所示。

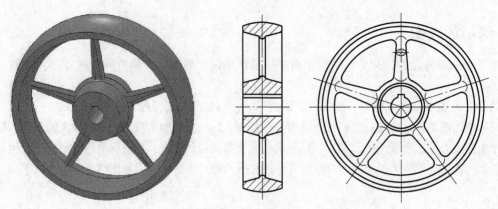

图 5-33　回转体机件上的轮辐的简化

（3）当机件上具有若干相同结构（如齿、槽、孔等），并按一定规律分布时，允许只画出其中一个或几个完整的结构，其余用细实线连接或用点画线表明它们的中心位置，但在图上应注明该结构的总数，如图 5-34 所示。

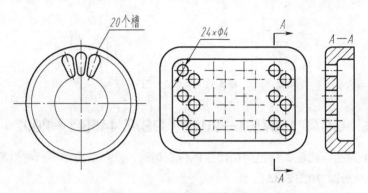

图 5-34　机件上相同结构的简化

（4）当回转体机件上的平面在图形中不能充分表达时，可用平面符号（两条相交的细实线）表示，如图 5-35 所示。

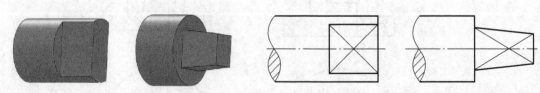

图 5-35　回转体机件上平面的简化

（5）在不致引起误解时，对称机件的视图可只画 1/2 或 1/4，并在对称中心线的两端画出两条与其垂直的平行细实线，如图 5-36 所示。

（6）较长的机件（轴、杆、型材等）沿长度方向的形状一致或按一定规律变化时，可断开后缩短绘制，如图 5-37 所示。

（7）机件上的较小结构，如已在一个图形中表达清楚时，其他图形可简化或省略，如图 5-38 所示。

（8）与投影面倾斜角度小于或等于 30° 的斜面上的圆或圆弧，其投影可用圆或圆弧代替，如图 5-39 所示。

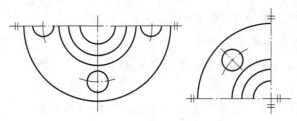

图 5-36 对称机件的简化

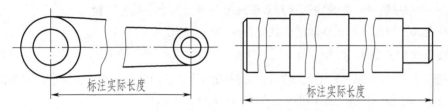

图 5-37 较长机件的简化

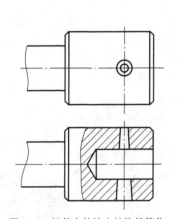

图 5-38 机件上的较小结构的简化

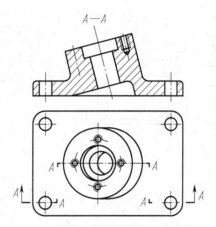

图 5-39 斜面上的圆或圆弧的简化

第5节 表达方法综合应用举例

　　为了清楚地表达机件，应根据其内外结构的特点，综合应用各种表达方法，从中选择出一组合适的表达方案。原则是首先考虑看图方便，在能完整、清晰地表达机件各部分形状和相对位置的前提下，力求作图简便。

一、分析四通管的表达方案

1. 概括了解

　　如图 5-40（a）所示，四通管用了 5 个图形来表达，其中有全剖主视图 A—A、全剖俯视图

B—B、全剖右视图 *C—C*、全剖斜视图 *E—E* 和一个 *D* 向视图。

2. 分析视图，想象各部分形状

（1）主视图是采用两个相交的剖切平面剖切而得的 *B—B* 全剖视图，主要表示四通管 4 个方向的连通情况。

（2）俯视图是采用两个平行的剖切平面剖切而得的 *A—A* 全剖视图，主要表达右边斜管的位置以及底板的形状。

（3）*C—C* 剖视图表示左边管的形状是圆筒以及圆盘形凸缘上 4 个小孔的分布位置。

（4）*E—E* 剖视图表示斜管的形状及其卵圆形凸缘上两个小孔的位置。

（5）*D* 向局部视图表示上端面的形状以及 4 个小孔的分布位置。

3. 综合归纳，想象整体

以主视图为中心，将分散想象出的各部分结构形状及它们之间的相对位置和连接形式加以综合，进而在头脑中形成机件的整体形象，如图 5-40（b）所示。

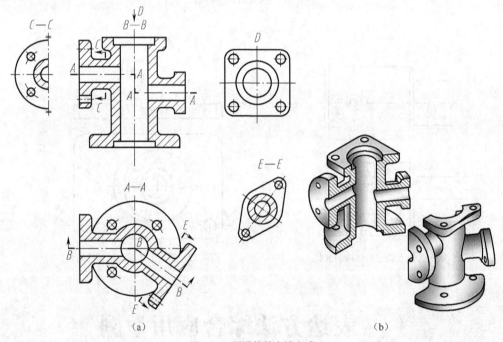

图 5-40　四通管的表达方式

二、确定支架的表达方案

1. 形体分析

如图 5-41（a）所示，该支架由 3 个部分组成，上部是圆筒、下部是倾斜矩形底板、中间部分是十字肋板，用于连接圆筒与底板。

2. 表达方法选择

经分析，确定用 4 个图形来表达：主视图采用局部剖视图，这样既表达了水平圆柱、十字肋板和倾斜底板的外部形状及其相对位置，同时也能表达水平圆筒上的通孔和底板上小孔的内部形状；为了明确水平圆筒与十字肋板的连接关系，采用了一个局部视图；为了反映倾斜底板的实形及其 4 个小孔的分布位置，采用了一个斜视图；为了表达十字肋板的断面形状，采用了一个移出断面图，如图 5-41（b）所示。

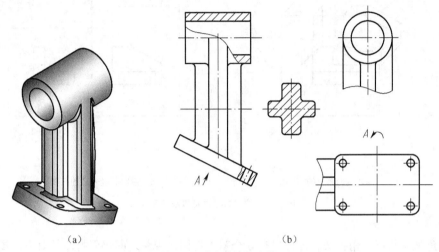

（a）　　　　　　　　　　　　　　　（b）

图 5-41　支架的表达方法

第6节　第三角画法简介

技术制图国家标准规定："技术图样应采用正投影法绘制，并优先采用第一角画法。"中国、英国、法国、俄国、德国等国家都采用第一角画法，美国、日本、加拿大、澳大利亚等一些国家则采用第三角画法。因此，为适应国际间技术交流的需要，我们必须了解第三角画法。

一、第三角画法的概念

3 个互相垂直相交的投影面，将空间划分为 8 个分角，分别称为第一角，第二角，第三角，……，第八角，如图 5-42 所示。

第一角画法是将物体放在第一分角内，使物体处于观察者和投影面之间，即保持"人—物体—投影面"的位置关系，然后用正投影法在投影面上获得视图。

第三角画法是将物体放在第三分角内，使投影面处于观察者和物体之间，即保持"人—投影面—物体"的位置关系，此时应假设投影面是透明的，然后用正投影法在投影面上获得视图，如图 5-43（a）所示，投影面展开后所得的三视图如图 5-43（b）所示。

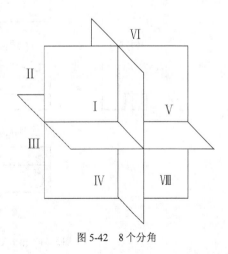

图 5-42　8 个分角

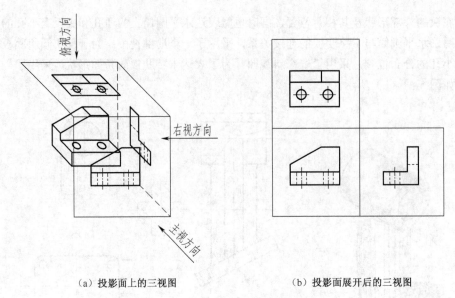

（a）投影面上的三视图　　　　　　　　　　　（b）投影面展开后的三视图

图 5-43　第三角投影及投影面展开

第三角画法与第一角画法一样，也有 6 个基本视图，视图之间仍保持"长对正，高平齐，宽相等"的对应关系。

二、视图的配置

第一角画法和第三角画法的投影及视图配置有所不同，区别如图 5-44（a）和图 5-44（b）所示。

当采用第三角画法时，必须在图样中画出第三角画法的识别符号。第一角和第三角画法的识别符号如图 5-45 所示。

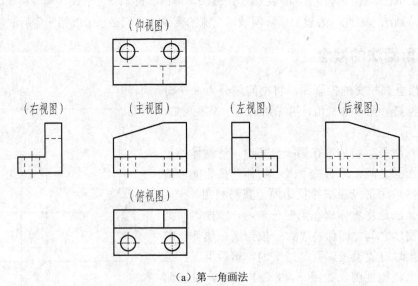

（a）第一角画法

图 5-44　第一角画法和第三角画法的投影及视图配置

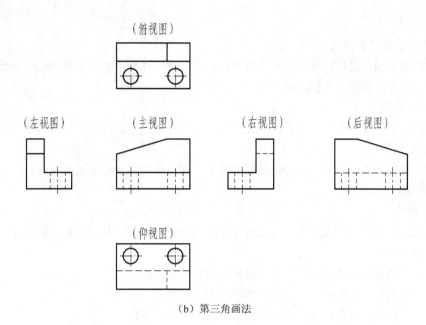

（b）第三角画法

图 5-44　第一角画法和第三角画法的投影及视图配置（续）

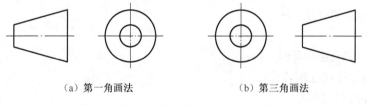

（a）第一角画法　　　　　　（b）第三角画法

图 5-45　第一角画法和第三角画法的识别符号

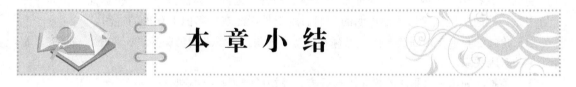

本 章 小 结

本章主要介绍了国家标准《技术制图》《机械制图》中规定的绘制机械图样的基本表示法，要点如下。

一、视图

用正投影的方法绘制出物体的图形，称为视图。视图分为基本视图、向视图、局部视图、斜视图 4 种。

- 基本视图。将物体分别向基本投影面投射，所得的视图称为基本视图。
- 向视图。国标规定了一种可以自由配置的视图，称为向视图。
- 局部视图。将机件的某一部分向基本投影面投射所得的视图，称为局部视图。
- 斜视图。将机件的倾斜结构向不平行于基本投影面的平面投射所得到的视图称为斜视图。

二、剖视图

1．剖视图的形成和画法

假想用剖切面剖开机件，将处在观察者和剖切面之间的部分移去，将剩余部分向投影面投射所得的视图，称为剖视图，简称剖视。

2．剖视图的种类

根据剖切面剖切机件范围的大小，剖视图分为全剖视图、半剖视图和局部剖视图 3 种。

3．剖切面的种类

国标规定剖切面共有 3 种：单一剖切面、几个平行的剖切面和几个相交的剖切面。

三、断面图

1．基本概念

假想用剖切面将机件的某处切断，仅画出剖切面与机件接触部分的图形，称为断面图，简称断面。

2．断面图的种类

断面图按其所画位置的不同，分为移出断面图和重合断面图两种。

（1）移出断面图。画在视图外面的断面图，称为移出断面图。

（2）重合断面图。画在视图内部的断面图，称为重合断面图。

四、其他表达方法

1．局部放大图

（1）将机件的部分结构用大于原图形所采用的比例画出的图形，称为局部放大图。

（2）局部放大图的标注方法。

2．简化画法

五、表达方法综合应用举例

1．分析四通管的表达方案

2．确定支架的表达方案

六、第三角画法简介

将物体放在第三角内，使投影面处于观察者和物体之间，即保持"人—投影面—物体"的位置关系，此时应假设投影面是透明的，然后用正投影法在投影面上获得的视图。

第三角画法与第一角画法一样，也有 6 个基本视图，视图之间仍保持"长对正，高平齐，宽相等"的对应关系。

第一角画法和第三角画法的投影面展开方式及视图配置有所不同。

第6章

标准件与常用件

在机器设备中，除一般零件外，还有许多常用零件，如螺栓、螺母、垫圈、齿轮、键、销、滚动轴承（部件）等。由于这些零部件的应用范围极为广泛，为便于批量生产和使用，以及减少设计、绘图工作量，国家标准对它们的结构、规格及技术要求等都已全部或部分标准化，并对其图样规定了特殊表示法。

知识目标

◎ 掌握螺纹、螺纹紧固件、键、销、弹簧、滚动轴承的规定画法。
◎ 识读螺纹、螺纹紧固件、键、销、弹簧、滚动轴承的标记。
◎ 单个齿轮、啮合齿轮的画法。

技能目标

◎ 熟练掌握内、外螺纹的规定画法，熟练识读螺纹的标记。
◎ 掌握单个齿轮、啮合齿轮的画法。
◎ 掌握螺栓、螺母、齿轮、键、销、轴承、弹簧等零件在机器设备中的作用。

第1节　螺　　纹

螺纹是零件上常见的一种结构，它是在圆柱或圆锥表面上，沿着螺旋线所形成的具有相同剖面的连续凸起（凸起是指螺纹两侧面间的实体部分，又称牙）。

螺纹有外螺纹和内螺纹之分。在圆柱或圆锥外表面上形成的螺纹称外螺纹；在圆柱或圆锥内表面上形成的螺纹称内螺纹。内、外螺纹成对使用。

一、螺纹的种类和要素

1．螺纹的种类

螺纹的种类很多，其分类方法也很多。我国的螺纹标准体系按照螺纹的用途将螺纹分为以下 4 类：

（1）连接和紧固用螺纹。

（2）管（子）用螺纹。

（3）传动螺纹。

（4）专门用途螺纹。

2．螺纹的各部分名称及要素

螺纹的各部分名称如图 6-1 所示。螺纹的要素有：牙型、直径、螺距、线数和旋向。

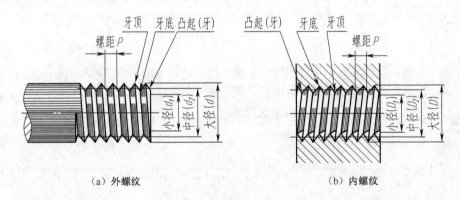

（a）外螺纹　　　　　　　　　　　　　　　　（b）内螺纹

图 6-1　螺纹的各部分名称

（1）牙型。在通过螺纹轴线的剖面上螺纹的轮廓形状，称为螺纹牙型。不同用途的螺纹，具有不同的牙型。

（2）直径。螺纹直径有大径、中径和小径之分。

① 大径是指与外螺纹牙顶或内螺纹牙底相切的假想圆柱或圆锥的直径。外螺纹大径用 d 表示；内螺纹的大径用 D 表示。

② 小径是指与外螺纹牙底或内螺纹牙顶相切的假想圆柱或圆锥的直径。外螺纹小径用 d_1 表示；内螺纹小径用 D_1 表示。

③ 中径是指一个假想圆柱或圆锥的直径，该圆柱或圆锥的母线通过牙型上沟槽和凸起宽度相

等的地方。外螺纹的中径用 d_2 表示；内螺纹的中径用 D_2 表示。

螺纹大径的基本尺寸称为公称直径，公称直径代表螺纹尺寸的直径（管螺纹用尺寸代号表示）。外螺纹大径 d_1 和内螺纹小径 D_1 亦称顶径。

（3）线数（n）。螺纹有单线与多线之分。沿一条螺旋线所形成的螺纹，称单线螺纹；沿两条或两条以上在轴向等距分布的螺旋线形成的螺纹，称多线螺纹，如图6-2所示。

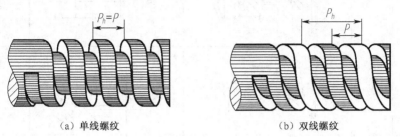

（a）单线螺纹　　　　　　　　　　　（b）双线螺纹

图6-2　螺距与导程

（4）螺距（P）和导程（P_h）。螺距是指相邻两牙在中径线上对应两点间的轴向距离；导程是指同一条螺旋线上的相邻两牙在中径线上对应两点间的轴向距离，如图6-2所示。

螺距、导程、线数之间的关系：

$$P = \frac{P_h}{n}$$

（5）旋向。内、外螺纹旋合时的旋转方向称为旋向。顺时针旋转时旋入的螺纹，称为右旋螺纹；逆时针旋转时旋入的螺纹，称为左旋螺纹。

螺纹的旋向可按下列方法判定：将外螺纹轴线垂直放置，螺纹的可见部分是左低右高者为右旋螺纹；左高右低者为左旋螺纹，如图6-3所示。

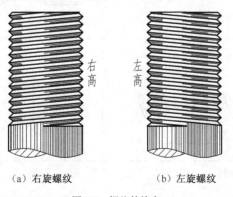

（a）右旋螺纹　　　　　　　　　　（b）左旋螺纹

图6-3　螺纹的旋向

 只有牙型、大径、螺距、线数和旋向等要素都相同的内、外螺纹才能旋合在一起。

在螺纹的诸要素中，牙型、大径和螺距是决定螺纹结构的最基本的要素，称为螺纹三要素。凡螺纹三要素符合国家标准的，称为标准螺纹；仅牙型符合国家标准的，称为特殊螺纹；连牙型也不符合国家标准的，称为非标准螺纹。表6-1所列螺纹均为标准螺纹。

表 6-1　　　　　　　　　　　　　常用标准螺纹的种类、牙型与标注

螺纹类别		特征代号	牙型略图	标注示例	说　明
连接和紧固用螺纹	粗牙普通螺纹	M			粗牙普通螺纹，公称直径 16，右旋；中径和大径公差带代号均为 6g；中等旋合长度
	细牙普通螺纹				细牙普通螺纹，公称直径 16，螺距 1，右旋；中径和小径公差带代号均为 6H；中等旋合长度
管用螺纹	非螺纹密封的管螺纹	G			非螺纹密封的圆柱管螺纹，尺寸代号 1，公差等级代号 A
	用螺纹密封的管螺纹	圆锥外螺纹	R			R。为用螺纹密封的圆锥内螺纹；R 为用螺纹密封的圆锥外螺纹；1½ 为尺寸代号
		圆锥内螺纹	R_c		
		圆柱内螺纹	R_P		
传动螺纹	梯形螺纹	Tr			梯形螺纹，公称直径 36，双线，导程 12，螺距 6，右旋；中径公差带为 7H；中等旋合长度
	锯齿形螺纹	B			锯齿形螺纹，公称直径 70，单线，螺距 10，左旋；中径公差带为 7c；中等旋合长度

二、螺纹的规定画法

　　由于螺纹是根据螺纹要素加工的，所以在绘制螺纹这一结构时，不必按其真实投影作图，而要根据相应的国家标准所规定的画法表示。螺纹的规定画法见表 6-2。

表 6-2　　　　　　　　　　　　螺纹的规定画法

名称	图　例	说　明
外螺纹	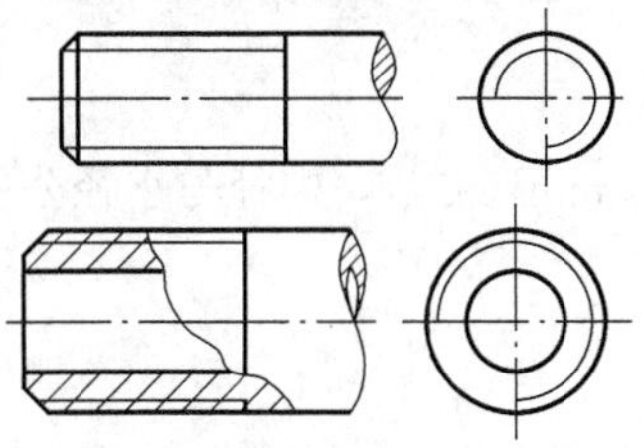	(1) 在平行螺纹轴线的视图或剖视图中，螺纹牙顶圆的投影用粗实线表示，牙底圆的投影用细实线表示（画到螺杆的倒角或倒圆部分）； (2) 在垂直于螺纹轴线的视图中，表示牙底圆的细实线只画约 3/4 圈，螺纹端部倒角圆的投影省略不画； (3) 螺纹终止线用粗实线表示
内螺纹	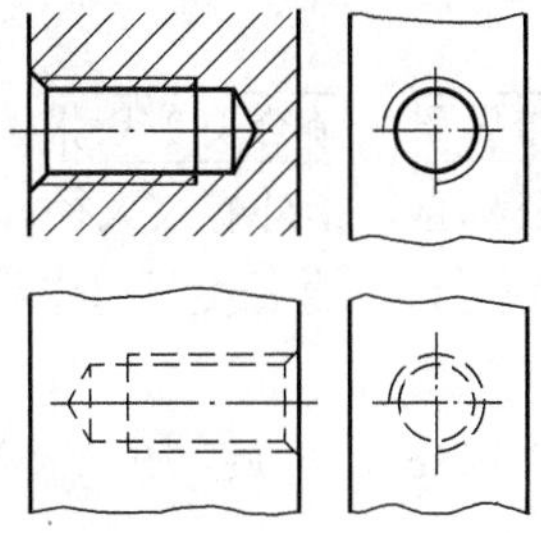	(1) 在剖视图及断面图中，剖面线都应画到粗实线处； (2) 一般应将钻孔深度和螺孔深度分别画出，孔底部的锥顶角为 120°； (3) 不可见螺纹的所有图线均用虚线绘制
内、外螺纹连接	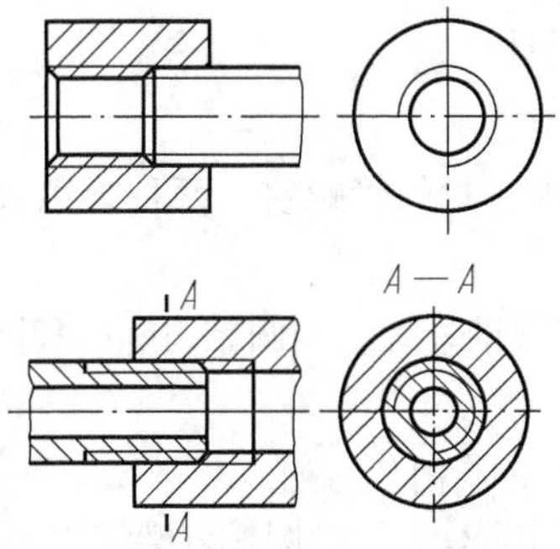	(1) 当用剖视图表示内、外螺纹的连接时，其旋合部分应按外螺纹画，其余部分仍按各自的画法表示； (2) 表示内、外螺纹牙顶圆与牙底圈的粗实线和细实线应分别对齐

三、螺纹的规定标记与标注

由于螺纹规定画法不能表示螺纹种类和螺纹的牙型、螺距、旋向等要素，因此国家标准规定用相应的标记进行标注。

普通螺纹和梯形螺纹的完整标记由螺纹代号、螺纹公差带代号和螺纹旋合长度代号 3 部分组成，三者之间用短横 "-" 隔开。

1. 普通螺纹标记

普通螺纹标记的规定格式如下：

| 螺纹特征代号 | 公称直径 | × | 导程 P_h（螺距 P） | - | 公差带代号 | - | 旋合长度代号 | - | 旋向代号 |

螺纹代号由螺纹特征代号 M、螺纹的尺寸和螺纹的旋向构成。粗牙普通螺纹不标注螺距。左旋螺纹用 LH 表示，右旋螺纹不标注旋向。

公差带代号由中径公差带代号和顶径公差带代号（对外螺纹指大径公差带代号、对内螺纹指小径公差带代号）组成。每组公差带代号都由表示公差等级的数字和表示公差带位置的基本偏差代号组成。大写字母代表内螺纹，小写字母代表外螺纹。若两组公差带相同，则只写一组。

旋合长度分为短（S）、中（N）、长（L）3 种。一般多采用中等旋合长度，属于中等旋合长度时，其代号 N 省略不标。

例 1　某粗牙普通外螺纹，大径为 16 mm，右旋，中径与大径公差带均为 6g，中等旋合长度，其标记为：

$$M16-6g$$

例 2　某细牙普通内螺纹，大径为 16 mm，螺距为 1 mm，右旋，中径与小径公差带均为 6H，中等旋合长度，其标记为：

$$M16\times1-6H$$

2．梯形和锯齿形螺纹标记

梯形和锯齿形螺纹标记的规定格式如下：

| 特征代号 | 公称直径 × | 导程（螺距） | – 中径公差带代号 | – 旋合长度代号 | – 旋向代号 |

梯形螺纹特征代号为 Tr，锯齿形螺纹特征代号为 B。公称直径指外螺纹大径。左旋螺纹用 LH 表示，右旋螺纹不标注旋向。两种螺纹只标注中径公差带代号。旋合长度只有中等旋合长度（N）和长旋合长度（L）两种，若为中等旋合长度则不标注。

例 3　某双线梯形内螺纹，公称直径为 36 mm，导程为 12 mm。右旋，中径公差带代号为 7H，中等旋合长度，其标记为：

$$Tr36 \times 12\ (P6)-7H$$

3．管螺纹标记

管螺纹按其性能分成用螺纹密封的管螺纹和非螺纹密封的管螺纹，两种管螺纹的标记分述如下。

（1）用螺纹密封的管螺纹。用螺纹密封的管螺纹有圆锥外螺纹、圆锥内螺纹和圆柱内螺纹 3种。其标记的规定格式如下：

| 特征代号 | 尺寸代号 | – 旋向代号 |

螺纹特征代号：圆锥外螺纹用 R 表示；圆锥内螺纹用 R_c 表示；圆柱内螺纹用 R_p 表示。尺寸代号用 1/2，3/4，1，$1\frac{1}{2}$ …表示。当螺纹为左旋时，用 LH 表示，右旋螺纹不标注旋向。

例 4　某右旋圆锥内螺纹，尺寸代号为 3/4，其标记为：

$$R_c3/4$$

（2）非螺纹密封的管螺纹。非螺纹密封的管螺纹是圆柱管螺纹，其标记的规定格式如下。

| 特征代号 | 尺寸代号 | 公差等级代号 | – 旋向代号 |

螺纹特征代号用 G 表示。尺寸代号用 1/2，3/4，1、$1\frac{1}{2}$ …表示。公差等级代号对外螺纹分为 A、B 两级标记，对内螺纹则不标记。左旋螺纹用 LH 表示，右旋螺纹不标注旋向。

例 5　某 A 级右旋外螺纹，尺寸代号为 $1\frac{1}{2}$，其标记为：

$$G1\frac{1}{2}A$$

　　管螺纹的尺寸代号不是管螺纹任何一个直径的尺寸，其大径、中径、小径及螺距等尺寸，可由尺寸代号等相关的国家标准确定。

4．螺纹的标注

对标准螺纹，应注出相应标准所规定的螺纹标记。公称直径以毫米（mm）为单位的螺纹（如普通螺纹、梯形螺纹和锯齿形螺纹），其标记直接标注在大径的尺寸线或其引出线上；管螺纹的标记一律标注在由大径线处引出的引出线上（参见表 6-1 中的标注示例）。

螺纹紧固件

在各种机械和设备中，常用的螺纹紧固件有：螺栓、双头螺柱、螺钉以及螺母、垫圈等，如图 6-4 所示。常见的连接形式有：螺栓连接、双头螺柱连接和螺钉连接。

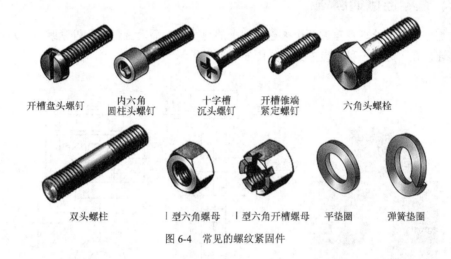

| 开槽盘头螺钉 | 内六角圆柱头螺钉 | 十字槽沉头螺钉 | 开槽锥端紧定螺钉 | 六角头螺栓 |

| 双头螺柱 | Ⅰ型六角螺母 | Ⅰ型六角开槽螺母 | 平垫圈 | 弹簧垫圈 |

图 6-4 常见的螺纹紧固件

一、螺纹紧固件及规定标记

螺纹紧固件都是标准件。国家标准对它们的结构形式和尺寸大小都做了规定，并制定了相应的标记。根据规定标记，便可从相关标准中查出它们的结构形式、全部尺寸和技术要求。常用螺纹紧固件的规定标记格式及示例可参见表 6-3。

表 6-3 常用螺纹紧固件的规定标记

名称	图 例	标记示例及解释
六角头螺栓 GB/T 5782—2000		螺栓 GB/T 5780　M20×100 表示螺纹规格 $d = M20$、公称长度 $l = 100$、性能等级为 4.8 级、不经表面处理、产品等级为 A 级、六角头螺栓
双头螺柱 GB/T 897—1988 （$b_m = 1d$）		螺柱 GB/T 899　M10×50 表示两端均为粗牙普通螺纹，$d = M10$、$l = 50$、性能等级为 4.8 级、不经表面处理、B 型、$b_m = 1d$、双头螺柱
开槽沉头螺钉 GB/T 68—2000		螺钉 GB/T 68　M10×30 表示螺纹规格 $d = M10$、公称长度 $l = 30$、性能等级为 4.8 级、不经表面处理、开槽沉头螺钉

续表

名称	图例	标记示例及解释
Ⅰ型六角螺母 GB/T 6170—2000		螺母 GB/T 6170　M12 表示螺纹规格 D = M12、性能等级为 5 级、不经表面处理、产品等级为 A 级、Ⅰ型六角螺母
平垫圈 GB/T 97.1—2002		垫圈 GB/T95　8 表示标准系列、公称尺寸 d = 8、性能等级 100HV 级、不经表面处理、产品等级为 A 级、平垫圈

二、螺栓连接的画法

螺栓连接是将螺栓杆身穿过两个被连接件上的通孔，然后套上垫圈，拧紧螺母，从而使两个被连接件连接在一起的一种连接方式，如图 6-5（a）所示。

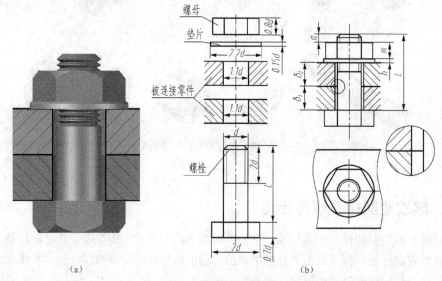

（a）　　　　　　　　　　　　　　　　　（b）

图 6-5　螺栓连接图画法

螺栓连接的各部分尺寸都可以从相应的标准中查得。为便于作图，在装配图中螺栓连接一般都采用简化画法，如图 6-5（b）所示。除螺栓长度 l 需计算并查表取标准值外，螺栓紧固件的各部分尺寸取值都与螺栓 d 成一定的比例。螺栓、螺母、垫圈等的各部分尺寸比例关系可参见表 6-4。

表 6-4　　　　　　　　　　　　　　　螺栓紧固件近似画法的比例关系

部位	尺寸比例		部位	尺寸比例		部位	尺寸比例
螺栓	$b = 2d$ $R = 1.5d$ $k = 0.7d$ $R_1 = d$	$e = 2d$ $c = 0.1d$ $d_1 = 0.85d$ s 由作图决定	螺母	$e = 2d$ $R = 1.5d$ $R_1 = d$ $m = 0.8d$ r 由作图决定 s 由作图决定		垫圈	$h = 0.15d$ $d_2 = 2.2d$
						被连接件	$D_0 = 1.1d$

螺栓长度 l 可按式（6.1）计算。

$$l \approx t_1 + t_2 + h + m + (0.3 \sim 0.4)d \tag{6.1}$$

得出的结果须查表取标准值。

画图时，必须遵守下列规定：

（1）两个零件接触面处只画一条粗实线，不接触面画两条线；

（2）当剖切平面通过标准件的轴线时，这些标准件均按不剖处理，即只画外形；

（3）在剖视图中，相互接触的不同零件其剖面线方向相反或方向相同、间隔不等，而同一个零件在各剖视图中，剖面线的倾斜方向和间隔都应相同。

三、螺柱、螺钉连接的画法简介

1. 螺柱连接

双头螺柱连接多用于被连接件之一比较厚、不便使用螺栓连接的地方。通常在较薄的零件上制成通孔，在较厚的零件上制成不通的螺孔，先将双头螺柱的旋入端旋入螺孔，再将通孔零件穿过另一端，最后套上垫圈，拧紧螺母，如图 6-6（a）所示。

双头螺柱两端均制有螺纹。旋入螺孔的一端称旋入端（其长度代号为 b_m），另一端称紧固端（其长度代号为 b）。

在装配图中，双头螺柱连接一般采用简化画法，如图 6-6（b）所示。因为双头螺柱旋入端全部旋入螺孔，所以旋入端螺纹终止线与两被连接件的接触面在同一条直线上。弹簧垫圈开口按与水平线成 60° 角并向左倾斜绘制。

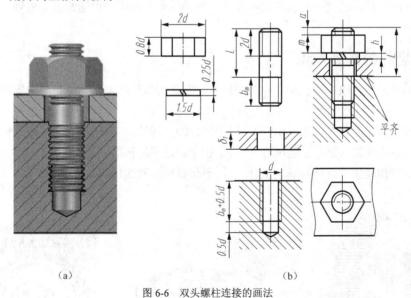

（a）　　　　　　　　　　　　　　（b）

图 6-6　双头螺柱连接的画法

2. 螺钉连接

螺钉连接用在受力不大和不常拆卸的地方。螺钉连接一般都是在较厚的机件上加工出螺孔，而在另一被连接件上加工成通孔，然后将螺钉穿过通孔，拧入螺孔，其简化画法如图 6-7（a）和图 6-7（b）所示。

螺钉头部的一字槽可画成一条特粗线，俯视图中画成与水平线成 45° 角并自左下向右上的斜线；螺孔可不画出钻孔深度，仅按螺纹深度画出。

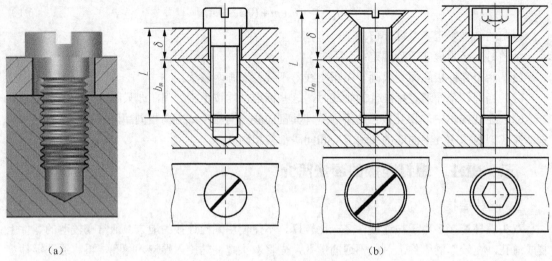

（a）

（b）

图 6-7　螺钉连接画法

第3节　齿　轮

齿轮是传动零件，通过一对齿轮的啮合将一根轴的动力或运动传递给另一根轴，从而改变转速和旋转方向。

一、齿轮的基本知识

由一对啮合的齿轮组成的机构，称为齿轮副。常见的齿轮副按两轴的相对位置不同，分成以下 3 种：

（1）平行轴齿轮副（圆柱齿轮啮合），用于平行轴之间的传动，如图 6-8（a）所示。

（2）相交轴齿轮副（圆锥齿轮啮合），用于相交轴之间的传动，如图 6-8（b）所示。

（3）交错轴齿轮副（蜗杆与蜗轮啮合），用于交错轴之间的传动，如图 6-8（c）所示。

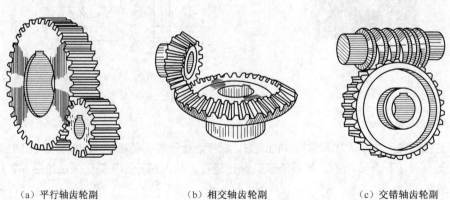

（a）平行轴齿轮副　　　　（b）相交轴齿轮副　　　　（c）交错轴齿轮副

图 6-8　齿轮传动

齿轮种类较多，本节主要介绍直齿圆柱齿轮的基本参数和规定画法。

二、标准直齿圆柱齿轮轮齿的各部分名称及代号

标准直齿圆柱齿轮轮齿的各部分名称及代号，如图 6-9 所示。

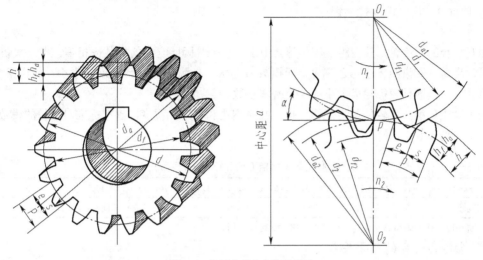

图 6-9　齿轮各部分名称及代号

（1）齿顶圆。在圆柱齿轮上，其齿顶圆柱面与端平面的交线称为齿顶圆，其直径用 d_a 表示。

（2）齿根圆。在圆柱齿轮上，其齿根圆柱面与端平面的交线称为齿根圆，其直径用 d_f 表示。

（3）分度圆。圆柱齿轮的分度圆柱面与端平面的交线称为分度圆，其直径用 d 表示。

（4）齿顶高。齿顶圆与分度圆之间的径向距离称为齿顶高，用 h_a 表示。

（5）齿根高。齿根圆与分度圆之间的径向距离称为齿根高，用 h_f 表示。

（6）齿高。齿顶圆与齿根圆之间的径向距离称为齿高，用 h 表示。

（7）齿厚。在圆柱齿轮的端平面上，一个齿的两侧齿廓之间的分度圆弧长称为齿厚，用 s 表示。

（8）槽宽。在圆柱齿轮的端平面上，一个齿槽的两侧齿廓之间的分度圆弧长称为槽宽，用 e 表示。

（9）齿距。在圆柱齿轮的端平面上，相邻两齿同侧齿廓之间的分度圆弧长称为端面齿距，简称齿距，用 p 表示。

在标准齿轮中，齿厚与槽宽各为齿距的一半，即

$$s = e = \frac{p}{2},\ p = s + e$$

三、直齿圆柱齿轮的基本参数与轮齿各部分的尺寸关系

1. 模数

齿轮上有多少齿，在分度圆周上就有多少齿距，因此分度圆周长 $\pi d = zp$（z 表示齿数），则

$$d = \frac{p}{\pi} z \qquad\qquad (6.2)$$

式（6.2）中，齿距 p 除以圆周率 π 所得的商称为模数，用 m 表示（单位为 mm），即

$$m = \frac{p}{\pi} \qquad\qquad (6.3)$$

将式（6.3）代入式（6.2）得

$$d = mz$$

相互啮合的两齿轮，其齿距 p 应相等。由于 $p = m\pi$，因此它们的模数应相等。当模数 m 发生变化时，齿高 h 和齿距 p 也随之变化，即模数 m 愈大，轮齿就愈大；模数 m 愈小，轮齿就愈小。由此可看出，模数是表征轮齿大小的一个基本参数。

为了简化和统一齿轮的轮齿规格，提高其系列化和标准化程度，国家标准对齿轮的模数做了统一规定，见表 6-5。

表 6-5　　　　　　　　　标准模数（摘自 GB/T 1357—2008）

第一系列	1，1.25，1.5，2，2.5，3，4，5，6，8，10，12，16，20，25，32，40
第二系列	1.75，2.25，2.75，（3.35），3.5，（3.75），4.5，5.5，（6.5），7，9，（11），14，18，22

注：选用时，优先采用第一系列，括号内的模数尽可能不用。

2. 齿轮各部分的尺寸关系

齿轮各部分的尺寸关系见表 6-6。

表 6-6　　　　　　　　标准直齿圆柱齿轮各部分的尺寸关系

名称及代号	计算公式	名称及代号	计算公式
齿顶高 h_a	$h_a = m$	齿顶圆直径 d_a	$d_a = d + 2h_a = m(z+2)$
齿根高 h_f	$h_f = 1.25m$	齿根圆直径 d_f	$d_f = d - 2h_f = m(z-2.5)$
分度圆直径 d	$d = mz$	中心距 a	$a = (d_1 + d_2)/2 = m(z_1 + z_2)/2$

四、直齿圆柱齿轮的规定画法

1. 单个直齿圆柱齿轮的规定画法（GB/T 4459.2—2003）

单个直齿圆柱齿轮的规定画法如图 6-10 所示。在投影为圆的视图中，齿顶圆用粗实线，齿根圆用细实线或省略不画，分度圆用细点画线画出。非圆视图一般都画成全剖视图，轮齿部分规定按不剖处理，用粗实线表示齿顶线和齿根线，用细点画线表示分度线，若不画成剖视图，则齿根线可省略不画。

2. 圆柱齿轮的啮合画法

在投影为圆的视图中，啮合区内的齿顶圆均用粗实线绘制，如图 6-11（a）所示；也可省略不画，如图 6-11（b）所

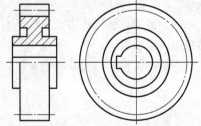

图 6-10　单个直齿圆柱齿轮的规定画法

示；两分度圆相切并用细点画线画出，两齿根圆省略不画；在剖视图中啮合区内的投影画法如图 6-11（a）所示，被挡住的齿顶线用虚线绘制，也可省略不画；齿顶与齿根之间有 $0.25m$ 的间隙，如图 6-12 所示；若不作剖视，则啮合区内齿顶线不必画出，此时分度线用粗实线绘制，如图 6-11（c）所示。

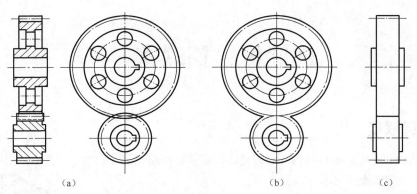

图 6-11　圆柱齿轮啮合的规定画法

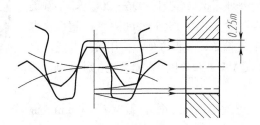

图 6-12　齿轮啮合区的画法

齿轮零件图图例如图 6-13 所示。

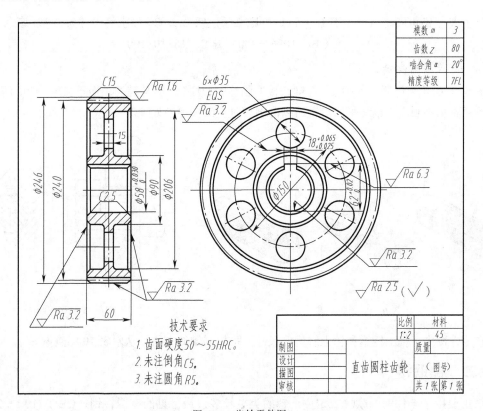

模数 m	3
齿数 Z	80
啮合角 α	20°
精度等级	7FL

技术要求

1. 齿面硬度 50～55HRC。
2. 未注倒角 C5。
3. 未注圆角 R5。

| 比例 | 材料 |
| 1:2 | 45 |

直齿圆柱齿轮

图 6-13　齿轮零件图

第4节 键联接、销联接

一、键联接

为了使齿轮、带轮等零件与轴一起转动，通常在轮孔和轴上分别加工出键槽，用键将轮和轴联接起来进行传动，如图 6-14 所示。

1. 常用键的种类和标记

键的种类较多，常用的有普通平键（GB/T 1096—2003）、半圆键（GB/T 1099.1—2003）和钩头楔键（GB/T 1565—2003）等。键联接也有多种形式，其中平键联接制造简单、装拆方便，应用最为广泛。普通平键有圆头（A 型）、平头（B 型）和单圆头（C 型）3 种型号，如图 6-15 所示。

普通平键标记示例：圆头普通平键（A 型），键宽 b =16 mm，键高 h =10 mm，键长 L=100 mm，其标记为：

GB/T 1096—2003 键 16×10×100

图 6-14 键联接

且 A 型平键可省略 A 字，而 B 型和 C 型则必须注明 B 或 C。如上例中键为 B 型，其标记为：

GB/T 1096—2003 键 B 16×10×100

2. 键联接的画法

图 6-16 所示为键联接的画法。在键联接的画法中应注意：键与键槽顶面不接触，应画两条线，键的倒角省略不画，当剖切平面沿键的纵向剖切时，键按不剖处理。

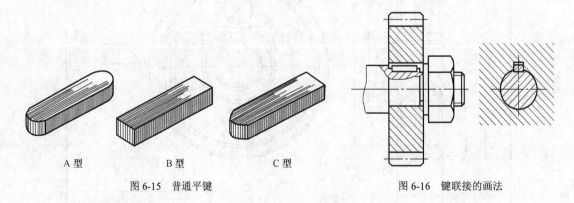

A 型	B 型	C 型

图 6-15 普通平键　　　　　　　　图 6-16 键联接的画法

在零件图中，轴上键槽和轮上键槽的尺寸，可根据轴的直径 d 从附表 10 中查取。

二、销联接

销主要用于零件间的联接或定位。销的类型较多，最常见的有圆柱销（GB/T 119.1—2000）和圆锥销（GB/T 117—2000），它们的结构形状如图 6-17 所示。

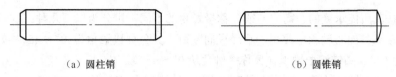

（a）圆柱销　　　　　　　　　　　　　　　（b）圆锥销

图 6-17　销的结构形状

销是标准件，关于销的形式、尺寸及标记，参见附表 11、附表 12。

图 6-18 所示为销联接的画法。当剖切平面通过销的轴线时，销按不剖处理。

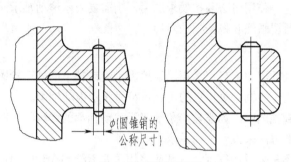

ϕ（圆锥销的公称尺寸）

图 6-18　销联接的画法

第5节　滚 动 轴 承

滚动轴承是支撑旋转轴的标准组件，具有结构紧凑、摩擦力小等优点，在生产中得到广泛应用。本节主要介绍滚动轴承的结构种类和画法。

一、滚动轴承的结构和类型

滚动轴承一般都由内圈、外圈、滚动体、隔离圈（或保持架）等零件组成，如图 6-19 所示。

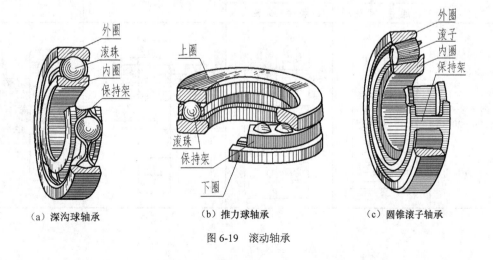

（a）深沟球轴承　　　　　　　　（b）推力球轴承　　　　　　　　（c）圆锥滚子轴承

图 6-19　滚动轴承

滚动轴承按其所能承受的载荷方向或公称接触角的不同，可分为以下几种：

（1）向心轴承。向心轴承主要用于承受径向载荷，其公称接触角为 0°～45°，如深沟球轴承（公称接触角为 0°）、圆锥滚子轴承（公称接触角从 0°～45°）。

（2）推力轴承。推力轴承主要用于承受轴向载荷，其公称接触角为 45°～90°，如推力球轴承（公称接触角为 90°）。

二、滚动轴承的画法

滚动轴承是标准组件，使用时必须按要求选用。当需要表示滚动轴承时，可采用简化画法或规定画法。简化画法有通用画法和特征画法两种。

1. 简化画法

（1）通用画法。在剖视图中，当不需要确切地表示滚动轴承的外形轮廓、载荷特征、结构特征时，可用矩形线框及位于线框中央正立的十字形符号表示滚动轴承。

（2）特征画法。在剖视图中，如需较形象地表示滚动轴承的结构特征时，可采用在矩形线框内画出其结构要素符号的方法来表示滚动轴承。

不管采用通用画法还是采用特征画法，都应将相关要素绘制在轴的两侧。矩形线框、符号和轮廓线均用粗实线绘制。

2. 规定画法

必要时，在滚动轴承的产品图样、产品样本和产品标准中采用规定画法。采用规定画法绘制滚动轴承的剖视图时，轴承的滚动体不画剖面线，其内、外圈的剖面线可画成相同的方向和间隔；在不致引起误解时，也允许省略不画。

规定画法一般绘制在轴的一侧，另一侧按通用画法绘制。

滚动轴承的各种画法参见表 6-7。其各部分尺寸可查附表 13。

表 6-7　　滚动轴承的通用画法、特征画法和规定画法（摘自 GB/T 4459.7—1998）

名称和标准号	画　法			装配示意图
	简　化　画　法		规 定 画 法	
	通 用 画 法	特 征 画 法		
深沟球轴承 （GB/T 276—2013）	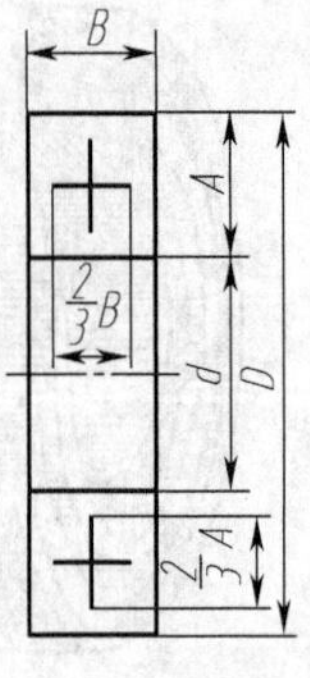	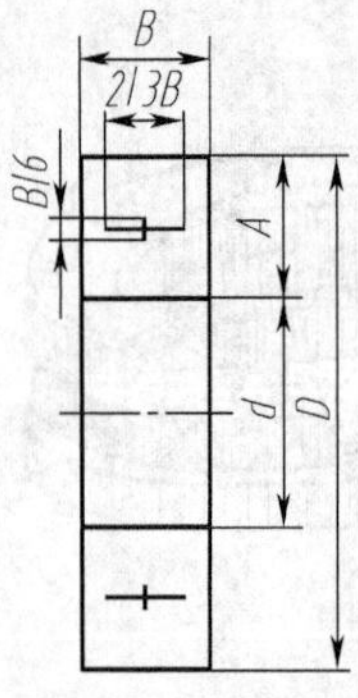	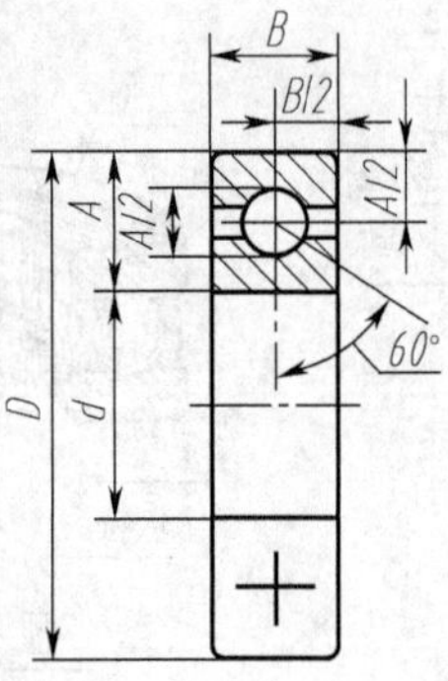	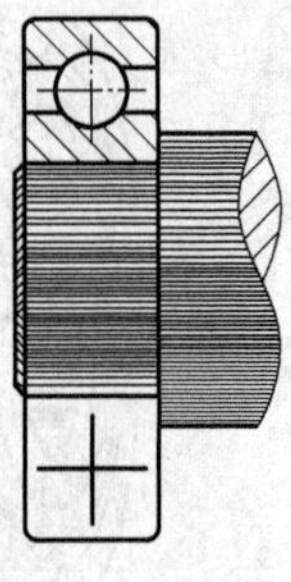

续表

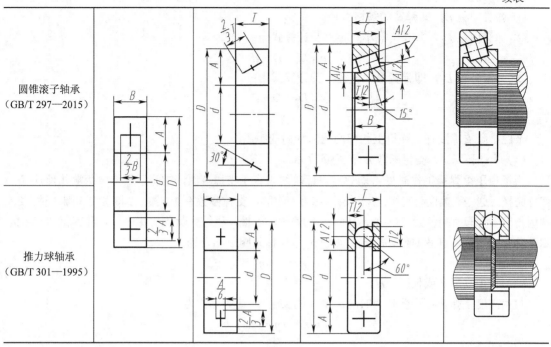

圆锥滚子轴承 （GB/T 297—2015）			
推力球轴承 （GB/T 301—1995）			

第6节 弹 簧

　　弹簧是一种用来减震、夹紧、测力和储存能量的零件。它的特点是在弹性限度内，受外力作用而变形，去掉外力后能立即恢复原状。弹簧的种类多、用途广，如图 6-20 所示。本节只介绍圆柱螺旋压缩弹簧（GB/T 4459.4—2003）。

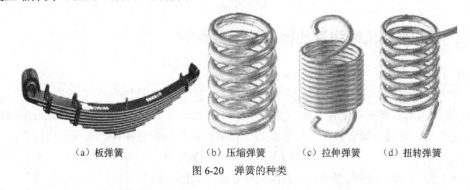

（a）板弹簧　　　　　（b）压缩弹簧　　（c）拉伸弹簧　　（d）扭转弹簧

图 6-20　弹簧的种类

一、圆柱螺旋压缩弹簧的各部分名称及尺寸关系

　　图柱螺旋压缩弹簧的各部分名称及尺寸关系，如图 6-21 所示。

（1）弹簧丝直径

　　弹簧丝的截面形状一般为圆形，其直径用 d 表示。

（2）弹簧直径

① 弹簧中径 D，即弹簧的规格直径。

② 弹簧内径 D_1，即弹簧最小直径。其计算式为

$$D_1 = D - d$$

③ 弹簧外径 D_2，即弹簧最大直径。其计算式为

$$D_2 = D + d$$

（3）节距 t

节距是除支撑圈外，弹簧上相邻两圈沿轴向的距离。

（4）有效圈数 n、支撑圈数 n_2 和总圈数 n_1

为了使压缩弹簧工作时受力均匀，保证轴线垂直于支撑端面，常将压缩弹簧两端并紧且有一部分磨平。这些圈数仅起支撑作用，所以称为支撑圈。支撑圈数有 1.5 圈、2 圈和 2.5 圈 3 种，2.5 圈用得较多，即两端各紧 1.25 圈，其中包括磨平 0.75 圈。压缩弹簧除支撑圈外，具有相同节距的圈数称有效圈数，有效圈数 n 与支撑圈数 n_2 之和称总圈数 n_1，即

$$n_1 = n + n_2$$

（5）自由高度（或长度）H_0

自由高度是弹簧在不受外力时的高度（或长度）。其计算式为：

$$H_0 = nt + (n_2 - 0.5)\, d$$

当 n_2=1.5 时

$$H_0 = nt + d$$

当 n_2=2 时

$$H_0 = nt + 1.5d$$

当 n_2=2.5 时

$$H_0 = nt + 2d$$

（6）弹簧展开长度 L

弹簧展开长度是指制造时弹簧丝的长度。其计算式为：

$$L \approx \pi D n_1$$

二、圆柱螺旋压缩弹簧的标记及规定画法

圆柱螺旋压缩弹簧已标准化，其标记的规定格式如下：

| 名称 | 端部形式 | $d \times D \times H_0$ - | 精度 | 旋向 | 标准号·材料牌号 | - 表面处理 |

例如，某普通圆柱螺旋压缩弹簧两端并紧且有一部分磨平，$d = 3$ mm，$D = 20$ mm，$H_0 = 80$ mm，按三级精度制造，材料为碳素弹簧钢丝 B 级且表面氧化处理的右旋弹簧，其规定标记为：

GB/T 2089　压簧　Y3×20×80

圆柱螺旋压缩弹簧可画成视图、剖视图或示意图，如图 6-21 所示。

画图时，应注意以下几点。

（1）在平行于弹簧轴线的投影面上所得的视图中，弹簧各圈的轮廓应画成直线。

（2）有效圈数在 4 圈以上时，弹簧每端允许只画两圈（不包括支撑圈），中间各圈可省略不画，只画通过簧丝断面中心的两条细点画线。当中间部分省略后，可适当缩短图形的长度。

（3）在装配图中，弹簧中间各圈采用省略画法后，弹簧后面被挡住的零件轮廓不必画出，可

见部分应从弹簧断面的中心线画起，如图6-22（a）所示。

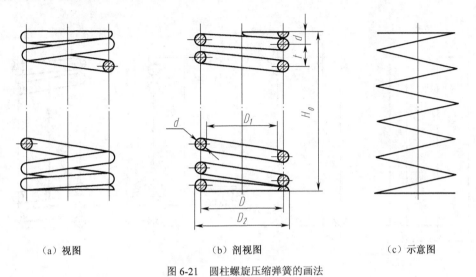

（a）视图　　　　　　　　（b）剖视图　　　　　　　　（c）示意图

图 6-21　圆柱螺旋压缩弹簧的画法

（4）当簧丝直径小于或等于 2 mm 时，可用涂黑表示簧丝断面，如图 6-22（b）所示；也可采用示意画法，如图 6-22（c）所示。

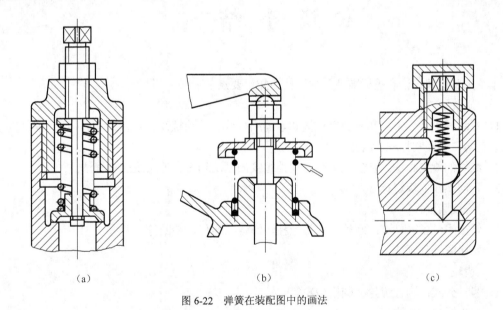

（a）　　　　　　　　　　（b）　　　　　　　　　　（c）

图 6-22　弹簧在装配图中的画法

（5）右旋弹簧或旋向不做规定的螺旋弹簧，在图上画成右旋，左旋弹簧允许画成右旋。但左旋弹簧无论画成左旋或右旋，图样上都一律要加注"LH"。

圆柱螺旋压缩弹簧的作图步骤如图 6-23 所示。

（1）根据弹簧中径 D 和自由高度 H_0 作矩形 $ABCD$，如图 6-23（a）所示。

（2）画出弹簧支撑圈部分簧丝的断面，如图 6-23（b）所示。

（3）画出有效圈部分簧丝的断面，如图 6-23（c）所示。

（4）按右旋弹簧作相应圆的公切线，中间部分省略不画，画剖面线，完成全图，如图 6-23（d）所示。

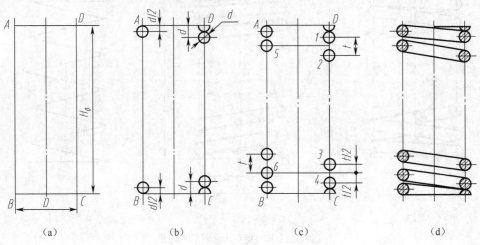

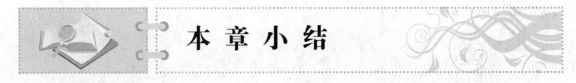

图 6-23 圆柱螺旋压缩弹簧的作图步骤

本 章 小 结

本章主要讲解识读有关标准件与常用件的知识要点。

一、螺纹

1．螺纹种类及要素。其种类有连接和紧固用螺纹、传动螺纹、管螺纹等；螺纹要素有牙型、直径、旋向、螺距和导程、线数。

2．螺纹的规定画法。它包括单个内、外螺纹的画法和内、外螺纹连接画法。

3．不同螺纹的标记代号。

二、螺纹紧固件

1．常用螺纹紧固件有：螺栓、双头螺柱、螺钉、螺母、垫圈等。

2．常用紧固件画法。

三、齿轮

1．齿轮分类：圆柱齿轮、圆锥齿轮等。

2．直齿圆柱齿轮画法。

四、键联接、销联接

键、销的作用、画法及分类。

五、滚动轴承

滚动轴承的种类、作用及画法。

六、弹簧

弹簧的种类、作用，以及圆柱螺旋压缩弹簧画法。

第 7 章

零 件 图

任何机械或部件，都是由若干零件按照一定的装配关系和技术要求装配而成的。零件图是用来表达零件形状结构、尺寸大小和技术要求的图样。本章主要介绍有关零件图的视图选择、尺寸标注、技术要求、工艺结构以及读零件图的方法与步骤。

知识目标

◎ 了解零件图的基本知识，其中包括：零件图的作用、内容及主视图的选择原则。

◎ 熟练掌握零件图的尺寸注法，主要有：尺寸基准的分类、基准的选择原则、尺寸标注的一般原则。

◎ 掌握零件的工艺结构，包括：铸造工艺结构和机械加工工艺结构。

◎ 掌握零件图上的技术要求，包括表面粗糙度、极限与配合、形状和位置公差。

◎ 掌握读零件图的要求、方法步骤。

◎ 熟练掌握典型零件图的识读方法。

◎ 了解零件测绘的方法步骤；零件尺寸的测量方法；徒手画图的要求、方法和步骤。

技能目标

◎ 能够用"合理位置"和"形状特征"两个基本原则对零件的主视图进行正确选择。

◎ 能够根据基准的选择原则，准确选择出零件长、宽、高 3 个方向的基准，并能够判断基准的种类；另外，能够根据尺寸标注的基本规则和方法，按照一定的步骤标注出零件的尺寸，并做到尺寸标注正确、清晰、完整、合理。

◎ 能够对铸造工艺结构和机械加工工艺结构有所了解，并了解它们在结构上所起的作用。

◎ 能够识读表面粗糙度的符号、代号含义；能够根据表面粗糙度代号的标注法则对零件进行代号的标注。

◎ 能够根据孔、轴的公差带代号在零件图和装配图中进行标注；能够分清配合的种类和基准制；能够识读零件图上形位公差代号的含义。

◎ 能够按照读零件图的要求，根据读零件图的方法步骤识读典型的零件图。

第1节 零件图的基本知识

一、零件图的作用

图 7-1 所示的铣刀头是铣床上的一个部件，供装铣刀盘用。它是由座体 7、轴 6、端盖 10、带轮 5 等十多种零件组成。制造机器或部件必须首先制造零件。零件图是表示单个零件的图样，它反映了零件结构、大小及技术要求，是制造和检验零件的主要依据，也是指导生产的重要技术文件。图 7-2 所示为齿轮轴的零件图。

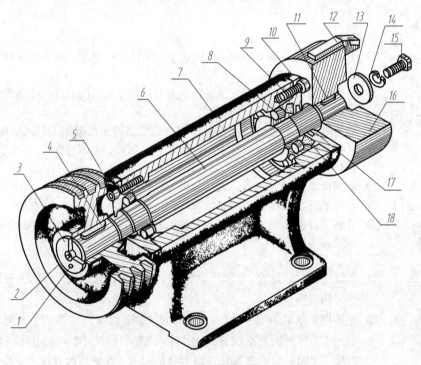

图 7-1　铣刀头轴测图

1—销；2、9、15—螺钉；3、13—挡圈；4、11—键；5—带轮；6—轴；7—座体；
8—滚动轴承；10—端盖；12—铣刀；14—垫圈；16—铣刀盘；17—毡圈；18—调整环

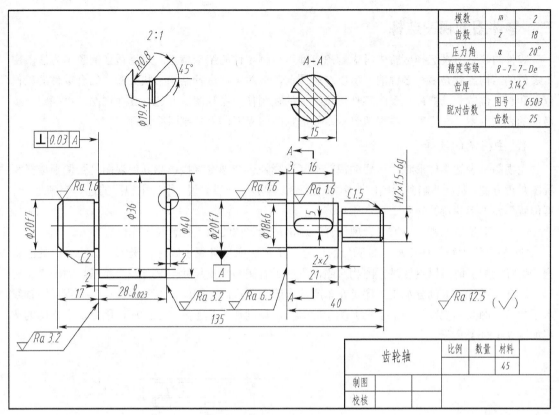

图 7-2 齿轮轴

二、零件图的内容

零件图是生产中指导制造和检验该零件的主要图样，它不仅需要把零件的内、外结构形状和大小表达清楚，还需要对零件的材料、加工、检验、测量提出必要的技术要求。零件图必须包含制造和检验零件的全部技术资料，因此，一张完整的零件图一般应包括以下几项内容。

1. 一组图形

零件图中应正确、完整、清晰和简便地表达出零件内外形状的图形，其中包括机件的各种表达方法，如视图、剖视图、断面图、局部放大图和简化画法等。

2. 完整的尺寸

零件图中应正确、完整、清晰、合理地标注出制造零件所需的全部尺寸。

3. 技术要求

用规定的代号、数字、字母和文字注解说明制造和检验零件时在技术指标上应达到的要求，如表面粗糙度、尺寸公差、形位公差、材料和热处理、检验方法以及其他特殊要求等。技术要求的文字一般注写在标题栏上方的图纸空白处。

4. 标题栏

标题栏应配置在图框的右下角。填写的内容主要有：零件的名称、材料、数量、比例、图样代号以及设计、审核、批准者的姓名、日期等。

三、零件图的视图选择

零件的表达方案选择应首先考虑看图方便，根据零件的结构特点，选用适当的表示方法。由于零件的结构形状是多种多样的，所以在画图前，应对零件进行结构形状分析，结合零件的工作位置和加工位置，选择最能反映零件形状特征的视图作为主视图，并选好其他视图，以确定一组最佳的表达方案。在完整、清晰地表示零件形状的前提下，力求制图简便。

1. 主视图的选择

主视图是表达零件形状最重要的视图，其选择是否合理将直接影响其他视图是否便于选择和看图是否方便，甚至影响到画图时图幅是否可合理利用。一般来说，零件主视图的选择应满足"合理位置"和"形状特征"两个基本原则。

（1）合理位置原则。所谓"合理位置"通常是指零件的加工位置和工作位置。

① 加工位置是零件在加工时所处的位置。主视图应尽量表示零件在机床上加工时所处的位置。这样在加工时可以直接进行图物对照，既便于看图和测量尺寸，又可减少差错。如图 7-3 所示，轴套类零件的大部分加工工序是在车床或磨床上进行的，因此，通常要按加工位置（即轴线水平放置）画其主视图。图 7-4（a）所示的气门，车削加工是主要加工工序，因此，主视图的选择如图 7-4（b）所示。

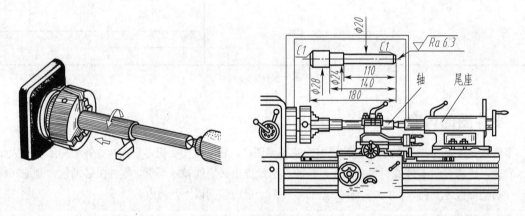

图 7-3　轴类零件的加工位置

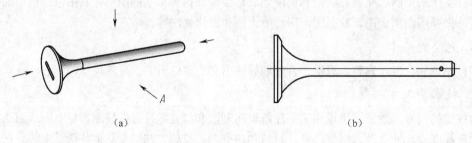

（a）　　　　　　　　　　　　　　　　　　（b）

图 7-4　气门

② 工作位置是零件在装配体中所处的位置。零件主视图的放置，应尽量与零件在机器或部件中的工作位置一致。这样既便于根据装配关系来考虑零件的形状及有关尺寸，也便于校对。图 7-5 所示为汽车拖钩的零件图，主视图与其工作位置一致。

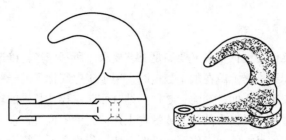

图 7-5　汽车拖钩

（2）形状特征原则。确定了零件的安放位置后，还要确定主视图的投影方向。形状特征原则就是将最能反映零件形状特征的方向作为主视图的投影方向，即主视图要较多地反映零件各部分的形状及它们之间的相对位置，以满足表达零件清晰的要求。为确定机床尾架主视图投影方向，不同主视图的比较如图 7-6 所示。由图可知，图 7-6（a）的表达效果显然比图 7-6（b）的表达效果要好得多。

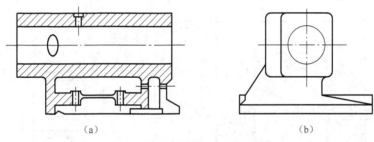

（a）　　　　　　　　　　　　　　　　（b）

图 7-6　不同主视图投影方向的比较

2. 其他视图的选择

一般来讲，仅用一个主视图是不能完全反映零件的结构形状的，必须选择其他视图，包括剖视、断面、局部放大图和简化画法等各种表达方法。主视图确定后，对其表达未详尽的部分，再选择其他视图予以完善。选用时应注意的具体问题有：使每个视图具有独立存在的意义及明确的表达重点，注意避免不必要的细节重复，在完整表达零件形状的前提下，使视图数量为最少；另外，要优先考虑采用基本视图，当有内部结构需要表达时，应尽量在基本视图上作剖视；对尚未表达清楚的局部结构和倾斜部分结构，可增加必要的局部（剖）视图和局部放大图；相关的视图应尽量保持直接投影关系，配置在相关视图附近。

 ## 第2节　零件图的尺寸注法

零件图中的尺寸不但要标注得正确、完整、清晰，而且必须标注得合理。为了合理地标注尺寸，必须对零件进行结构分析、形体分析和工艺分析，根据分析先确定尺寸基准，然后选择合理的标注形式，结合零件的具体情况标注尺寸。

一、尺寸基准的选择

零件图尺寸标注既要保证设计要求又要满足工艺要求，所示应当正确选择尺寸基准。所谓尺寸基准，就是指零件装配到机器上或在加工测量时，用于确定其位置的一些面、线或点。它可以是零件上的对称平面、安装底平面、端面、零件的结合面、主要孔和轴的轴线等。选择尺寸基准的目的：一是为了确定零件在机器中的位置或零件上几何元素的位置，以符合设计要求；二是为了在制作零件时，确定测量尺寸的起点位置，以便于加工和测量，且符合工艺要求。

1. 尺寸基准的分类

根据基准作用不同，一般将基准分为设计基准和工艺基准两类。

（1）设计基准。根据零件结构特点和设计要求而选定的基准，称为设计基准。零件有长、宽、高 3 个方向，每个方向都要有一个设计基准，该基准又称为主要基准。泵体长、宽、高 3 个方向基准的选择如图 7-7 所示。对于轴套类和轮盘类零件，实际设计中经常采用的是轴向基准和径向基准，而不用长、宽、高基准，如图 7-8 所示。

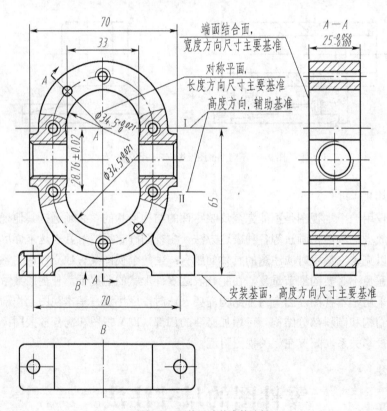

图 7-7　泵体尺寸基准的选择

（2）工艺基准。在加工时，确定零件装夹位置和刀具位置的一些基准以及检测时所使用的基准，称为工艺基准。工艺基准有时可能与设计基准重合，该基准不与设计基准重合时又称为辅助基准。零件同一方向有多个尺寸基准时，主要基准只有一个，其余均为辅助基准，辅助基准必有一个尺寸与主要基准相联系，该尺寸称为联系尺寸，如图 7-8 中所示的 30、90。

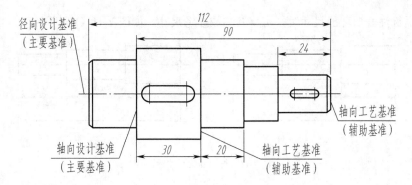

图 7-8　轴类零件尺寸基准的选择

2. 选择基准的原则

尽可能使设计基准与工艺基准一致，以减少两个基准不重合而引起的尺寸误差。当设计基准与工艺基准不一致时，应以保证设计要求为主，将重要尺寸从设计基准注出，次要基准从工艺基准注出，以便加工和测量。

二、尺寸标注的一般原则

1. 结构上的重要尺寸必须直接注出。

重要尺寸是指零件上与机器的使用性能和装配质量有关的尺寸，这类尺寸应从设计基准直接注出。图 7-9 中所示的高度尺寸 32±0.08 为重要尺寸，应直接从高度方向主要基准直接注出，以保证精度要求。

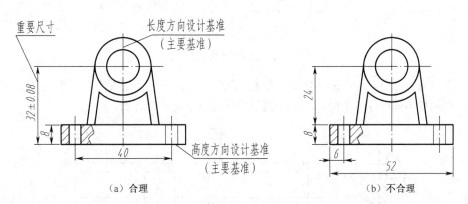

（a）合理　　　　　　　　　　（b）不合理

图 7-9　重要尺寸从设计基准直接注出

2. 避免出现封闭的尺寸链

封闭尺寸链就是尺寸头尾相接，绕成一整圈的一组尺寸，如图 7-10 所示。这样标注尺寸每个尺寸的精度都将受到其他尺寸的影响，精确度难以得到保证，因此应在封闭尺寸链中选择最次要的尺寸空出不标注，如图 7-11（a）所示。这样，

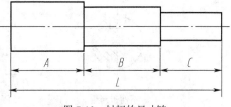

图 7-10　封闭的尺寸链

其他各段加工的误差都积累至这个不要求检验的尺寸上，而全长及主要轴段的尺寸精度也因此得

到保证。如需标注开口环的尺寸时，可将其注成参考尺寸，如图 7-11（b）所示。

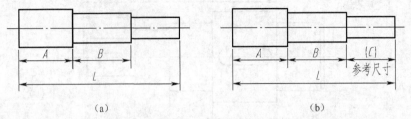

（a）　　　　　　　　　　　　　（b）

图 7-11　开口环的尺寸标注

3. 考虑零件加工、测量和制造的要求

（1）考虑加工看图方便。不同加工方法所用尺寸分开标注，以便于看图加工，图 7-12 所示是把车削与铣削所需要的尺寸分开标注。

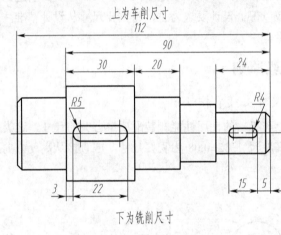

图 7-12　按加工方法标注尺寸

（2）考虑测量方便。尺寸标注有多种方案，但要注意所注尺寸是否便于测量，如图 7-13 所示的结构，在两种不同标注方案中，不便于测量的标注方案是不合理的。

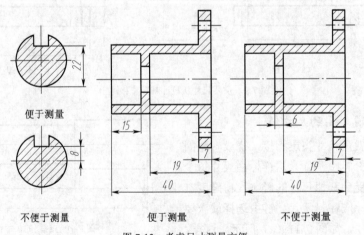

图 7-13　考虑尺寸测量方便

三、零件上常见孔的尺寸注法

光孔、沉孔和螺纹孔是零件图上最常见的结构，它们的标注方法见表 7-1～表 7-3。

表 7-1　　　　　　　　　　　　　　光孔的尺寸注法

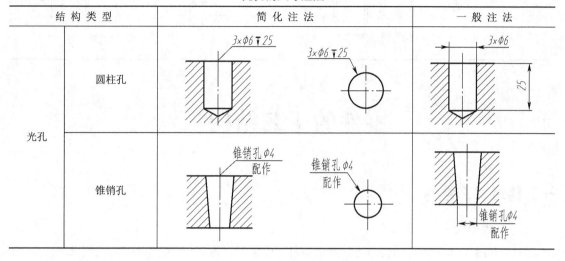

结 构 类 型		简 化 注 法	一 般 注 法
光孔	圆柱孔		
	锥销孔		

表 7-2　　　　　　　　　　　　　　沉孔的尺寸注法

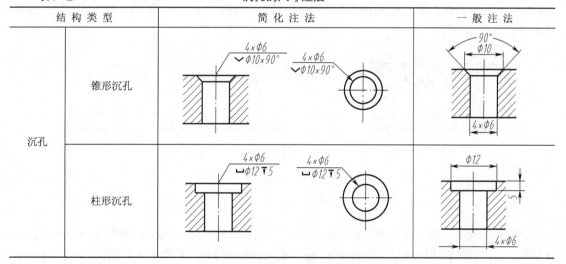

结 构 类 型		简 化 注 法	一 般 注 法
沉孔	锥形沉孔		
	柱形沉孔		

表 7-3　　　　　　　　　　　　　　螺纹孔的注法

结 构 类 型		简 化 注 法	一 般 注 法
螺孔	通孔		

续表

结 构 类 型		简 化 注 法	一 般 注 法
螺孔	不通孔		

第3节　零件的工艺结构

一、铸造工艺结构

1. 拔模斜度

如图 7-14（a）所示，用铸造方法制造零件的毛坯时，为了便于将木模从砂型中取出，一般沿木模拔模的方向做成约 1:20 的斜度，叫作拔模斜度。因而铸件上也有相应的斜度，如图 7-14（b）所示。这种斜度在图上可以不标注，也可不画出，如图 7-14（c）所示。必要时，可在技术要求中注明。

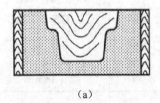 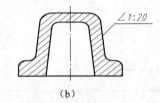 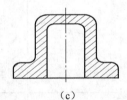

（a）　　　　　　　　　（b）　　　　　　　　　（c）

图 7-14　拔模斜度

2. 铸造圆角

在铸件毛坯各表面的相交处，都有铸造圆角，如图 7-15（a）所示。铸造圆角既便于起模，又能防止在浇铸时铁水将砂型转角处冲坏，还可避免铸件在冷却时产生裂纹或缩孔，如图 7-15（b）所示。铸造圆角半径在图上一般不注出，而是写在技术要求中。铸件毛坯底面（作为安装面）常需经过切削加工，这时铸造圆角被削平，如图 7-15（a）所示。

铸件表面由于圆角的存在，使铸件表面的交线变得不是很明显，如图 7-16 所示。这种不明显的交线称为过渡线。

过渡线的画法与交线画法基本相同，只是过渡线的两端与圆角轮廓线之间应留有空隙。图 7-17（a）和图 7-17（b）是两种常见的过渡线的画法。

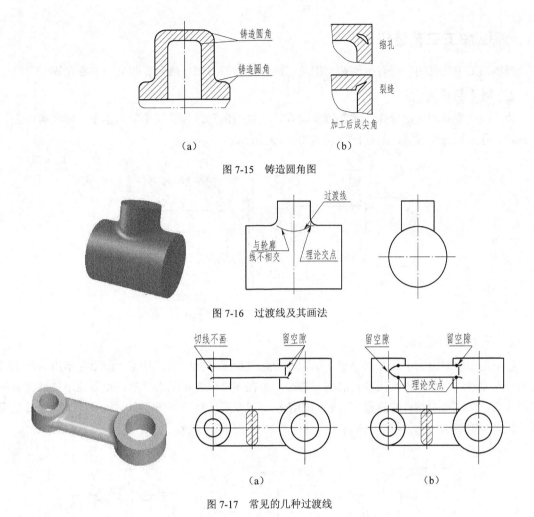

图 7-15 铸造圆角图

图 7-16 过渡线及其画法

图 7-17 常见的几种过渡线

3. 铸件壁厚

在浇铸零件时，为了避免各部分因冷却速度不同而产生缩孔或裂纹，铸件的壁厚应尽量均匀或采用逐渐过渡的结构，如图 7-18 所示。

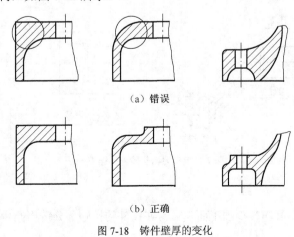

（a）错误

（b）正确

图 7-18 铸件壁厚的变化

二、机械加工工艺结构

机械加工工艺结构主要有：倒圆、倒角、越程槽、退刀槽、凸台和凹坑、中心孔等。

1. 倒角与圆角

为了便于安装和安全操作，常在轴套类零件上制出倒角。为了避免应力集中，常在铸件上、阶梯轴、孔处以圆角过渡。其标注形式如图 7-19 所示。

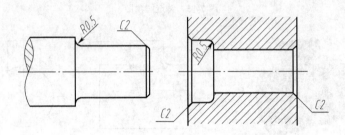

图 7-19　倒角与圆角

2. 退刀槽和越程槽

在车削螺纹时，为了使螺纹完整，退刀时应超过加工表面一段，在这一段上先车出的一周凹槽叫作退刀槽。在磨床上圆周砂轮磨削零件时，也在零件上先加工出凹槽，使砂轮超过被磨零件表面一段，此凹槽叫作砂轮越程槽。它们的结构形式及尺寸标注如图 7-20 所示。图中 6×2.5 表示"槽宽×槽深"。也可标成"槽宽×直径"的形式，如 6×ϕ19。

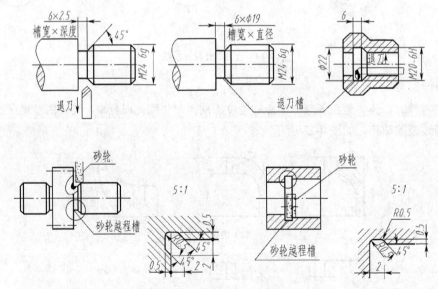

图 7-20　退刀槽与砂轮越程槽

3. 凸台和凹坑

为了试件表面接触良好和减少加工面积，常在铸件的接触部分铸出凸台和凹坑，其常见形式如图 7-21 所示。

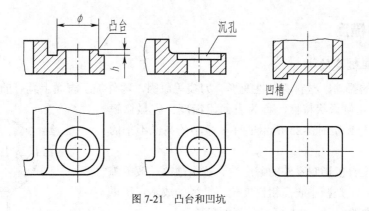

图 7-21 凸台和凹坑

4. 中心孔

如图 7-22（a）所示，表示在完工后的零件上要求保留中心孔。

如图 7-22（b）所示，表示在完工后的零件上不允许保留中心孔。

如图 7-22（c）所示，表示在完工后的零件上可以保留中心孔（是否保留都可以，多数情况如此）。

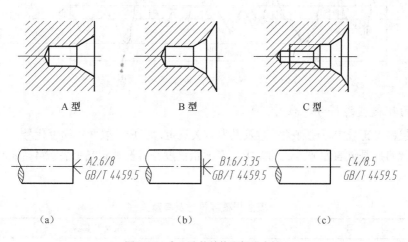

图 7-22 中心孔的结构和标注方法

第4节 零件图上的技术要求

为了使零件达到预定的设计要求，保证零件的使用性能，在零件上还必须注明零件在制造过程中必须达到的质量要求，即技术要求，如表面粗糙度、尺寸公差、形位公差、材料热处理及表面处理等。技术要求一般应尽量用技术标准规定的代号（符号）标注在零件图中，没有规定的可用简明的文字逐项写在标题栏附近的适当位置。

一、表面粗糙度

1. 表面粗糙度的概念

由于机床的振动、材料的塑性变形、刀痕等原因，零件加工表面上具有的较小间距和峰谷所组成的微观几何形状特性，称为表面粗糙度。在显微镜下观察时，可看到如图 7-23 所示的许多微小的高低不平的峰谷。

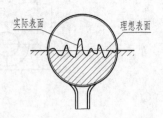

图 7-23　零件表面的峰谷示意图

表面粗糙度直接影响零件的耐磨性、抗腐蚀性、疲劳强度和配合质量。但是减小表面粗糙度值，要增加成本，所以应根据零件表面的作用，选择适当的表面粗糙度。

国家标准规定了评定表面粗糙度的几个主要参数，常用参数为轮廓算术平均偏差 Ra 和轮廓的最大高度 Rz，如图 7-24 所示。

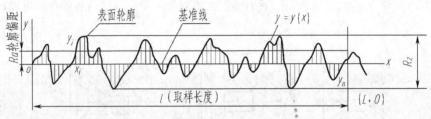

图 7-24　算术平均偏差 Ra 评定示意图

2. 表面粗糙度的符号、代号

在表面粗糙度符号中标注有关参数及其他有关规定，组成了表面粗糙度代号。图样上所注的表面粗糙度代号应是该表面加工后的要求。表面粗糙度符号及其意义见表 7-4。表面粗糙度代号示例见表 7-5。

表 7-4　　　　　　　　　　　　　　　　　表面粗糙度符号及其意义

符　　号	意义及其说明
√	基本符号，表示表面可用任何方法获得。当不加注粗糙度参数值或有关说明（例如，表面处理、局部热处理状况等）时，仅适用于简化代号标注
√	基本符号加一段横线，表示表面是用去除材料的方法获得，例如，车、铣、钻、磨、剪切、抛光、腐蚀、电火花加工、气割等
√	基本符号加一小圆，表示表面是用不去除材料的方法获得，例如，铸、锻、冲压变形、热轧、冷轧、粉末冶金等；或者是用于保持原供应状况的表面（包括保持上道工序的状况）
√　√　√	在上述 3 个符号的长边上均可加一横线，用于标注有关参数和说明
√　√　√	在上述 3 个符号上均可加一小圆，表示所有表面具有相同的表面粗糙度要求

表 7-5	表面粗糙度代号示例
代 号 示 例	含义/解释
$\sqrt{}$ _Ra 0.8_	表示不允许去除材料，单向上限值，默认传输带，R 轮廓，算术平均偏差 0.8 μm，评定长度为 5 个取样长度（默认），"16%规则"（默认）
$\sqrt{}$ _Rzma×0.2_	表示去除材料，单向上限值，默认传输带，R 轮廓，粗糙度最大高度的最大值 0.2 μm，评定长度为 5 个取样长度（默认），"最大规则"
$\sqrt{}$ _0.008-0.8/Ra 3.2_	表示去除材料，单向上限值，传输带 0.008～0.8 mm，R 轮廓，算术平均偏差 3.2 μm，评定长度为 3 个取样长度（默认），"16%规则"（默认）
$\sqrt{}$ _-0.8/Ra 3 3.2_	表示去除材料，单向上限值，传输带：根据 GB/T 6062，取样长度 0.8 mm（λ_s 默认 0.0025 mm），R 轮廓，算术平均偏差 3.2 μm，评定长度为 3 个取样长度，"16%规"（默认）
$\sqrt{}$ _U Rama×3.2_ _L Ra 0.8_	表示不允许去除材料，双向极限值，两极限值均使用默认传输带，R 轮廓，上限值：算术平均偏 3.2 μm，评定长度为 5 个取样长度（默认），"最大规则"，下限值：算术平均偏差 0.8 pm，评定长度为 5 个取样长度（默认），"16%规则"（默认）

3. 表面粗糙度代号的标注

表面粗糙度代号画法及其有关规定，以及在图样上的标注方法，如图 7-25 和表 7-6 所示。

图 7-25　表面粗糙度数值及其有关规定的注写

位置 a：注写表面结构的单一要求。

位置 a 和 b：a 注写第一表面结构要求，b 注写第二表面结构要求。

位置 c：注写加工方法，如 "车""磨""镀" 等。

位置 d：注写表面纹理方向，如 "="" ×""M"。

位置 e：注写加工余量。

表 7-6		表面粗糙度代（符）号的标注		
图　　　例	说　　　明	图　　　例		说　　　明

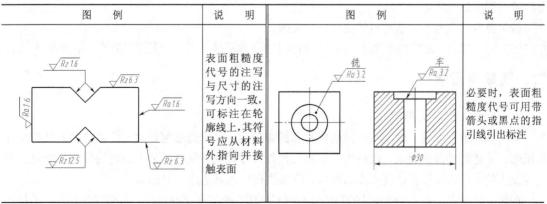

图例	说明	图例	说明
	表面粗糙度代号的注写与尺寸的注写方向一致，可标注在轮廓线上，其符号应从材料外指向并接触表面		必要时，表面粗糙度代号可用带箭头或黑点的指引线引出标注

续表

图 例	说 明	图 例	说 明
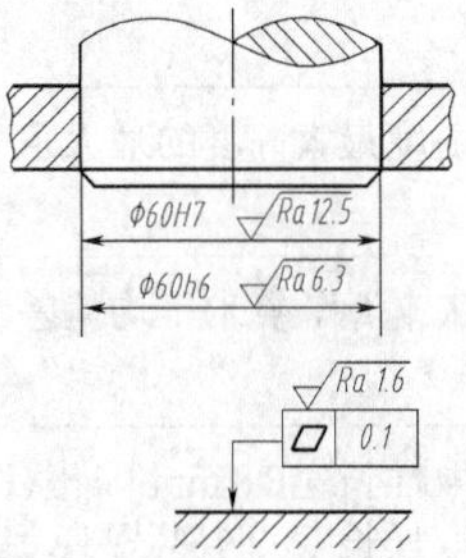	表面粗糙度代号可以标注在给定的尺寸线上；可标注在形位公差框格的上方	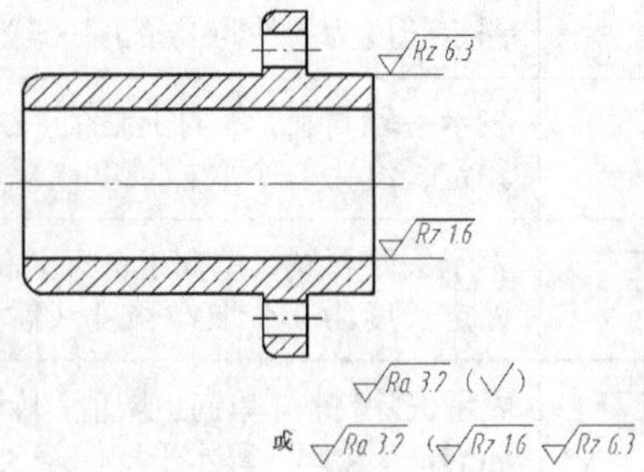	如果工件的多数（包括全部）表面有相同的粗糙度要求时，可统一标注在图样的标题栏附近，并应在圆括号内给出无任何其他标注的基本符号或在圆括号内给出不同的粗糙度代号
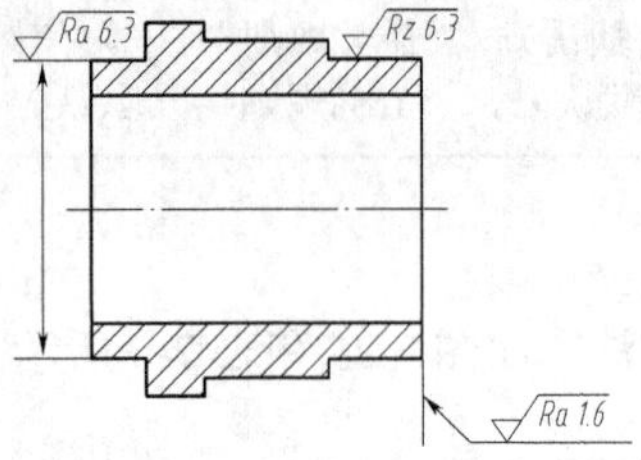	圆柱成棱柱表面的粗糙度要求只标注一次	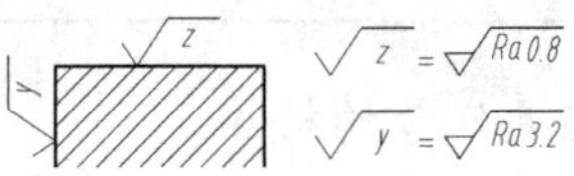	多个表面有共同要求的注法，可用带字母的完整符号，以等式的形式，在图形或标题栏附近，对有相同要求的表面进行简化标注
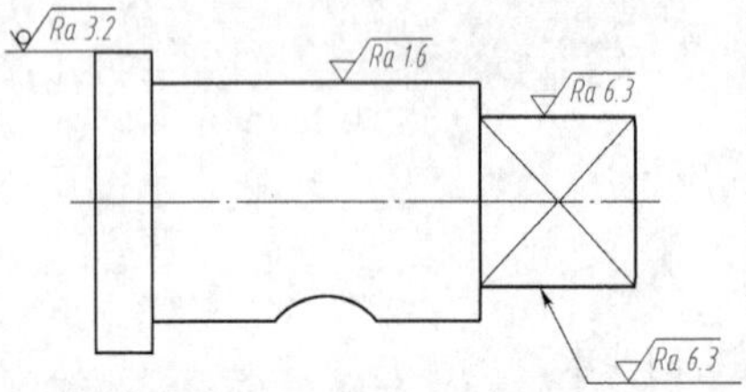	整个棱柱表面有不同的表面要求，应分别单独标注	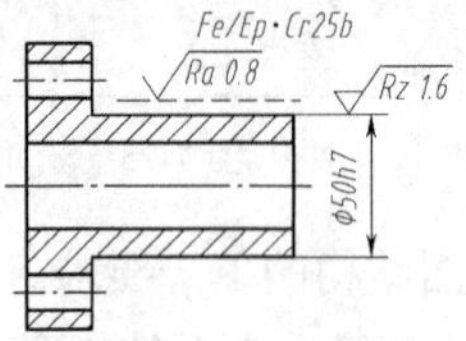	几种不同的工艺方法获得的同一表面，当需要明确每种工艺方法的表面结构要求时，可按图标法（图中 Fe 表示基体材料为钢，Ep 表示加工工艺为电镀）

标注法则如下所述。

（1）同一图样上，每一表面只标注一次符号、代号，并应标注在可见轮廓线、尺寸线、尺寸界线或它们的延长线上。

（2）符号的尖角必须从材料外指向标注表面。

（3）在图样上表面粗糙度代号中，数字的大小和方向必须与图中的尺寸数值的大小和方向一致。

二、极限与配合

1. 互换性和公差的概念

所谓零件的互换性，就是从一批规格相同的零件，未经挑选修配任取一件就可装入有关部件和机器，并达到功能性要求，这种性质称为互换性。零件的互换性方便了机器的装配和修复，也为成批大量生产机器设备、提高产品质量、降低生产成本创造了良好的条件。

在加工过程中，不可能把零件的尺寸做得绝对准确。为了保证互换性，必须将零件尺寸的加工误差限制在一定的范围内，规定出加工尺寸的可变动量，这种规定的实际尺寸允许的变动量称为公差。它包括尺寸公差、形状公差、位置公差等。公差用来控制加工中的误差，以保证互换性的实现。

2. 基本术语

（1）公称尺寸。根据零件强度、结构和工艺性要求设计确定的尺寸。

（2）极限尺寸。允许尺寸变化的两个界限值。其中较大的一个称为上极限尺寸；较小的一个称为下极限尺寸，如图 7-26 所示。

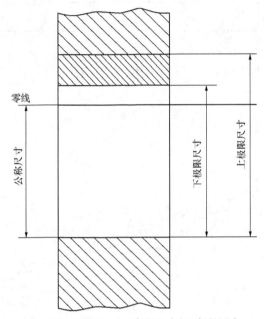

图 7-26　公称尺寸、上极限尺寸和下极限尺寸

（3）实际尺寸。零件加工后通过测量所得到的尺寸。

（4）尺寸偏差（简称偏差）。某一尺寸减其相应的公称尺寸所得的代数差。上极限偏差是极限尺寸与公称尺寸之差，下极限偏差是下极限尺寸与公称尺寸之差。上、下极限偏差统称极限偏差。上、下极限偏差可以是正值、负值或零。实际偏差是实际尺寸与公称尺寸之差。

国家标准规定：孔的上极限偏差代号为 ES，孔的下极限偏差代号为 EI；轴的上极限偏差代号为 es，轴的下极限偏差代号为 ei。

（5）尺寸公差（简称公差）。实际尺寸允许的变动量，即上极限尺寸与下极限尺寸之差。因为上极限尺寸总是大于下极限尺寸，所以尺寸公差一定为正值。

（6）公差带和零线。由代表上、下极限偏差的两条直线所限定的一个区域称为公差带。在公差带图中，确定偏差的一条基准直线，称为零偏差线（简称零线）。通常表示零件的公称尺寸，如图 7-27 所示。

（7）基本偏差。用于确定公差带相对于零线位置的上极限偏差或下极限偏差。一般是指靠近零线的那个偏差。国家标准分别对孔和轴各规定了 28 个不同的基本偏差，基本偏差系列如图 7-28 所示。从图 7-28 可知：基本偏差用拉丁字母表示，大写字母代表孔，小写字母代表轴。位于零线之上的公差带，其基本偏差为下极限偏差，位于零线之下的公差带，其基本偏差为上极限偏差。

轴和孔的基本偏差数值见附表 17 和附表 18。

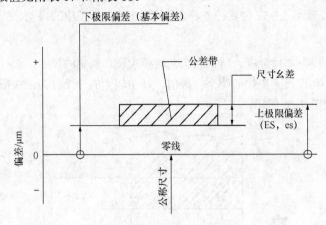

图 7-27　公差带图解

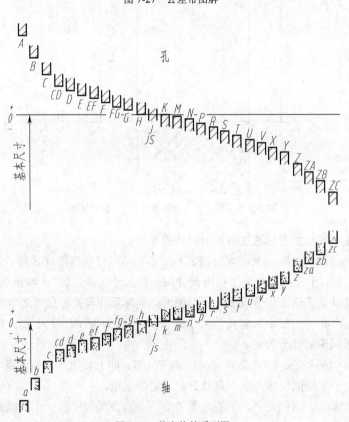

图 7-28　基本偏差系列图

（8）标准公差。用于确定公差带大小的任一公差。国家标准将公差等级分为 20 级：IT01、IT0、IT1～IT18。"IT" 表示标准公差，阿拉伯数字表示公差等级。公差等级用于确定尺寸精确程度的等级。从 IT01～IT18 公差的大小随公差等级数值的增大而变大，精度等级依次降低。标准公差等级数值可查有关技术标准。

（9）孔、轴的公差带代号。由基本偏差代号与公差等级代号组成，并且要用同一字号大小的字母和数字书写。

$\phi 50H8$ 的含义：公称为 $\phi 50$，公差等级为 8 级，基本偏差为 H 的孔的公差带。

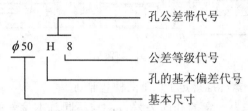

$\phi 50f7$ 的含义：公称为 $\phi 50$，公差等级为 7 级，基本偏差为 f 的轴的公差带。

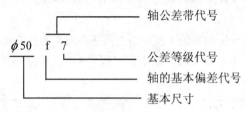

3. 配合的种类和基准制

公称相同，相互结合的孔和轴公差带之间的关系称为配合。

（1）配合的种类。国家标准将配合以下分为 3 类。

① 间隙配合。间隙配合是指孔的公差带完全在轴的公差带之上，任取其中一对轴和孔相配都具有间隙的配合（包括最小间隙为零），如图 7-29 所示。

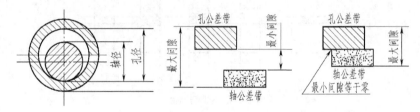

图 7-29　间隙配合

② 过盈配合。过盈配合是指孔的公差带完全在轴的公差带之下，任取其中一对轴和孔相配都具有过盈的配合（包括最小过盈为零），如图 7-30 所示。

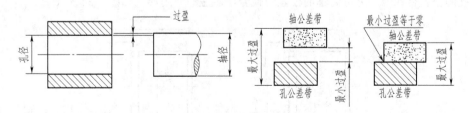

图 7-30　过盈配合

③ 过渡配合。过渡配合是指孔和轴的公差带相互交叠，任取其中一对孔和轴相配合，可能具有间隙，也可能具有过盈的配合，如图 7-31 所示。

图 7-31　过渡配合

（2）配合的基准制。国家标准规定了以下两种基准制。

① 基孔制。基本偏差为一定的孔的公差带，与不同基本偏差的轴的公差带构成各种配合的一种制度称为基孔制。基孔制的孔称为基准孔，基本偏差代号 H，下极限偏差为 0，如图 7-32 所示。

② 基轴制。基本偏差为一定的轴的公差带与不同基本偏差的孔的公差带构成各种配合的一种制度称为基轴制。基轴制的轴称为基准轴，基本偏差代号 h，上极限偏差为 0，如图 7-33 所示。

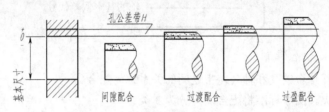

图 7-32　基孔制配合

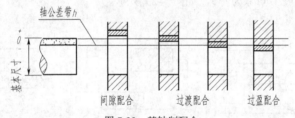

图 7-33　基轴制配合

4. 公差与配合的标注

（1）在装配图中的标注方法

在装配图中，配合的代号由两个相互结合的孔和轴的公差带的代号组成，用分数形式表示，分子为孔的公差带代号，分母为轴的公差带代号，标注的通用形式如图 7-34 所示。

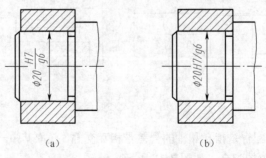

（a）　　　　　　　　　　　（b）

图 7-34　配合代号的标注方法

在装配图中标注相配合零件的极限偏差时，一般按如图 7-35（a）所示形式标注，也允许按如图 7-35（b）所示形式标注。

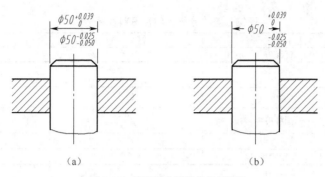

图 7-35　装配图上极限偏差的注法

（2）在零件图中的标注方法

在零件图上的注法有 3 种，如图 7-36 所示。图 7-36（a）表示标注公差带的代号；图 7-36（b）表示标注偏差数值；图 7-36（c）表示公差带代号和偏差数值一起标注。

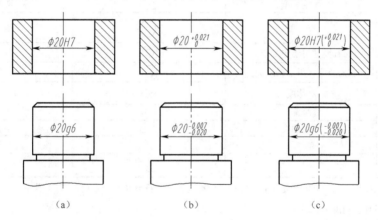

图 7-36　零件图中尺寸公差的标注方法

三、形状和位置公差

形状和位置公差（简称形位公差）是指零件的实际形状和位置相对于理想形状和位置的允许变动量。有较高精度要求的零件，不仅要保证其表面粗糙度、尺寸公差符合规定，而且还要保证其形状和相对位置的准确性，这样才能满足零件的使用和装配要求。因此，形位公差同尺寸公差、表面粗糙度一样，也是评定产品质量的一项重要技术指标。

1. 形状公差和位置公差的有关术语

（1）要素。要素表示组成零件的点、线、面。

（2）形状公差。形状公差表示实际要素的形状所允许的变动量。

（3）位置公差。位置公差表示实际要素的位置允许的变动量，它包括定向公差、定位公差和跳动公差。

（4）被测要素。被测要素表示给出了形状或（和）位置公差的要素。

（5）基准要素。基准要素表示用来确定理想被测要素方向或（和）位置的要素。

2. 形位公差的项目名称及特征符号

形位公差的分类及符号见表 7-7。

表 7-7   形位公差的分类、项目资料及符号

公差类型	几何特征	符　号	有无基准
形状公差	直线度	―	无
	平面度	▱	无
	圆度	○	无
	圆柱度	⌀	无
	线轮廓度	⌒	无
	面轮廓度	⌓	无
方向公差	平行度	//	有
	垂直度	⊥	有
	倾斜度	∠	有
	线轮廓度	⌒	有或无
	面轮廓度	⌓	有或无
位置公差	位置度	⊕	有或无
	同心度（用于中心点）	◎	有
	同心度（用于轴线）	◎	有
	对称度	=	有
	线轮廓度	⌒	有或无
	面轮廓度	⌓	有或无
跳动公差	圆跳动	↗	有
	全跳动	⫫	有

注：国家标准 GB/T 1182—2008 规定项目特征符号线型为 $h/10$，符号高度为 h（同字高）其中，平面度、圆柱度、平行度、跳动等符号的倾斜角度为 75°。

3. 形位公差的标注

（1）公差框格。公差框格用细实线画出，可画成水平的或垂直的，框格高度是图样中尺寸数字高度的两倍，它的长度视需要而定。框格中的数字、字母、符号与图样中的数字等高。如图 7-37 所示，给出了形状公差和位置公差的框格形式。

（2）被测要素。用带箭头的指引线将被测要素与公差框格一端相连，指引线箭头指向公差带的宽度方向或直径方面。当被测要素为整体轴线或公共中心平面时，指引线箭头可直接指在轴线或中心线上，如图 7-38（a）所示；当被测要素为轴线、球心或中心平面时，指引线箭头应与该要素的尺寸线对齐，如图 7-38（b）所示；当被

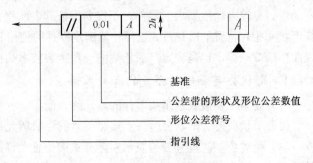

图 7-37　形位公差代号及基准符号

测要素为线或表面时，指引线箭头应指向该要素的轮廓线或其引出线上，并应明显地与尺寸线错开，如图 7-38（c）所示。

（3）基准要素。基准符号的画法如图 7-37 所示，无论基准符号在图中的方向如何，细实线方框内的字母一律水平书写。当基准要素为素线或表面时，基准符号应靠近该要素的轮廓线或引出线标注，并应明显地与尺寸线箭头错开，如图 7-39（a）所示；当基准要素为轴线、球心或中心平面时，基准符号应与该要素的尺寸线箭头对齐，如图 7-39（b）所示；当基准要素为整体轴线或公共中心面时，基准符号可直接靠近公共轴线（或公共中心线）标注，如图 7-39（c）所示。

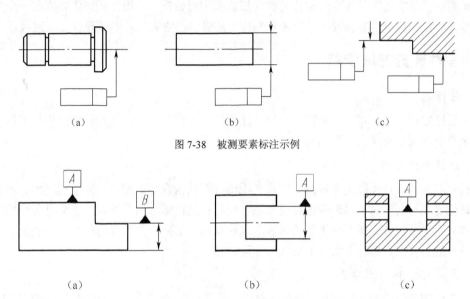

图 7-38　被测要素标注示例

图 7-39　基准要素标注示例

4. 形位公差在零件图上的标注实例

形位公差在零件图上的标注方法实例如图 7-40 和图 7-41 所示。

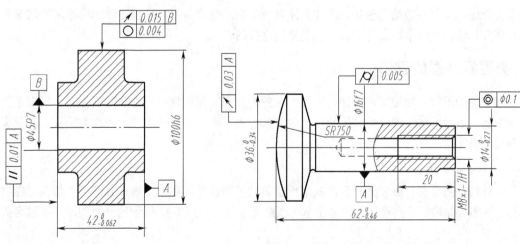

图 7-40　零件图上标注形位公差的实例一　　　图 7-41　零件图上标注形位公差的实例二

识读典型零件图

一、读零件图的要求

看零件图的要求是了解零件的名称、所用材料和它在机械或部件中的作用。通过分析视图、尺寸和技术要求,想象出零件各组成部分的结构形状和相对位置,从而在头脑中建立起一个完整、具体的零件形象,并对其复杂程度、要求和制作方法做到心中有数,以便设计加工过程。

二、读零件图的方法步骤

1. 看标题栏

首先看标题栏,了解零件的名称、材料、比例等,并浏览全图,对零件有个概括了解,如零件属什么类型,大致轮廓和结构如何等。

2. 分析表达方案

根据视图布局,首先确定主视图,围绕主视图分析其他视图的配置。对于剖视图、断面图要找到剖切位置及方向,对于局部视图和局部放大图要找到投影方向和部位,弄清楚各个图形彼此间的投影关系,分析每个图形所表达的内容和表达意图。另外,分清零件的主体、安装、连接等几个部分,最后仔细分析每一部分的形状和作用。

3. 分析尺寸和技术要求

根据零件的形体结构,分析并确定长、宽、高各方向的主要基准。分析尺寸标注和技术要求,找出各部分的定形和定位尺寸,明确哪些是主要尺寸和主要加工面,进而分析制造方法等,以便保证质量要求。

4. 综合考虑

综上所述,将零件的结构形状、尺寸标注及技术要求综合起来,就能比较全面地阅读这张零件图。在实际读图过程中,上述步骤常常是穿插进行的。

三、典型零件图的识读

虽然零件的形状、用途多种多样,加工方法各不相同,但零件也有许多共同之处。根据零件在结构形状、表达方法上的某些共同特点,常将其分为 4 类:轴套类零件、轮盘类零件、叉架类零件和箱体类零件。

1. 轴套类零件

(1)结构特点分析。轴套类零件的基本形状是同轴回转体,在轴上通常有键槽、销孔、螺纹退刀槽、倒圆等结构。此类零件主要是在车床或磨床上加工。图 7-42 所示的柱塞阀即属于轴套类零件。

(2)表达方案分析。轴套类零件的主视图一般按其加工位置选择,即一般按水平位置放置。

这样既可把各段形体的相对位置表示清楚，同时又能反映出轴上轴肩、退刀槽等结构。轴套类零件主要结构形状是回转体，一般只画一个主视图。确定了主视图后，由于轴上的各段形体的直径尺寸在其数字前加注符号"ϕ"表示，因此不必画出其左（或右）视图。对于零件上的键槽、孔等结构，一般可采用局部视图、局部剖视图、移出断面和局部放大图，如图 7-42 所示。

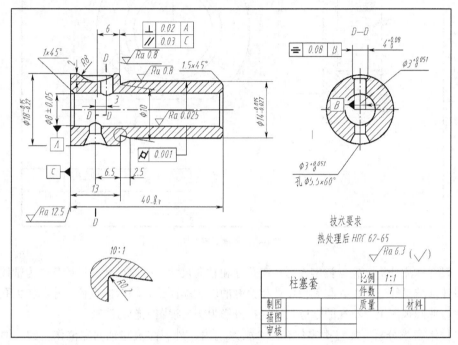

图 7-42　柱塞阀零件图

（3）尺寸标注分析。轴套类零件有径向和轴向尺寸。径向尺寸的设计基准为轴线，轴向尺寸的设计基准一般选重要的定位面或端面，如柱塞套左端面。重要尺寸一定要直接标注出来，如图 7-42 中的尺寸 6.5。对其他尺寸，为测量方便多按加工顺序标注。

（4）技术要求分析。轴套类零件有配合要求或有相对运动的轴段，其表面粗糙度、尺寸公差和形位公差都应控制得严格一些。为了提高强度和韧性，需对轴类零件进行调质处理；为了增强耐磨性，需对轴套类零件表面进行淬火、渗碳、渗氮等热处理。

2. 轮盘类零件

（1）结构特点分析。轮盘类零件包括端盖、阀盖、齿轮等，这类零件的基本形体一般为回转体或其他几何形状的扁平的盘状体，通常还带有各种形状的凸缘、均布的圆孔和肋等局部结构。轮盘类零件的作用主要是轴向定位、防尘和密封，如图 7-43 所示的轴承盖。

（2）表达方案分析。轮盘类零件的毛坯有铸件或锻件，机械加工以车削为主，主视图一般按加工位置水平放置，但有些较复杂的盘盖，因加工工序较多，主视图也可按工作位置画出。为了表达零件内部结构，主视图常取全剖视。轮盘类零件一般需要两个以上基本视图表达，除主视图外，为了表示零件上均布的孔、槽、肋、轮辐等结构，还需选用一个端面视图（左视图或右视图），图 7-43 所示零件图中就增加了一个左视图，以表达凸缘和 3 个均布的通孔。此外，为了表达细小结构，有时还常采用局部放大图。

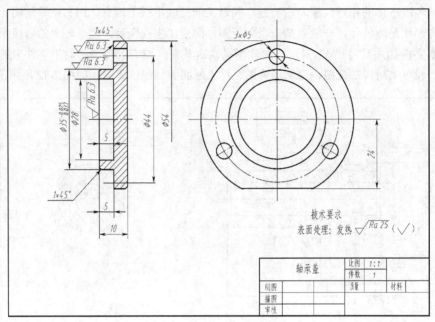

图 7-43　轴承盖零件图

（3）尺寸标注分析。轮盘类零件有径向尺寸和轴向尺寸。径向尺寸的设计基准为轴线，轴向尺寸的设计基准是经过加工并与其他零件相接触的较大端面。各轴段的直径尺寸和较大孔径，其尺寸多注在非圆视图上。小孔的定位尺寸注在投影为圆的视图上较为清晰。

（4）技术要求分析。轮盘类零件有配合关系的内、外表面及起轴向定位作用的端面，其粗糙度要低。故有配合关系的孔、轴尺寸应给出恰当的尺寸公差；其与运动零件相接触的表面应有平行度或垂直度要求。

3. 叉架类零件

（1）结构分析。叉架类零件一般有拨叉、连杆、支座等。此类零件常用倾斜或弯曲的结构连接零件的工作部分与安装部分。叉架类零件多为铸件或锻件，因而具有铸造圆角、凸台、凹坑等常见结构，图 7-44 所示的踏脚座属于叉架类零件。

（2）表达方案分析。叉架类零件结构形状比较复杂，加工位置多变，有的零件工作位置也不固定，所以这类零件的主视图一般按工作位置原则和形状特征原则确定。对其他视图的选择，常常需要两个或两个以上的基本视图，并且还要用适当的局部视图、断面图等表达方法来表达零件的局部结构。图 7-44 所示的踏脚座零件图选择表达方案精炼、清晰，对于表达轴承孔和肋的宽度来说右视图是没有必要的，而 T 字形肋则采用移出断面比较合适。

（3）尺寸标注分析。零件长、宽、高 3 个方向的尺寸基准一般为孔的轴线、中心线、对称面和较大的加工平面。而叉架类零件的定形和定位尺寸比较多。定形尺寸按形体分析法注出，定位尺寸要注出孔的中心线之间、孔的中心线到平面或平面到平面的距离。此类零件图中圆弧连接较多，已知弧、中间弧的定位尺寸要齐全。

（4）技术要求分析。叉架类零件一般对表面粗糙度、尺寸公差、形位公差没有特别严格的要求。但有时会对角度或某部分的尺寸有要求，因此，要给出公差。

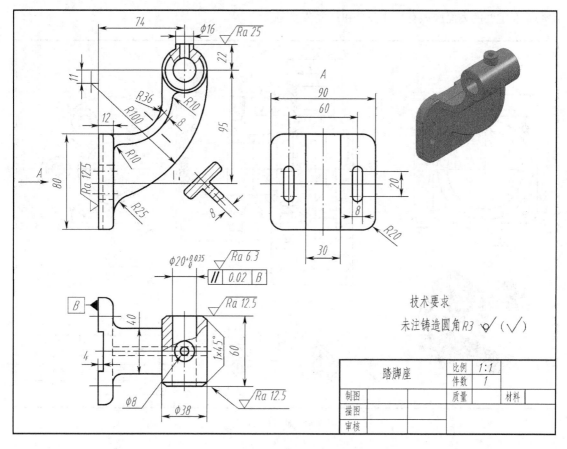

图 7-44　踏脚座零件图

4. 箱体类零件

（1）结构分析。箱体类零件主要有阀体、泵体、减速器箱体等零件，其作用是支承或包容其他零件，如图 7-45 所示。这类零件有复杂的内腔和外形结构，并带有轴承孔、凸台、肋板，此外还有安装孔、螺孔等结构。

（2）表达方案分析。由于箱体类零件加工工序较多，加工位置多变，所以在选择主视图时，主要根据工作位置原则和形状特征原则来考虑，并采用剖视，以重点反映其内部结构，如图 7-45 中的主视图所示。

为了表达箱体类零件的内外结构，一般要用 3 个或 3 个以上的基本视图，并根据结构特点在基本视图上取剖视，还可采用局部视图、斜视图及规定画法等方法来表达外形。在图 7-45 中，由于主视图上无对称面，采用了大范围的局部剖视来表达内外形状，并选用了 A—A 剖视，C—C 局部剖和密封槽处的局部放大图。

（3）尺寸标注分析。箱体的结构较复杂，尺寸较多，应主要分析它的尺寸基准、主要外形尺寸和重要箱体孔的定形、定位尺寸。通常选择箱体的对称面、底面或端面作为尺寸基准，底面一般为安装基面。重要箱体孔的位置正确与否，直接影响运动件的工作性能，故重要箱体孔定位尺寸极为重要。

（4）技术要求分析。重要的箱体孔、重要的表面的表面粗糙度要低。重要的箱体孔、重要的中心距和重要的表面应该有尺寸公差和形位公差要求。

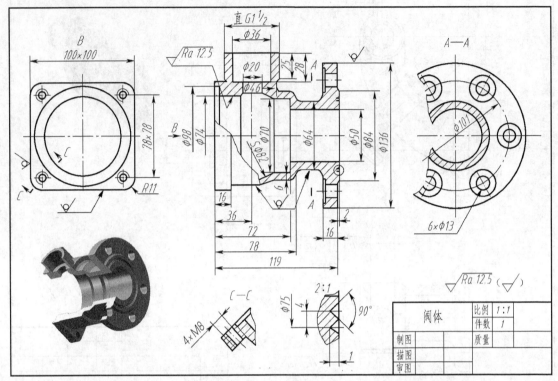

图 7-45 阀体零件图

第6节 零件测绘

零件的测绘就是根据实际零件画出它的图形，测量出它的尺寸并制订出技术要求。测绘时，首先徒手画出零件草图，然后根据该草图画出零件工作图。在仿造和修配机器部件以及技术改造时，常常要进行零件测绘，因此，它是工程技术人员必备的技能之一。

一、零件测绘的方法和步骤

下面以齿轮油泵的泵体为例，说明零件测绘的方法和步骤。泵体轴测图如图 7-46 所示。

1. 了解和分析测绘对象

首先应了解零件的名称、材料以及它在机器或部件中的位置、作用及与相邻零件的关系，然后对零件的内外结构形状进行分析。

齿轮油泵是机器润滑供油系统中的一个主要部件，当外部动力经齿轮传至主动齿轮轴时，即产生旋转运动。当主动齿轮轴按逆时针方向（从主视图观察）旋转时，从动齿轮轴则按顺时针方向旋转，齿轮油泵工作原理如图 7-47 所示。此时右边啮合的轮齿逐步分开，空腔体积逐渐扩大，油压降低，因而油池中的油在大气压力的作用下，沿吸油口进入泵腔中。齿槽中的油随着齿轮的继续旋转被带到左边；而左边的各对轮齿又重新啮合，空腔体积缩小，使齿槽中不断挤出的油成为高压油，并由压油口压出，然后经管道被输送到需要供油的部位，以实现供油润滑功能。

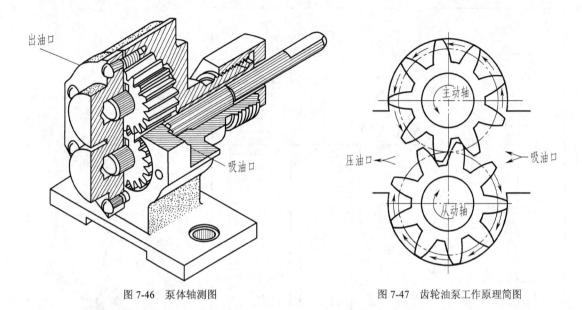

图 7-46　泵体轴测图　　　　　　　　　　　　图 7-47　齿轮油泵工作原理简图

泵体是油泵上的一个主体件，属于箱体类零件，材料为铸铁。它的主要作用是容纳一对啮合齿轮及进油、出油通道，在泵体上设置了两个销孔和 6 个螺孔，是为了使左泵盖与右泵盖与其定位和连接。泵体下部带有凹坑的底板和其上的两个沉孔是为了安装油泵。泵体进、出油口孔端的螺孔是为了连接进、出油管等。至此，泵体的结构已基本分析清楚。

2. 确定表达方案

由于泵座的内外结构都比较复杂，应选用主、左、仰 3 个基本视图。泵体的主视图应按其工作位置及形状结构特征选定，为表达进、出油口的结构与泵腔的关系，应对其中一个孔道进行局部剖视。为表达安装孔的形状也应对其中一个安装孔进行局部剖视。为表达泵体与底板、出油口的相对位置，左视图应选用 A—A 旋转剖视图，从而将泵腔及孔的结构表示清楚。然后再选用一仰视图表示底板的形状及安装孔的数量、位置，仰视图取局部视图。最后选定的表达方案如图 7-48 所示。

3. 绘制零件草图

（1）绘制图形。根据选定的表达方案，徒手画出视图、剖视等图形，其作图步骤与画零件图相同。但需注意以下两点：

① 零件上的制造缺陷（如砂眼、气孔等），以及由于长期使用造成的磨损、碰伤等，均不应画出。

② 零件上的细小结构（如铸造圆角、倒角、倒圆、退刀槽、砂轮越程槽、凸台、凹坑等）必须画出。

（2）标注尺寸。先选定基准，再标注尺寸，具体应注意以下 3 点。

① 先集中画出所有的尺寸界线、尺寸线和箭头，再依次测量，逐个记入尺寸数字。

② 零件上标准结构（如键槽、退刀槽、销孔、中心孔、螺纹等）的尺寸，必须查阅相应国家标准，并予以标准化。

③ 与相邻零件的相关尺寸（如泵体上螺孔、销孔、沉孔的定位尺寸，以及有配合关系的尺寸等）一定要一致。

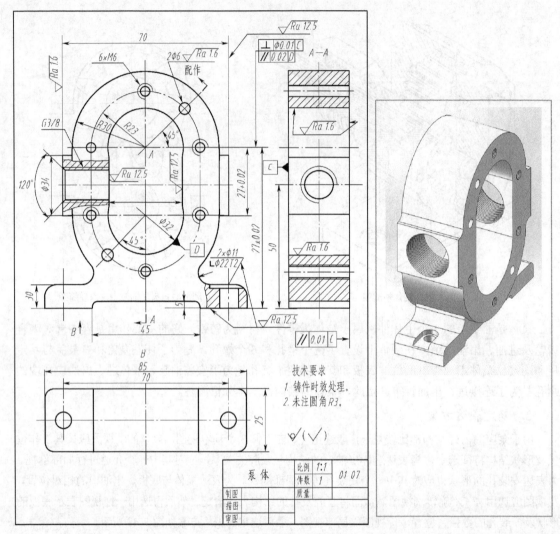

图 7-48　泵体零件图

（3）注写技术要求。零件上的表面粗糙度、极限与配合、形位公差等技术要求，通常可采用类比法给出。具体注写时需注意以下 3 点。

① 主要尺寸要保证其精度。泵体的两轴线、轴线距底面以及有配合关系的尺寸等，都应给出公差，如图 7-48 所示。

② 对运动的表面及对形状、位置要求较严格的线、面等要素，要给出既合理又经济的粗糙度或形位公差要求。

③ 有配合关系的孔与轴，要查阅与其相结合的轴与孔的相应资料（装配图或零件图），以核准配合制度和配合性质。

只有这样，经测绘而制造出的零件，才能顺利地装配到机器上去并达到其功能要求。

（4）填写标题栏。标题栏中一般可填写零件的名称、材料及绘图者的姓名和完成时间等。

4. 根据零件草图画零件图

草图完成后，便要根据它绘制零件图，其绘图方法和步骤同前，这里不再赘述。完成的零件图如图7-48所示。

二、零件尺寸的测量方法

测量尺寸是零件测绘过程中一个很重要的环节，尺寸测量得准确与否，将直接影响机器的装配和工作性能，因此，测量尺寸要谨慎。

测量时，应根据不同的尺寸精度要求选用不同的测量工具。常用的量具有钢直尺，内、外卡钳等；精密的量具有游标卡尺、千分尺等；此外，还有专用量具，如螺纹规、圆角规等。

图7-49～图7-52所示为常见尺寸的测量方法。

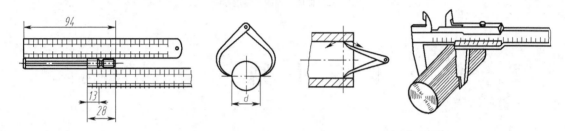

（a）用钢尺测一般轮廓　　（b）用外卡钳测外径　　（c）用内卡钳测内径　　（d）用游标卡尺测精确尺寸

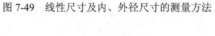
图7-49　线性尺寸及内、外径尺寸的测量方法

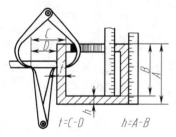 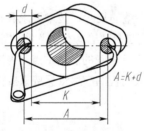 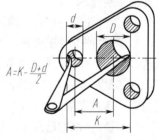

（a）测量壁厚　　　　　　　（b）测量孔间距　　　　　　　（c）测量孔间距

图7-50　壁厚、孔间距的测量方法

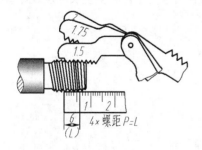 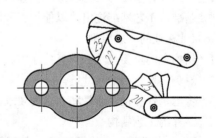

（a）用螺纹规测量螺距　　　　　　　　　（b）用圆角规测量圆弧半径

图7-51　螺距、圆弧半径的测量方法

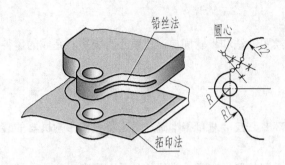
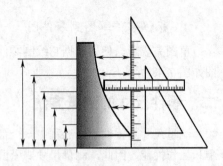

（a）用铅丝法和拓印法测量曲面　　　　　　　　　　（b）用坐标法测量曲线

图 7-52　曲面、曲线的测量方法

本 章 小 结

本章主要讲了零件图方面的知识，要点如下。

一、零件图的基本知识

1．零件图的作用：表示零件结构、大小及技术要求，是制造和检验零件的主要依据，是指导生产的重要技术文件。

2．零件图的内容：一组图形、完整的尺寸、技术要求和标题栏。

3．零件图的视图选择：主视图应满足"合理位置"和"形状特征"两个基本原则；其他视图的选择：每个视图具有独立存在的意义及明确的表达重点，视图数量为最少；优先考虑采用基本视图，应尽量在基本视图上作剖视；相关的视图应尽量保持直接投影关系，配置在相关视图附近。

二、零件图的尺寸注法

1．尺寸基准的选择

（1）尺寸基准的分类：根据基准作用不同，一般分为设计基准和工艺基准两类。

（2）选择基准的原则：尽可能使设计基准与工艺基准一致，以减少两个基准不重合而引起的尺寸误差。当设计基准与工艺基准不一致时，应以保证设计要求为主，将重要尺寸从设计基准注出，次要基准从工艺基准注出，以便加工和测量。

2．尺寸标注的一般原则

（1）结构上的重要尺寸必须直接注出。

（2）避免出现封闭的尺寸链。

（3）考虑零件加工、测量和制造的要求。

三、零件的工艺结构

1．铸造工艺结构：有拔模斜度、铸造圆角和铸件壁厚等。

2．机械加工工艺结构主要有：倒圆、倒角、越程槽、退刀槽、凸台、凹坑等。

3．常见孔结构及其尺寸标注：光孔、沉孔和螺丝孔是零件图上最常见的结构，标注方法要规范。

四、零件图上的技术要求

1. 表面粗糙度

（1）表面粗糙度的概念：由于机床的振动、材料的塑性变形、刀痕等原因，零件加工表面上具有的较小间距和峰谷所组成的微观几何形状特性，称为表面粗糙度。

（2）表面粗糙度的符号、代号：包含表面粗糙度参数的允许值、加工方法、镀涂或其他表面处理、取样长度、加工纹理、方向符号、表面粗糙度间距参数和加工余量等项目。

（3）表面粗糙度代号的标注法则：同一图样上，每一表面只标注一次符号、代号，并应标注在可见轮廓线、尺寸线、尺寸界线或它们的延长线上；符号的尖角必须从材料外指向标注表面；在图样上表面粗糙度代号中，数字的大小和方向必须与图中尺寸数值的大小和方向一致。

2. 极限与配合

（1）互换性和公差的概念：所谓零件的互换性，就是从一批规格相同的零件，未经挑选修配任取一件就可装入有关部件和机器，并达到功能性要求，这种性质称为互换性。规定的实际尺寸允许的变动量称为公差。它包括尺寸公差、形状公差、位置公差等。

（2）基本术语：公称尺寸，实际尺寸，极限尺寸(上极限尺寸、下极限尺寸)，尺寸偏差（上极限偏差、下极限偏差、极限偏差、实际偏差），尺寸公差，公差带和零线，基本偏差，标准公差，孔、轴的公差带代号。

（3）配合的种类和基准制：配合的种类分为间隙配合、过盈配合和过渡配合 3 类；配合的基准制包括基孔制和基轴制两种。

（4）公差与配合的标注：在装配图中的标注方法有 4 种，在零件图中的标注方法有 3 种。

3. 形状和位置公差

（1）形状公差和位置公差的有关术语：要素、形状公差、位置公差、被测要素和基准要素。

（2）形位公差的项目名称及特征符号：形状公差包括直线度、平面度、圆度、圆柱度、线轮廓度和面轮廓度；位置公差包括平行度、垂直度、倾斜度、位置度、同轴度（同心度）、对称度、圆跳动、全跳动、线轮廓度和面轮廓度。

（3）形位公差的标注：包括公差框格、被测要素和基准要素这 3 项的标注方法。

（4）形位公差在零件图上的标注实例。

五、识读典型零件图

1. 读零件图的要求：了解零件的名称、所用材料和它在机械或部件中的作用。通过分析视图、尺寸和技术要求，想象出零件各组成部分的结构形状和相对位置，从而在头脑中建立起一个完整、具体的零件形象，并对其复杂程度、要求和制作方法做到心中有数，以便设计加工过程。

2. 读零件图的方法步骤：看标题栏，分析表达方案，分析尺寸和技术要求，综合考虑。

3. 典型零件图的识读：典型零件分为轴套类零件、轮盘类零件、叉架类零件和箱体类零件。主要从结构特点分析、表达方案分析、尺寸标注分析和技术要求 4 个方面来分析。

六、零件测绘

1. 零件测绘的方法步骤：了解和分析测绘对象；确定表达方案；绘制零件草图；根据零件草图画零件图。

2. 零件尺寸的测量方法：测量时，应根据不同的尺寸精度要求选用不同的测量工具。常用的量具有钢直尺和内、外卡钳等；精密的量具有游标卡尺、千分尺等；此外，还有专用量具，如螺纹规、圆角规等。

第 8 章

装 配 图

　　机器或部件是由若干零件按一定的关系和技术要求组装而成的，表达机器或部件的图样称为装配图。表达一台完整机器的装配图，称为总装配图（总图）；表达机器中某个部件或组件的装配图，称为部件装配图或组件装配图。通常总图只表示各部件间的相对位置和机器的整体情况，而还需分别画出整台机器各部件的装配图。

　　本章着重介绍装配图的内容、表达方法及技术要求、装配结构、尺寸标注和识读装配图的方法和步骤等方面的知识。

<table>
<tr><td rowspan="3">知识目标</td><td>◎ 了解装配图的作用和内容。</td></tr>
<tr><td>◎ 掌握装配图的表达方法、尺寸标注、序号编注和明细栏的填写。</td></tr>
<tr><td>◎ 掌握装配图的识读方法和步骤。</td></tr>
</table>

<table>
<tr><td rowspan="3">技能目标</td><td>◎ 掌握看装配图的方法和步骤。</td></tr>
<tr><td>◎ 能看懂一般复杂程度的装配图。</td></tr>
<tr><td>◎ 能根据装配图正确拆装机器或部件。</td></tr>
</table>

装配图的作用和内容

一、装配图的作用

在机械设计过程中，设计者首先画出装配图，用装配图来表达所设计的机器或部件的工作原理和结构形状，然后根据装配图分别绘制零件图。在机械制造过程中，首先要根据零件图加工出零件，然后按照装配图组装成机器或部件。在机械设备的使用和维修过程中，也需要通过装配图来了解机械设备的工作原理、性能、传动路线和操作方法，以便做到操作使用正确，维护保养合理等。因此，归纳装配图的作用如下：① 体现设计意图，表达工作原理；② 反映零件结构及其相互位置间关系，指导装配、拆卸、检修；③ 交流技术，传递产品信息。装配图和零件图一样，都是生产中的重要技术文件。

二、装配图的内容

图 8-1 所示为球阀的装配图。

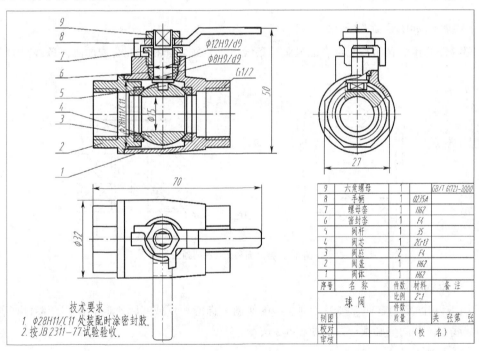

9	六角螺母	1		GB/T 6172.1-2000
8	手柄	1	Q235A	
7	螺母套	1	H62	
6	密封套	1	F4	
5	阀杆	1	35	
4	阀芯	1	2Cr13	
3	阀座	2	F4	
2	阀盖	1	H62	
1	阀体	1	H62	
序号	名 称	件数	材料	备 注

图 8-1　球阀装配图

一张完整的装配图应包括以下几方面的内容。

（1）一组图形。使用各种表达方法，正确、完整和清晰地表达机器或部件的工作原理、零件之间的装配关系和零件的主要结构形状。

（2）几类尺寸。根据装配、检验、安装、使用机器的需要，在装配图中必须标注反映机器或部件的性能、规格、安装、部件或零件间的相对位置、配合要求及外形大小等各类尺寸。

（3）技术要求。用文字、字母、数字或符号注写出机器或部件的性能、质量、装配、检验、调整、使用等方面的要求。

（4）标题栏、编号和明细栏。根据生产组织和管理工作的需要，按一定的格式，将零部件进行编号，并填写明细栏和标题栏。

第2节　装配体的表达方法

前面所述的各种表达方法如各种视图、剖视图、断面图等，在装配图的表达中也同样适用。但是，零件图所表达的是单个零件，而装配图所表达的则是由若干零件所组成部件或机器。两种图样的表达目的不同，所表达的侧重面也不同。装配图以表达机器或部件的工作原理和装配关系为重点，采用适当的表达方法把机器或部件的内部或外部的结构形状和零件的主要结构表达清楚。因此对于装配图而言，除了前面所讨论的各种表达方法外，还有一些表达机器或部件的特殊方法和规定画法。

一、装配图的规定画法

1. 接触面和配合面的画法

相邻零件的接触表面和配合表面只画一条线，不接触表面和非配合表面画两条线，如图 8-2 所示。

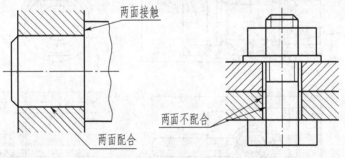

图 8-2　接触面和配合面的画法

2. 剖面线的画法

两个(或两个以上)零件邻接时，剖面线的倾斜方向应相反或间隔不同。但同一零件在各视图上的剖面线方向和间隔必须一致，如图 8-3 所示。

3. 标准件和实心件的画法

当剖切平面通过一些标准件（如紧固件、销、键）以及一些实心零件（如轴、手柄、球、钩、拉杆等），若剖切平面通过它们的轴线或对称面时，均按不剖切绘制，如图 8-3 所示。

4. 可见性问题

在装配图中，由于零件之间相互配合，必然会有一些零件的轮廓被另一些零件遮挡，被遮挡的轮廓一般不需要画出。

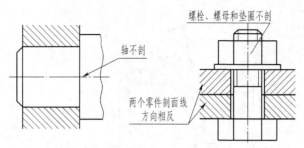

图 8-3　标准件和相邻件剖面线的画法

二、特殊画法

1. 沿零件结合面剖切的画法

绘制装配图时，根据需要可沿某些零件的结合面选取剖切平面，这时在结合面上不应画出剖面线。沿轴承盖与轴承座的结合面剖切的画法如图 8-4 所示，其俯视图表达了轴瓦与轴承座孔的装配情况。

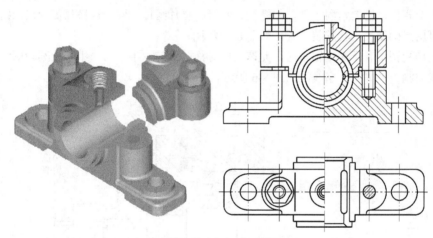

图 8-4　沿结合面剖切的画法

2. 拆卸画法

当某一个或几个零件在装配图其他视图上已表达清楚，而在某一视图中遮住了大部分装配关系或其他零件时，可假想拆去一个或几个零件不画，在图 8-18 所示的俯视图中，就拆去了把手等件，以使其下方的零件形状表达得更清楚。但必要时注明"拆去××等"。

3. 假想画法

（1）为了表示运动零件的运动范围或极限位置，可以在一个极限位置上画出该零件，再在另一个极限上用双点画线画出其轮廓，如图 8-1 所示的球阀手柄关闭的极限工作位置和图 8-5 所示的动运零件的左极限位置。

（2）为了表示与本部件有装配关系但又不属于本部件的其他相邻件时，可采用假想画法，将其用双点画线画出，如图 8-5 所示的下座部分。

4. 夸大画法

某些薄片零件、细丝弹簧、微小间隙等，以它们的实际尺寸在装配图中难以明显表达，此时可不按比例而采用夸大的画法米表达，如图 8-6 所示。

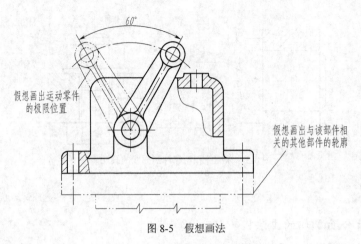

图 8-5　假想画法

5. 简化画法

（1）零件的一些工艺结构，如小圆角、倒角、退刀槽均可不画出。

（2）多个相同规格的紧固组件，如螺栓、螺母、垫片组件，同一规格只需画出一组的装配关系，其余可用点画线表示其安装位置，如图 8-6 所示。

（3）在剖视图中表示滚动轴承时，允许画出对称图形的一半，另一半画出其轮廓，并用粗实线在轮廓线内画一个"十"字线，如图 8-6 所示。

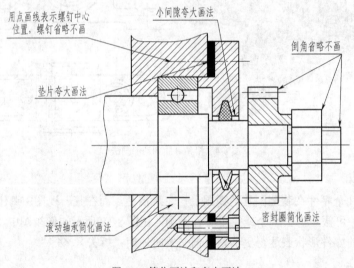

图 8-6　简化画法和夸大画法

第3节　装配图上的尺寸标注和技术要求

一、装配图上的尺寸标注

装配图和零件图表达的目的不同，对尺寸标注的要求也不同。在装配图中，一般只需要标注下列几种尺寸。

1. 规格性能尺寸

规格性能尺寸是表示产品或部件的性能或规格的重要尺寸，是设计和选用的重要参数，如图 8-1 中球阀的公称通径尺寸 $\phi15$。

2. 装配尺寸

机器或部件中重要零件间的极限配合要求，应标注其配合关系。如图 8-1 中所示的阀盖与阀体的配合关系 $\phi28H11/C11$，以及阀杆与密封套的配合为 $\phi8H9/d9$ 等。此外，装配时需要保证一定间隙的尺寸，可标注调整尺寸；还有是与装配有关的零件之间相对位置尺寸，如图 8-20 中所示的孔中心线与轴中线的距离 217 ± 0.05 及轴线到活塞上端的高度 56 ± 0.08。

3. 安装尺寸

机器或部件安装时涉及的尺寸应在装配图中标出，供安装时使用，如图 8-1 中所示的球阀与管道的安装连接尺寸 G1/2。

4. 外形尺寸

标注出部件或机器的外形轮廓尺寸，如图 8-1 中所示的球阀的总长 70，总宽 $\phi32$ 及总高 50，为部件的包装和安装所占的空间提供数据。

5. 其他重要尺寸

在设计中选定的未包含在上述 4 种尺寸中的一些重要结构尺寸、运动极限位置尺寸等也需要标注，如图 8-1 中所示的球阀安装时的扳手尺寸 27。

二、装配图的技术要求

不同功能的机器或部件，其技术要求是不同的，但一般可从以下几方面来考虑。

1. 装配要求

（1）在装配时需要的加工说明，如研磨、配钻等。

（2）装配过程中应达到的技术要求，如应予保证调整间隙的方法，装配后必须保证达到的准确度、平行度、同轴度等。

（3）装配过程中的特殊要求，如密封情况、加润滑脂、涂油等。

2. 检验要求

（1）基本性能的检验方法和试验条件，如泵、阀等压力试验的要求等。

（2）装配后必须保证达到的准确度，有特殊要求的检验方法的说明。

（3）产品执行的技术标准和试验、验收技术规范，产品外观如油漆、包装等要求。

3. 使用要求

使用要求包括对产品的性能、安装、维护、保养等的要求，外表修饰以及操作时的注意事项。

以上各项内容，应根据产品的具体情况和需要进行注写。一般写在明细栏的上方或图纸下方空白处，也可另编技术文件，附在图纸前面。

第4节　装配图中零、部件的序号及明细栏

为了便于读图、图样管理和生产准备工作，装配图中的零件或部件应进行编号，这种编号称为零件的序号，装配图中零件或部件序号及编排方法应遵循国标 GB/T 4458.2—2003。零件的序号、名称、数量、材料等自下而上填写在标题栏上方的明细栏中，表达由较多零件和部件组装成为的一台机器的装配图，必要时可为装配图另附按 A4 幅面专门绘制的明细栏。

一、零件序号

（1）装配图中所有的零件、组件都必须编写序号，且同一零件、部件只编一个序号，序号应标在视图外明显的位置上，如图 8-1 所示。

（2）图中的序号应与明细栏中的序号一致。

（3）序号沿水平或垂直方向按顺时针或逆时针顺序排列整齐，同一张装配图中的编号形式应一致。

（4）常见形式：在所指的零件可见轮廓内画一小圆点，由此用细实线画出指引线，在指引线的末端画一水平线或圆，在水平线上方或圆内注写序号，序号字高比图中数字大 1～2 号，如图 8-7（a）所示。在指引线的另一端附近直接注写序号，序号字高比该装配图中所注尺寸数字高度大 2 号，如图 8-7（b）所示。

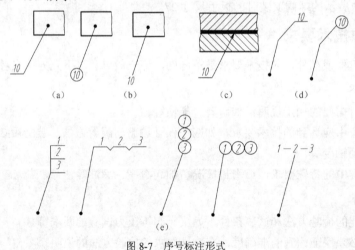

图 8-7　序号标注形式

（5）若所指零件很薄或涂黑的剖面，可在指引线的起始处画出指向该件的箭头，如图 8-7（c）所示。

（6）指引线彼此不能相交，当它通过剖面线区域时，也不应与剖面线相平行，必要时可将指引线画成折线，但只可曲折一次，如图 8-7（d）所示。

（7）一组紧固件以及装配关系清楚的零件组，可采用公用指引线，如图 8-7（e）所示。

二、明细栏

明细栏是机器或部件中全部零件、部件的详细目录，其内容一般有序号、代号、名称、材料

以及备注等项目。应注意，明细栏中的序号必须与图中序号一致。

　　明细栏一般配置在装配图中标题栏上方，按自下而上的顺序填写。当由下而上延伸位置不够时，可紧靠在标题栏左边再由下而上延续，注意必须要有表头，如图 8-8 所示。

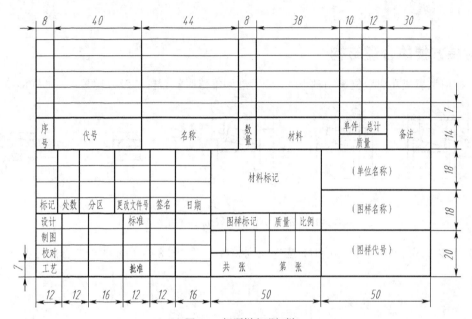

图 8-8　标题栏和明细栏

　　备注项内，可填写有关的工艺说明，如发蓝、渗碳等，也可以注明该零件、部件的来源，如外购等。对齿轮一类的零件，还要注明必要的参数，如模数、齿数等。

　　明细栏的格式、填写方法应遵循 GB/T 10609.2—2009《技术制图—明细栏》中的规定。

　　供学生学习使用的标题栏和明细栏没有严格要求，可参照如图 8-9 所示的格式。

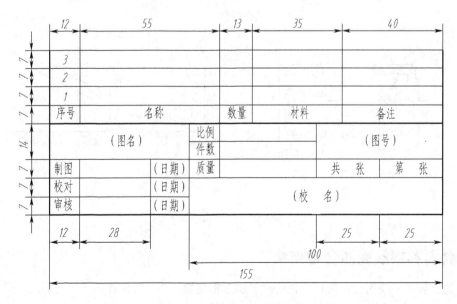

图 8-9　供学生使用的装配图标题栏和明细栏

第5节　装配结构简介

一、拆装方便的合理结构

（1）在用轴肩或孔肩定位滚动轴承时，应考虑到维修时能否拆卸及方便与否，如图 8-10 所示。

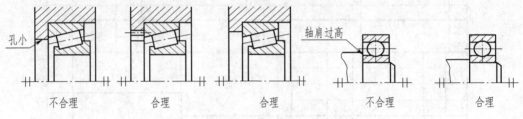

图 8-10　滚动轴承用轴间或孔间定位的结构

（2）当零件用螺纹紧固件连接时，应考虑到装拆方便。图 8-11 所示为一些合理与不合理结构的对比。

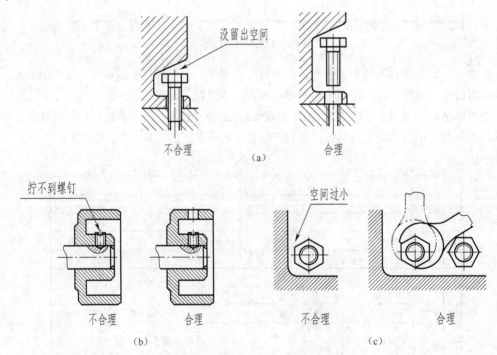

图 8-11　螺纹紧固件的装配结构合理性

二、配合面和接触面的合理结构

（1）为了保证零件的接触良好，且又便于加工和装配，两个零件在同一个方向上，只能有一个接触面或配合面，应避免有两个面同时接触，如图 8-12 所示。

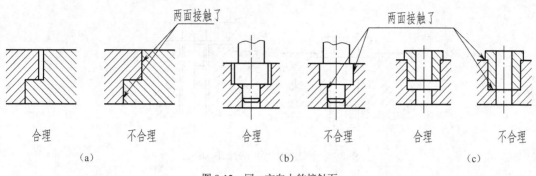

图 8-12　同一方向上的接触面

（2）孔与轴配合时，若轴肩和孔的端面需要接触，则孔倒角或轴的根部应切槽，如图 8-13 所示。

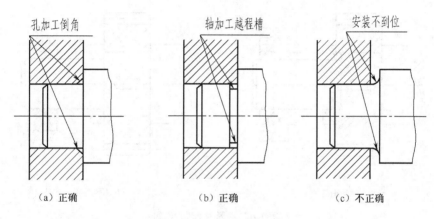

图 8-13　轴肩与孔的端面接触时的结构

（3）为了保证重装后两零件间相对位置的精度，常采用圆柱销或圆锥销定位，所以对销孔的要求较高。为了加工销孔和拆卸销子方便，在可能的条件下，将销孔加工成通孔，如图 8-14（a）所示。如加工成盲孔则不合理，如图 8-14（b）所示。

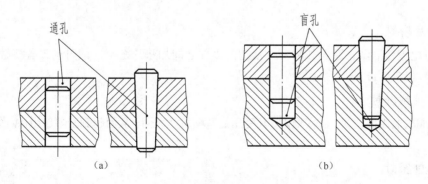

图 8-14　定位销

（4）为了保证连接件与被连接件的良好接触，在被连接件上做出沉孔、凸台等结构，这样既合理地减少了加工面积，又改善了接触情况，如图 8-15 所示。

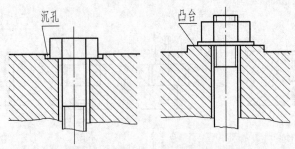

图 8-15　被连接件上加工的沉孔和凸台

（5）为了保证轴上零件的并紧，防止轴向窜动，应使尺寸 $L<B$，如图 8-16 所示。

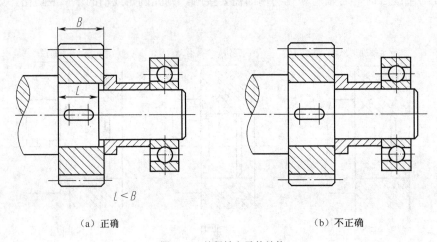

（a）正确　　　　　　　　　　　　　　（b）不正确

图 8-16　并紧轴上零件结构

三、密封装置简介

为了防止油液或气体外漏，对汽车液压附件、刹车附件及轴承要采取密封措施，密封的形式很多。

1. 垫片密封

为了防止流体沿结合面向外渗漏，常在两零件之间加垫片密封，同时也改善接触性能，如图 8-17（a）和图 8-17（c）所示。

2. 密封圈密封

将密封圈（胶圈或毡圈）放在槽内，其受压后紧贴机体表面，从而起到密封作用，如图 8-17（a）所示。

3. 填料密封

图 8-17（b）所示是阀门上常见的密封形式。为防止液体沿阀杆与阀体的间隙溢出，在阀体上制有一空腔，其内装有填料，当压紧填料上面的压盖时，就起到了密封防漏作用。

4. 沟槽式密封

沟槽式密封如图 8-17（d）所示。

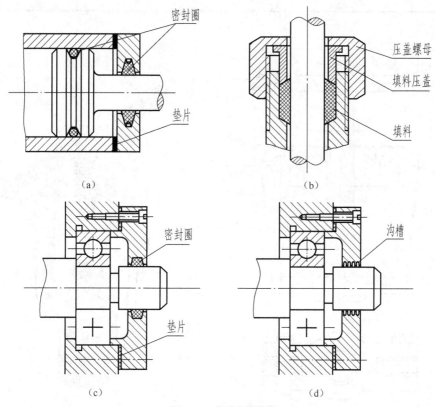

图 8-17 常见密封装置

第6节 识读装配图

一、读装配图的目的

（1）了解机器或部件的性能、功用和工作原理。

（2）读懂各零件之间的装配、连接关系和拆装顺序。

（3）了解各零件的主要结构形状和作用。

（4）了解技术要求和尺寸性质等。

二、读装配图的方法与步骤

下面通过几个典型实例介绍识读装配图的方法步骤。

例 1 识读拆卸器装配图，如图 8-18 所示。

1. 概括了解

以标题栏和明细表为索引，参照装配图，浏览有关说明书、技术要求，了解机器或部件的名称、功用和安装位置，这样先做到概括了解机器或部件的全貌，对其功用和工作概况有个粗略的认识。

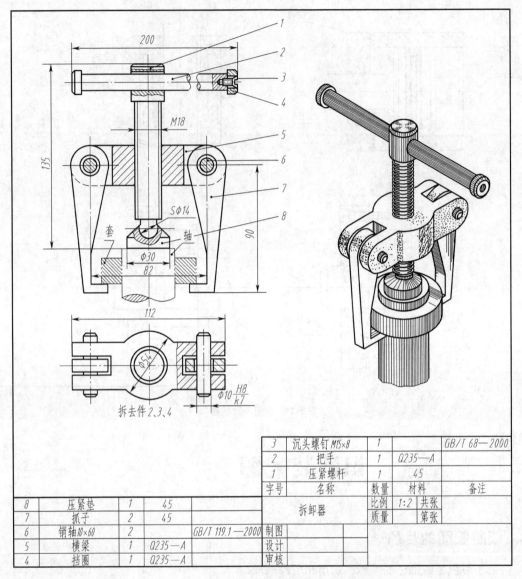

图 8-18　拆卸器装配图

从标题栏可知该装配图画的是拆卸器，通过说明书可知它是用来拆卸固定在轴上的零件的，如拆卸较紧的轴承或轴套等。通过装配图编号及明细表可知一共有 8 种共 10 个零件，从尺寸标注和两个视图可知这是一个尺寸不大、结构较简单的装配体，大体上是通过推挤方式实现拆卸工作的。

2. 分析视图

分析装配图的视图表达方案，弄清各视图间的投影关系、各视图的表达重点和剖视图的剖切位置，大体搞清主要部分的功能、作用及装配关系等。主视图是表达机器或部件装配关系及工作原理较多的一个视图，在分析时，应以主视图为主。

主视图表达了整个拆卸器的主要结构，并在上面作了全剖视，但压紧螺杆 1、把手 2、抓子 7 等紧固件或实心零件按规定均未剖，为了表达它们与其相邻零件的装配关系，又作了 3 个局部剖。而轴与套本不是该装配体上的零件，用细双点画线画出其轮廓（假想法），以体现其拆卸功能。为了节省图幅幅面，较长的把手则采用了折断画法。

俯视图采用了拆卸画法（拆去了把手 2、沉头螺钉 3 和挡圈 4），并取了一个局部剖视，以表示销轴 6 与横梁 5 的配合情况，以及抓子 7 与销轴 6 和横梁 5 的装配情况。同时，也将主要零件的结构形态表达得很清楚。

压缩垫 8 和压紧螺杆 1 通过球面相结合，可相互转动和改变角度。抓子 7 可绕销轴 6 转动。最终靠抓子 7 和压缩垫 8 的推与拉进行工作的。

3. 深入分析工作原理和传动关系

分析时，应从机器或部件的传动入手。该拆卸器的运动应由把手开始分析，当顺时针转动把手时，一方面使压紧螺杆 1 通过压紧垫 8 顶着轴下移。另一方面由于螺纹的作用，使横梁 5 通过其两端的销轴 6 带着两个抓子 7 上升，被抓子 7 勾住的零件也一起上升，直至从轴上拆下。

4. 分析尺寸和技术要求

尺寸 82 是规格尺寸，表示此拆卸器能拆卸零件的最大外径不大于 82 mm。尺寸 200、112、ϕ54、135 及 90 是外形尺寸。尺寸 ϕ10H8/k7 是销轴 6 与横梁孔的配合尺寸，是基孔制，过渡配合。

5. 分析零件

横梁 5 是拆卸器的一个主要零件，应认真分析，对照主、俯视图可知，该零件结构左右对称，中间是一个螺孔，两端各有两个耳子。其他零件可用同样的方法，逐次分析清楚。

6. 分析装拆顺序

由图 8-18 中可分析出，整个拆卸器的装配顺序是：先将压紧螺杆 1 拧过横梁 5，把压紧垫 8 装进压紧螺杆 1 的球头上，然后在横梁 5 的两旁用销轴 6 穿上抓子 7，最后穿上把手 2，将把手 2 的穿入端用螺钉 3 将挡圈 4 拧紧，以防止把手从压紧螺杆 1 上脱落。

拆卸器的立体形状如图 8-18 右图所示，读者在看装配图过程中可以参阅。

例 2　识读柱塞泵装配图，如图 8-19 所示。

1. 概括了解

（1）阅读有关资料。从标题栏和有关的说明书了解柱塞泵的用途、性能及工作原理。

（2）从明细栏和图上零件的编号中，了解标准件和非标准件的名称、数量和所在位置。

柱塞泵主要由泵体、泵套、衬套、衬盖、运动件（轴、凸轮、柱塞等）、单向阀体及标准件组成。从明细栏可知，柱塞泵共由 22 种零件组成，其中标准件 5 种，非标准件 17 种。

2. 分析视图

柱塞泵装配图采用了 3 个基本视图、一个 "A 向" 视图和一个 "B—B" 剖视图。主视图主要表达柱塞泵的形状和 3 条装配干线，采用了局部剖视；俯视图主要表达柱塞泵的形状和一条主要装配干线，图中两处采用了局部剖视；左视图为了表达柱塞泵的形状和局部结构的内部形状，也采用了局部剖视；为了表达零件 7（泵体）后面的形状，采用了 "零件 7A 向" 局部视图。为了表达泵体右端的内部形状，采用了 "零件 7B—B" 剖视图。

弹簧 4 的预紧力由螺塞 15 调节。泵体 7 左端上、下各装了一个单向阀体 12，以保证油液单向进、出，互不干扰。对照主、俯视图和明细栏还可知油杯 5 和滚动轴承 8 都是标准件，油杯 5 是为了润滑凸轮，两滚动轴承 8 是为了支撑轴 10 和改善轴 10 的工作情况。从俯视图可知，泵体 7 左端和前端的衬盖 30 和泵套 6 用螺钉 18 固紧在泵体上。

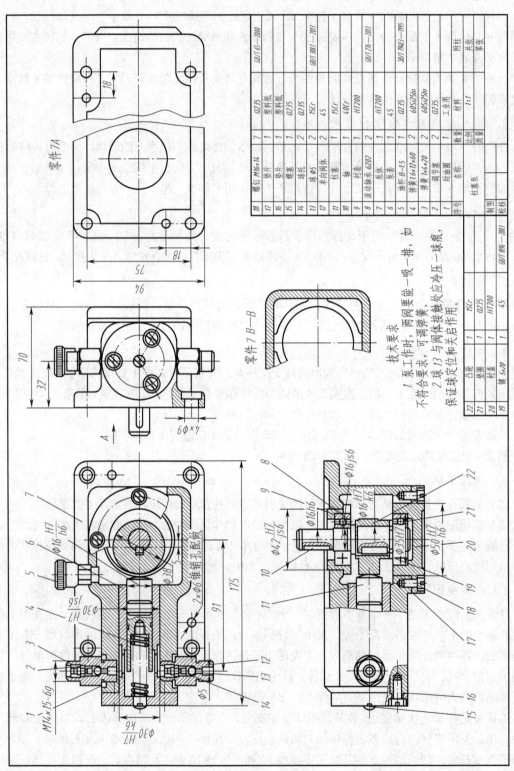

零件 7A

零件 7 B—B

技术要求

1. 泵工作时，两阀要能一吸一排，如不符合要求，可调弹簧。

2. 球 13 与阀体接触处应冷压一球痕，保证球定位和关启作用。

序号	名称	数量	材料	附注
18	螺钉 M6×14	7	Q235	GB/T 65—2000
17	垫片	1	塑料纸	
16	垫片	1	塑料纸	
15	球托	1	Q235	
14	球 φ5	2	15Cr	
13	单向阀体	2	15Cr	GB/T 308.1—2013
12	柱塞	1	45	
11	轴	1	40Cr	
10	套	1	HT200	
9	滚动轴承 6202	2		GB/T 276—2013
8	泵体	1	HT200	
7	泵盖	1	45	
6	油杯 B—15	1	Q235	JB/T 7940.3—1995
5	弹簧 16×12×60	1	60Si2Mn	
4	弹簧 1×4×20	2	60Si2Mn	
3	调节塞	2	Q235	
2	封油圈	2	工业用革	
序号	名称	数量	材料	附注
	柱塞泵		比例 1:1	共张
			质量	第张
制图				
校核			GB/T 10609—2003	
22	凸轮	1	15Cr	
21	堵圈	1	Q235	
20	衬套	1	HT200	
19	键 5×20	1	45	

图 8-19　柱塞泵装配图

3. 深入分析工作原理和传动关系

柱塞泵的工作原理从主、俯视图的投影关系可知，动力由轴 10 输入，轴 10 通过键 19 带动凸轮 22 一起转动，凸轮 22 顶在柱塞 11 右端上，而柱塞 11 左端作用着弹簧 4 的弹力，这样柱塞 11 便在凸轮 22 和弹簧 4 的共同作用下，在泵套 6 内做直线往复运动，当弹簧 4 顶着柱塞 11 右移时，油腔体积增大，下端的单向阀体 12 打开（上端的关闭），将油吸入腔内；当凸轮 22 顶着柱塞 11 左移时，油腔体积减少，上端单向阀体 12 打开（下端的关闭），将油液注出，轴 10 不断地转动，在出口便得到源源不断的油液。

4. 分析尺寸和技术要求

由尺寸 $\phi30\ H7/js6$ 可知，泵套 6 和泵体 7 是过渡配合，因而泵套 6 在泵体 7 内是无相对运动的。由尺寸 $\phi18H7/h6$ 可知，柱塞 11 和泵套 6 是间隙配合，衬盖 11 可在泵套 6 内运动。尺寸 $\phi30H7/K6$ 表明泵套 6 与泵体 7 左部分是基孔制，过渡配合。尺寸 $\phi50H7/h6$ 表明，衬盖 20 与泵体 7 是基孔制，间隙配合。尺寸 $\phi16H7/k6$ 表明轴 10 与凸轮 22 是基孔制，过渡配合。尺寸 $\phi42H7/js6$ 表明衬套 9 与泵体 7 是基孔制，过渡配合。尺寸 $\phi35H7$ 表明衬盖 20 与轴承外径相配的孔是基本尺寸为 35、公差等级为 7 级的基准孔。尺寸 $\phi16js6$ 表明轴 10 是与轴承内径相配的轴，其基本尺寸为 16、公差等级为 6 级、基本偏差为 js 的基孔制，过渡配合。

5. 分析零件

泵体 7 是柱塞泵的一个主要零件，应认真分析三视图和 "A 向" 视图、"B—B" 剖视图，并运用零件结构对称的特点想出泵体前端盖处的结构。从俯、左视图和 "A 向" 视图可知，泵体上有 4 个螺栓孔和两个定位销孔用于安装。泵体内部为空腔结构，以便容纳轴、凸轮、柱塞等运动件。前、后两面及左端部有孔，以便安装衬套 9、衬盖 20、泵套 6 等零件。其他零件可用同样的方法，逐次分析清楚。

6. 分析装拆顺序

如柱塞泵凸轮轴的装配顺序应为：凸轮轴→键→凸轮→两端轴承→衬套→衬盖；然后再一起由前向后装入泵体；最后装上 4 个螺钉。其他几项装配由读者自行分析。

上述看装配图的方法和步骤仅是一个概括说明，实际上看装配图的几个步骤往往是交替进行的。只有通过不断实践，才能掌握看图的规律，提高看图的能力。

三、读汽车部件装配图

活塞连杆总成如图 8-20 所示，下面通过读图来说明对汽车装配图的识读方法。

1. 概括了解

由标题栏可知，该部件为活塞连杆总成，件数为 6，其作用是利用它推动曲轴旋转。

从明细表和图上的零件序号可知，该部件共由 14 种零件（2 种标准件、12 种非标准件）组成。同时也观察到了各零件的相对位置。

2. 分析视图

从装配图可以看出，表达方案采用了主视图和左视图两个基本视图，主视图上采用了局部剖，用来表达活塞内部的结构形状以及活塞 1、活塞销 6、连杆衬套 7 和连杆 8 的相对位置和装配关系，左视图表达了活塞连杆总成的外形。

3. 深入分析工作原理和传动关系

通过读说明书和对装配图的分析可知：活塞 1 是装在汽缸内的，缸内燃气爆破时产生的高压力作用在活塞 1 上端，而连杆 8 下端的孔 ϕ65.5 是安装曲轴的，活塞 1 在气压与曲轴上下两个力的配合作用下，做直线往复运动，通过连杆 8 来推动曲轴做旋转运动，运动中连杆 8 还要绕活塞销 6 左右摆动。

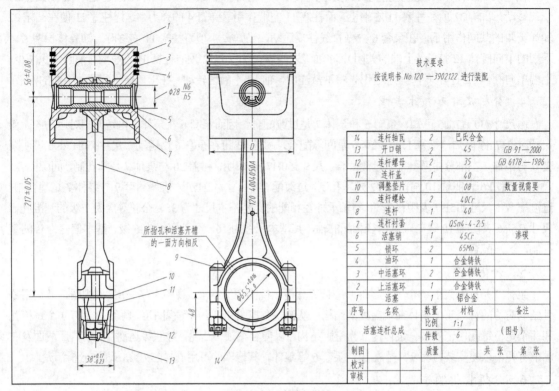

14	连杆轴瓦	2	巴氏合金	
13	开口销	2	45	GB 91—2000
12	连杆螺母	2	35	GB 6178—1986
11	连杆盖	1	40	
10	调整垫片		08	数量视需要
9	连杆螺栓	2	40Cr	
8	连杆	1	40	
7	连杆衬套	1	QSn4-4-2.5	
6	活塞销	1	45Cr	渗碳
5	锁环	2	65Mn	
4	油环	1	合金铸铁	
3	中活塞环	2	合金铸铁	
2	上活塞环	1	合金铸铁	
1	活塞	1	铝合金	
序号	名称	数量	材料	备注

活塞连杆总成	比例	1:1	(图号)
	件数	6	
制图		质量	共 张　第 张
校对			
审核			

图 8-20　活塞连杆总成

4. 分析尺寸和技术要求

由尺寸 ϕ28N6/h5 可知，活塞销 6 与其孔的配合为基轴制的过渡配合，且配合要求较高，拆卸时应特别注意保护孔的表面。$38_{-0.23}^{+0.17}$、217 ± 0.05、65 ± 0.08 为重要尺寸。技术要求提出"按说明书 No.120—3902122 进行装配"，因此装配前必须查阅说明书，并按说明书的技术要求进行装配。

5. 分析零件

由主视图可以看出，活塞销 6 两端与活塞销孔相配合；连杆衬套 7 内圆柱面与活塞销 6 中部外圆柱面相配合，连杆衬套 7 外圆柱面与连杆 8 小头孔相配合。连杆盖 11 用连杆螺栓 9 连接，内孔中装有连杆轴瓦 14，上活塞环 2、中活塞环 3 装在活塞 1 上部的环槽内，为了防止活塞销 6 左右轴向移动，在活塞销孔的两端装有锁环 5，为了防止连杆螺母 12 的松动，采用了开口销 13 锁定。

6. 分析装拆顺序

该部件的拆卸顺序是：先拆卸开口销 13、连杆螺母 12、连杆螺栓 9 和连杆轴瓦 14，后用尖嘴钳夹出锁环 5，从活塞内打出活塞销，从连杆中打出铜套。

通过以上分析，了解了各零件的作用、装配关系以及该部件的工作原理，对部件中的标准件以及一些结构较简单的非标准件，能比较容易地从图上识别出来，对于较复杂的活塞、连杆，对照主视图和左视图，就能想象出它们的形状。

最后综合归纳，想象整体。由各零件的形状，以及各零件间的装配关系，综合想象出活塞连杆总成的整体形状。

四、读汽车设备装配图

发动机翻转架是拆装发动机常用的设备之一，其照片和装配图如图 8-21 和图 8-22 所示。

图 8-21　发动机翻转架照片

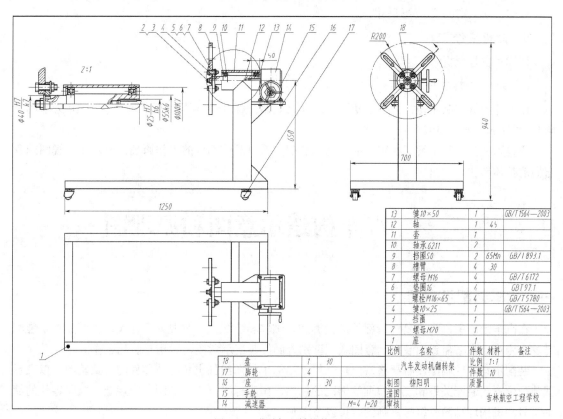

图 8-22　发动机翻转架装配图

1. 概括了解

由标题栏可知，该部件为汽车发动机翻转架，其作用是支撑发动机，以便于发动机的拆装、翻转和移动。

从明细表和图上的零件序号可知，该部件共由 18 种零件组成，其中包括 6 种标准件、12 种非标准件。同时也了解了各零件的相对位置。

2. 分析视图

从装配图可以看出，表达方案采用了 3 个基本视图和一个局部放大图。主视图在上端沿轴线部分采用了局部剖，以展示轴与套、轴与减速器的装配关系，并且剖切面通过了槽臂以展示槽臂的内部结构。

3. 深入分析工作原理和传动关系

利用 4 个螺栓 5 将发动机固定在 4 个槽臂 8 上。槽臂 8 通过螺栓 5 安装在盘 18 上，盘 18 通过键 4 及螺母 2 安装在轴上，摇动手柄时，力矩通过减速器 14 的输出轴带动轴 12 和槽臂 8 转动，发动机随之翻转。手柄停在某一位置时，发动机依靠减速器 14 的自锁锁在某一方便拆装的位置上。另外，底部有 4 个脚轮 17，可使整体移动。

4. 分析尺寸和技术要求

由尺寸 $\phi25H7/h6$ 可知，减速器 14 输出轴与轴 12 的内孔为基孔制的间隙配合，$\phi40H7/h6$ 轴 12 与盘 18 为基孔制的过渡配合，$\phi55k6$ 和 $\phi100K7$ 分别为轴 12、套 11 与轴承 10 的过渡配合尺寸。1250、940、700 为外形尺寸。

5. 分析零件

请读者自行分析。

6. 分析装拆顺序

该部件的拆卸顺序是：先拆下槽臂 8、盘 18、减速器 14，再用尖嘴钳夹出轴承 10 外端的挡圈 9，最后卸下轴承 10。

通过以上分析，了解了各零件的作用、装配关系以及该部件的工作原理，要对照三视图想象它们的整体形状。

第7节　汽车构造示意图和原理图

一、汽车装配示意图

在汽车维修中，经常要对新部件进行拆卸、维修和装配，有时要处理几天，为避免重新装配时发生困难，常常需要画装配示意图或识读别人画的装配示意图，以指导装配工作。

装配示意图的画法没有严格规定。一般是用简单的图线画出装配体零件的大致轮廓，以表示其装配位置、装配关系和工作原理等情况的简略。国家标准《机械制图》中规定了一些零件的简单符号和机构运动简图符号，画图时可以参考使用。

　　画装配示意图应在对装配体全面了解、分析之后画出，并在拆卸过程中进一步了解装配体内部结构和各零件之间的关系，各零件的表达也可以不受前后层次的限制，将所有零件集中在一两个视图上。画图时应首先从主要零件入手，然后逐步添画其他零件。图形画好后，应将所有零件编上序号画出表格，如图 8-23 所示，或直接写出名称如图 8-24 所示。

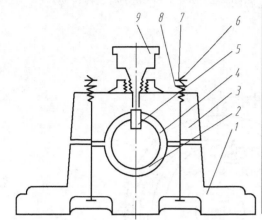

序号	名称	数量	材料
1	轴承座	1	HT12-28
2	下轴瓦	1	青铜
3	轴承盖	1	HT12-28
4	上轴瓦	1	青铜
5	轴衬固定套	1	A3
6	螺栓 M12×120 GB/T5782-2000	2	A3
7	螺母 M12 GB/T6170-2000	2	A3
8	螺母 M12 GB/T6170-2000	2	A3
9	油杯12 JB 275-79	1	

图 8-23　滑动轴承装配示意图

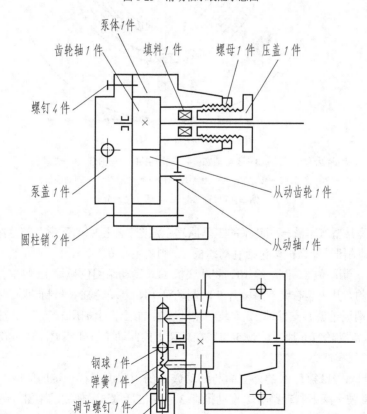

图 8-24　齿轮油泵装配示意图

二、汽车原理示意图

原理示意图侧重于表达部件的工作原理，略去内部结构细节。原理示意图在汽车教材中常常用来说明部件或系统工作原理及构成情况。常分为两种情况，一种是采用多线但以简图的形式表示，如图 8-25 所示，另一种是仅用单线表示，如图 8-26 所示，下面分别进行说明。

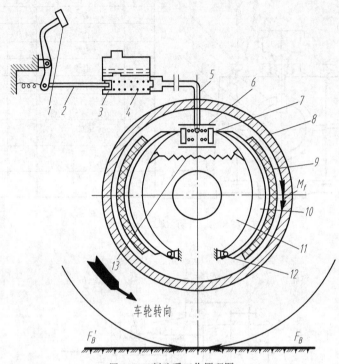

图 8-25　制动系工作原理图

1—制动踏板；2—推杆；3—主缸活塞；4—制动主缸；5—油管；6—制动轮缸；
7—轮缸活塞；8—制动鼓；9—摩擦片；10—制动蹄；11—制动底板；
12—偏心支撑销；13—制动蹄回位弹簧

图 8-25 所示为某型汽车液压制动系的工作原理示意图。液压制动系由两部分组成，液压操纵机构和鼓式车轮制动器。操纵机构包括制动踏板 1、制动主缸 6、推杆 2、油管 5 等部件，制动器主要由制动轮缸 6、制动鼓 8、制动蹄 10、制动底板 11、制动蹄回位弹簧 13 等部件组成。制动底板 11 是固定不动的，其上装有铆有摩擦片 9 的制动蹄 10、制动轮缸 6 和制动蹄回位弹簧 13 等部件。制动蹄 10 下端通过偏心支撑销 12 安装在制动底板 11 上，上端用制动蹄回位弹簧 13 拉紧靠在轮缸活塞 7 上。制动轮缸 6 通过油管 5 与装在车架上的制动主缸 4 相通。制动鼓 8 与制动蹄 10 摩擦片间隙的调整依靠偏心支撑销 12。

不制动时，制动蹄摩擦片 9 的外圆面与制动鼓 8 的内圆面保持一定的间隙，使车轮能自由旋转。制动时，驾驶员踩下制动踏板 1 推动推杆 2 和主缸活塞 3，使制动主缸 4 内的油液产生一定压力后进入制动轮缸 6，推动轮缸活塞 7 使两制动蹄 10 的上端张开，消除与制动鼓 8 的间隙后紧压在制动鼓 8 的内圆面上。这样，固定制动蹄 10 摩擦旋转制动鼓 8，并产生一个与车轮旋转方向相反的摩擦阻力矩 M_f。由于这个摩擦力矩的作用，使车轮对路面产生一个切向作用力 F_B，根据作用力与反作用力的原理，路面同时会对车轮作用一个反作用力，即制动力 F_B'。制动力迫使汽车迅速减速甚至停车。放松制动踏板 1 后，在制动蹄回位弹簧 13 的作用下，制动蹄 10 与制动鼓 8 的间隙又恢复，因而解除了制动。

图 8-26 所示为解放 CA1091 汽车驱动后桥的双级主减速器原理示意图。传动原理如下：发动的转矩从主动锥齿轮轴 9 传入，通过一级主动锥齿轮 11 带动一级从动锥齿轮 16 转动，由于小齿轮带动大齿轮则实现了一级减速；因件中间轴 14、一级从动齿轮 16、二级主动齿轮 5 制成一体，所以一级从动齿轮 16 和二级主动齿轮 5 同速转动，二级主动齿轮 5 啮合着二级从动齿轮 1 转动，由于又是小齿轮啮合大齿轮则实现了二级减速；因二级从动齿轮 1 和差速器壳 2 通过螺栓连成一体，所以二者同速转动并带动其内部的行星齿轮 3、19 一起转动，最终啮合着半轴齿轮 18、20 通过半轴 17 输出转矩。

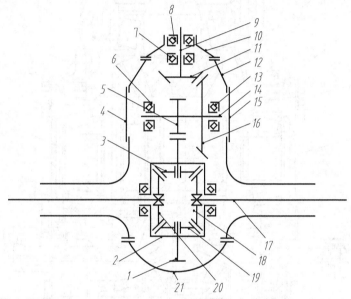

图 8-26　解放 CA1091 后桥原理示意图

1—二级从动齿轮；2—差速器壳；3、19—行星齿轮；4、15—轴承盖；

5—二级主动齿轮；6、7、8、13—轴承；9—主动锥齿轮轴；

10—轴承盖；11—一级主动锥齿轮；12—主减速器壳；

14—中间轴；16—一级从动齿轮；17—半轴；

18、20—半轴齿轮；21—后盖

三、汽车构造原理图

汽车构造等教材中，仅为说明部件构造和工作原理的装配图往往省略了标题栏和技术要求，甚至简化了结构，主要用来表达其构造、装配关系和工作原理。图 8-27 所示为解放 CA1091 后桥装配图，从图可知，一级主动锥齿轮轴 9 和一级主动锥齿轮 11 制成一体，通过两个圆锥滚子轴承装在轴承座 10 上，轴承座 10 通过螺栓装在主减速器壳 12 上，二级主动齿轮 5、中间轴 14、一级从动锥齿轮 16 连成一体，通过两个圆锥滚子轴承装在轴承盖 4、15 上，轴承盖 4、15 通过螺栓装在主减速器壳 12 上，二级从动齿轮 1 通过螺栓装在差速器壳 2 上，差速器壳 2 内有两个行星齿轮和两个半轴齿轮；调整垫片 6、7、8、13，用来调整装配间隙及齿轮间的啮合间隙。其传动关系如图 8-26 原理示意图所示（注意：图 8-26 与图 8-27 编号相同为同一个件的有 1、2、4、5、9、10、11、12、14、15、16）。

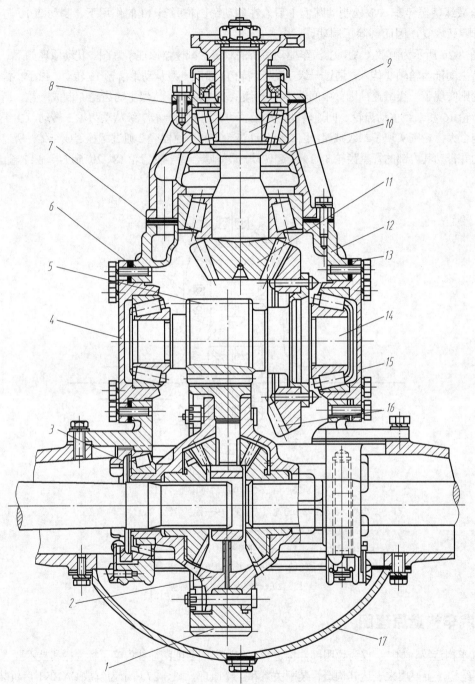

图 8-27　解放 CA1091 后桥装配图

1—二级从动齿轮；2—差速器壳；3—调整螺母；4、15—轴承盖；

5—二级主动齿轮；6、7、8、13—调整垫片；9—一级主动锥齿轮轴；

10—轴承座；11—一级主动锥齿轮；12—主减速器壳；

14—中间轴；16—一级从动锥齿轮；17—后盖

本　章　小　结

本章主要讲了装配图的相关知识，要点如下。

一、装配图的作用和内容

装配图是表达机器或部件的图样，常用来表达部件或机器的组成、装配关系、位置关系、连接关系和工作原理，以及安装、调试、检验时所需的尺寸数据和技术要求。因此，装配图一般应具有以下内容：一组表达机器或部件的图形；必要的尺寸；技术要求；标题栏、编号和明细栏等。

二、装配体的表达方法

1．规定画法：相邻件接触表面和配合面只画一条线，不接触表面和非配合表面画两条线；相邻件剖面线应相反或不同间距；剖切紧固件、手柄、连杆钩子等实心件过其轴线或对称面时按不剖绘制；被遮挡的轮廓一般不需要画出。

2．特殊画法：拆卸画法、沿结合面的剖切画法、假想画法、展开画法、夸大画法、简化画法。

三、装配图上的尺寸标注和技术要求

装配图中不需标出零件的全部尺寸，一般只标注下面几类尺寸：性能(规格)尺寸、装配尺寸、安装尺寸、外形尺寸、其他重要尺寸。

四、装配图中零部件的序号和明细栏

装配图中必须编写序号，并要按零件序号的顺序填写明细栏，使图和表对应、方便看图。

五、装配结构简介

1．在用轴肩或孔肩定位滚动轴承时，应考虑到维修时拆卸是否方便及是否可行。

2．当零件用螺纹紧固件连接时，应考虑到拆装方便。

3．两个零件在同一个方向上，只能有一个接触面或配合面，应避免有两个面同时接触。

4．轴肩与孔的端面接触时要有倒角或越程槽。

六、识读装配图

识读装配图是本章的重点，其目的是搞清机器或部件的性能、装配关系和各零件的主要结构、作用以及拆装顺序等。

识读装配图的方法和步骤为：概括了解；分析视图、分析工作原理和传动关系；分析尺寸和技术要求；分析零件间的装配关系。

七、汽车构造示意图和原理图

汽车构造示意图分为装配示意图和原理示意图，它们的侧重点不同。构造原理图是用于部件的分析和讲解，略去尺寸标注、技术要求和标题栏，而且有时对一些结构进行了必要的省略和简化。

第 9 章

展开图与焊接图

将零件的各表面按其实际形状和大小依次摊平在一个平面上，所得的图形称为零件的表面展开图。当立体表面能全部平整地摊平在一个表面上，如圆柱、棱柱、圆锥、棱锥等，其表面为可展表面。凡立体表面不能全部平整地摊平在一个表面上，如球面、圆环面、圆柱螺旋面等，其表面为不可展平面，对不可展平面可进行近似展开。

焊接是常见的不可拆卸的连接，在工业生产中应用广泛，焊接图是焊接加工时所用的图样。焊接图除包括其他加工所需的全部内容外，还应包括与焊接有关的内容。在汽车生产中常会遇到一些薄板零件，在制造这类零件时，一般应先画出各个部分的展开图，经过落料、成型后用焊接或铆接等工艺制成零件。本章将对展开图和焊接图进行简单的介绍。

知识目标

◎ 掌握一般位置直线求实长的方法。
◎ 学会零件展开时的一般作图方法。
◎ 了解焊接图中焊缝的表达方法和标注方法。

技能目标

◎ 能用旋转法和三角形法求线段的实长。
◎ 会画简单零件的展开图。
◎ 能看懂焊接图及焊缝的标注代号。

第1节　展开图

一、求一般位置直线的实长

画展开图时通常要先求出线段的实长或实形，然后再画出展开图，常用的方法有旋转法和三角形法等。

1. 用旋转法求一般位置直线的实长

用旋转法求实长，是根据投影面平行线在它所平行的投影面的投影为实长的特点，把空间任意位置的直线段绕固定旋转轴旋转成某一投影面的平行线，从而求出该直线段的实长。如图 9-1（a）所示，AB 为一般位置直线，过端点 A 取垂直于 H 面的直线 OO_1 为轴，将 AB 旋转成正平线 AB_1，其正面投影 $a'b_1'$ 为实长。

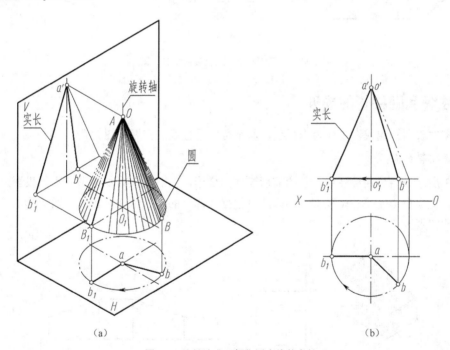

（a）　　　　　　　　　　　（b）

图 9-1　旋转法求一般位置直线的实长

作图步骤如下：

（1）以 a 为圆心，将 ab 旋转到与 OX 平行的位置 ab_1。

（2）过 b' 作 OX 的平行线 $b'b_1'$ 与过 b_1 作 OX 轴的垂线 b_1b_1' 相交于 b_1'。

（3）连接 $a'b_1'$ 即为直线 AB 的实长。

2. 用三角形法求一般位置直线的实长

如图 9-2（a）所示的直观图中，在一般位置直线 AB 及水平投影 ab 所决定的铅垂平面 $ABba$ 内，作 $AC/\!/ab$，则 △ABC 为一个直角三角形，直角三角形的一直角边 $AC=ab$。另一直角边 BC 等

于 A、B 两点的 Z 轴坐标差，因此，用直线 AB 的水平投影 ab 和 A、B 两点 Z 轴坐标差 BC（$b'c'$）为两直角边，画出直角三角形 ACB 的全等三角形，即可求出直线 AB 的实长。

作图步骤如下：

（1）以线段水平投影、正面投影或侧面投影的长度为一直角边。

（2）以线段另一投影两端点的坐标差为另一直角边，如图 9-2（b）所示为 Z 坐标，图 9-2（c）所示为 Y 坐标差。

（3）所求直角三角形的斜边，即为线段实长。

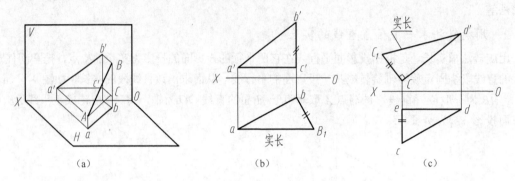

图 9-2　三角形法求一般位置直线的实长

二、棱柱管和圆柱管的展开

柱类零件表面棱线或素线均为平行线，通常可用平行线法作展开图。

1. 棱柱管的展开

图 9-3 所示为斜截四棱柱管，它的前后表面为梯形，左右表面为长方形，水平投影反映各底边的实长，正面投影反映各棱线实长，因此可根据各部分的实长依次画出 4 个四边形的实形并依次展开，即得展开图。

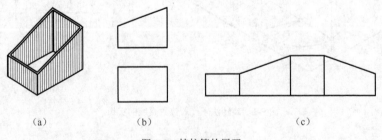

图 9-3　棱柱管的展开

2. 斜口圆柱管的展开图

图 9-4 所示斜口圆柱管，其表面素线相互平行且垂直水平面，各素线的正面投影反映实长，水平投影积聚成圆形。

作图步骤如下：

（1）将圆柱面底圆分成 12 等份，过各分点画出主视图上相应素线 $0'0'_1$，$1'1'_1$，$2'2'_1$，$3'3'_1$⋯；

（2）将底圆展成一直线，量取 0Ⅰ=01，ⅠⅡ=12，ⅡⅢ=23，⋯，共 12 段等长线段，过 0，Ⅰ，

Ⅱ，Ⅲ…作直线的垂线，并量取相应素线长。

（3）将各端点光滑连线，即得斜口圆柱管的展开图。

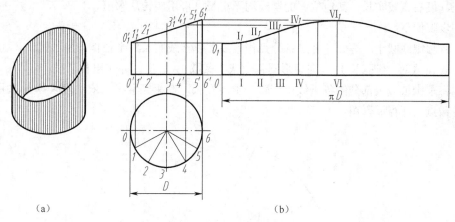

（a） （b）

图 9-4 斜口圆柱管的展开图

三、棱锥管和圆锥管的展开

1. 棱锥管的展开

图 9-5 所示的平口正四棱台管的表面是 4 个等腰梯形，它们在各投影面上的投影均不反映实形，要得到其展开图，需要求出 4 个正梯形的实形，依次展开即可。

作图步骤如下：

（1）延长各棱线，求出锥顶点 S 的水平投影和正面投影，用旋转法求出侧棱 SI 和 SA 的实长 $s'1_1'$，$s'a_1'$，如图 9-5（b）所示。

（2）以 $s'1_1'$，$s'a_1'$ 为半径画弧以棱台底边 12、23、34、41 为弦在圆弧上依次截取 4 次；将各截点与顶点相连，并过 A 作底边的平行线，即得展开图，如图 9-5（c）所示。

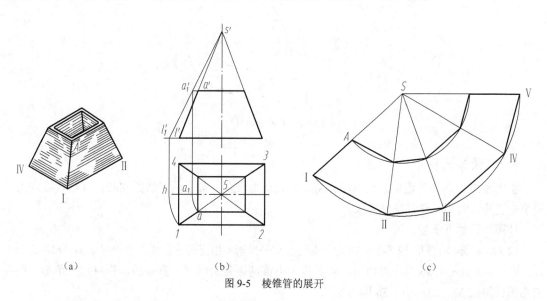

（a） （b） （c）

图 9-5 棱锥管的展开

2. 圆锥管的展开

如图 9-6 所示，从斜截圆锥管的视图看出：锥管轴线是铅垂线，其正面投影的轮廓线是圆锥管的最左、最右素线实长。其他位置的素线均无实长，可用旋转法求出。

作图步骤如下：

（1）将圆锥底圆十二等分，并过各分点作素线，以素线实长为半径作扇形圆弧。

（2）取底圆上一份弦长 12，在扇形圆弧上依次截取 12 等份，并作出各素线。

（3）将圆锥被截去部分的各素线用旋转法求出实长，在相应素线上依次截取各点，用曲线光滑连接各截点，即得展开图。

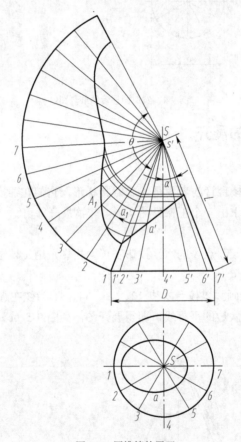

图 9-6　圆锥管的展开

3. 斜圆锥的展开

由图 9-7 知斜圆锥面前、后对称，S_1、S_7 分别为最左、最右两素线的实长，其他素线均为一般位置直线，可用三角形法求实长。

作图步骤如下所述。

（1）求实长。将圆周 12 等分，将各分点与 S 水平投影 s 相连得各素线的水平投影 $s1$，$s2$，$s3$，…，$s7$，以 $s2$，$s3$，…，$s6$ 为一直角边；正面投影中锥高为各素线另一直角边，作直角三角形，则各三角形的斜边 $S2$，$S3$，…，$S6$ 即为实长。

（2）画展开图。以 S 为圆心各素线实长 S_1，S_2，S_3 … S_7 为半径画同心圆弧；在以 S_7 为半径的圆弧上取一点 7 为圆心，以等分圆弧长为半径画圆弧，该圆弧与以 S_6 为半径的圆弧交于点 6；再以 6 为圆心，以等分圆弧长为半径画圆弧，该圆弧与以 S_5 为半径的圆弧交于点 5；依次类推得点 4，3，2，1，连接 $S7$ 并将各交点平滑连接，则直线与曲线所围成的图形即为斜圆锥的展开图。

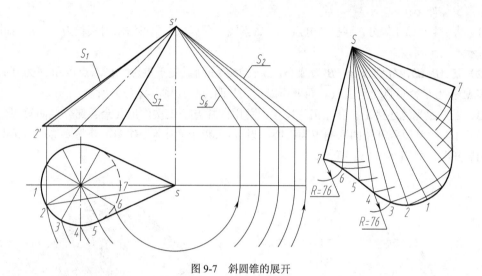

图 9-7 斜圆锥的展开

四、管接头的展开

1. 直角弯头的展开

图 9-8 所示是一个两节直径相等的直角弯头，它相当于两斜口圆柱的组合，其展开图的展开方法实际上是两个斜口圆筒的展开，作图方法相同。

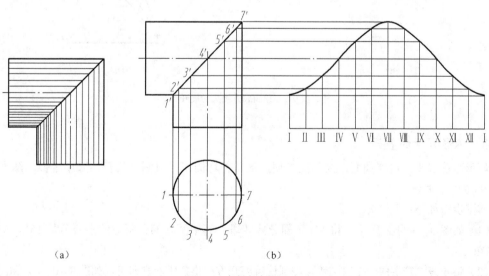

（a） （b）

图 9-8 直角弯头的展开

2. 作顶圆底方接头的展开

图 9-9（a）所示的顶圆底方接头由 4 个 1/4 圆锥面和 4 个全等的等腰三角形组成，分析投影图可知顶面圆和底面的水平投影是实形，正面投影的最左、最右两条线是左右三角形高度的实长，三角形两腰及锥面素线均无实长，需求实长后依次展开得到实形。

作图步骤如下：

（1）将 1/4 圆弧 3 等分，连接各分点和锥底素线，用直角三角形法求得实长为 M、L，如图 9-9（b）所示。

（2）取 AB=ab，分别以 A、B 为圆心，L 长为半径画弧交于点Ⅳ，再以点Ⅳ和 A 为圆心、34 弦长和 M 长为半径画弧交于Ⅲ点。同理作出Ⅰ、Ⅱ两点，如图 9-9（c）所示。

（3）用弧线光滑连接Ⅰ、Ⅱ、Ⅲ、Ⅳ点，并用同样方法依次作出其余各部分，两端三角形是以相邻的 1/4 圆锥面展开图的两端点为圆心、以 ab/2 和 1'a' 为半径作图，获得实形即得顶圆底方接头的展开图，如图 9-9（c）所示。

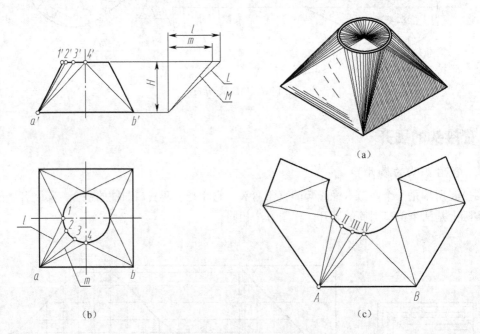

图 9-9　顶圆底方接头的展开

3. 环形弯管的展开

环形弯管属于不可展曲面，为作图方便，通常将环面用几段圆柱代替，采用近似画法展开，如图 9-10（a）所示。

作图步骤如下：

（1）如图 9-10（b）所示，将 1/4 环面分成 4 段，其中两端部分所对的中心角是 15°，中部两段为 30°。

（2）将 4 段柱管拼成一个直圆管，按圆柱管展开方法将各段展开即可，如图 9-10（c）和图 9-10（d）所示。

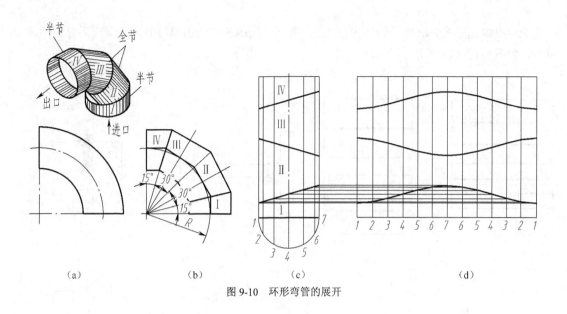

(a)　　　　　　(b)　　　　　　(c)　　　　　　(d)

图 9-10　环形弯管的展开

第2节　焊　接　图

工件焊接时，常见的接头有对接接头、搭接接头、梯形接头、角接接头等，如图 9-11 所示。由焊接形成的接缝叫焊缝。本节主要介绍焊缝的表达方法及标注方法。

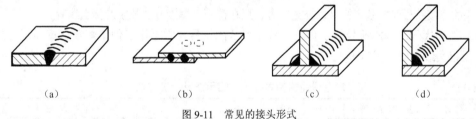

(a)　　　　　　(b)　　　　　　(c)　　　　　　(d)

图 9-11　常见的接头形式

一、焊缝的表达方法

在技术图样中，焊缝可用图示法和标注法表示。但为了使图样清晰并减轻工作量，焊缝一般并不按图示法画出，而是按国标 GB/T 324—2008 或 GB/T 12212—2012 中符号进行标注以表明它的特征。

1. 焊缝的图示法

在焊接图样中，在需要简易地绘制焊缝时，可用视图、剖视图或断面图表示。在图样中，焊缝可用一系列细实线段表示（允许徒手绘制），如图 9-12（a）所示；也允许用粗实线（宽度为可见轮廓线 2~3 倍）表示焊缝，如图 9-12（b）所示。但同一图样上，只允许采用一种画法。在焊缝的端面视图中用粗实线画焊缝的轮廓，用细实线画出焊接前的坡口形状，如图 9-13（c）所示。必要时也可将焊缝部位放大表示，并标注有关尺寸，如图 9-12（d）所示。在剖视图或断面图上一般应画出焊缝形式并涂黑，如图 9-12（e）所示。用图示法绘出焊缝时，通常应同时标注焊缝符号，如图 9-12（f）所示。

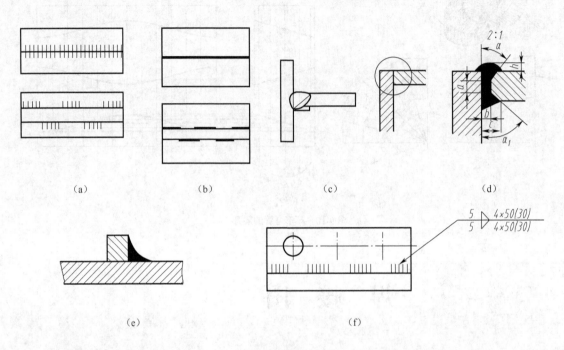

图 9-12　焊缝的图示法

2. 焊缝的代号

完整的焊接符号包括基本符号、补充符号、尺寸符号、焊接方法数字及指引线等。

（1）基本代号。基本符号表示焊缝横截面形状的符号，它采用近似于焊缝横截面形状的符号表示，用粗实线绘制，见表 9-1。

表 9-1　　　　　　　　常见焊缝的基本符号、图示法及标注方法

焊缝名称	基本符号	图 示 法		标 注 方 法	
角焊缝	△				
I 形焊缝	‖				

续表

焊缝名称	基本符号	图 示 法		标 注 方 法	
V 形焊缝	V				
Y 形焊缝	Y				
点焊缝	○				

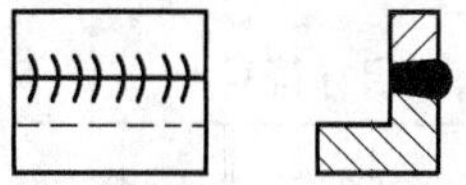

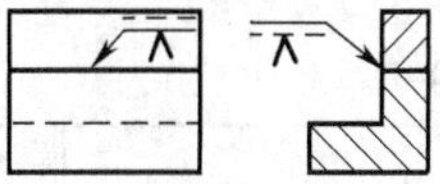

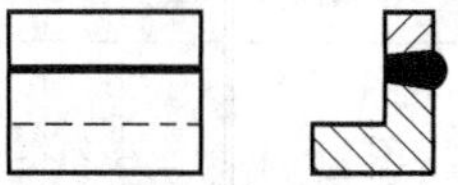

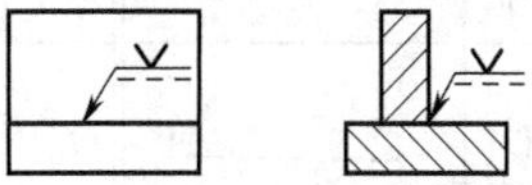

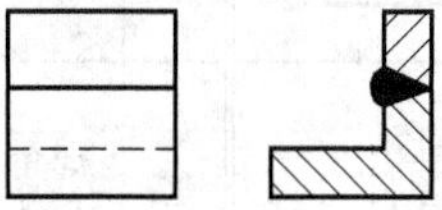

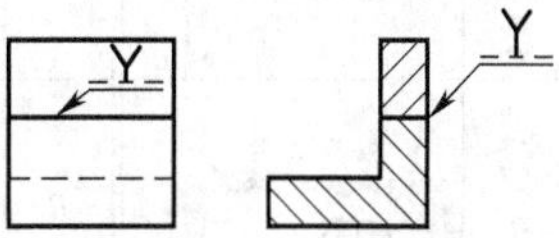

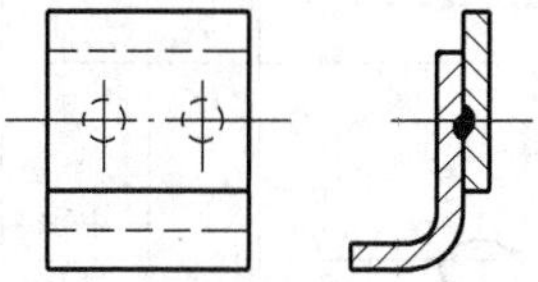

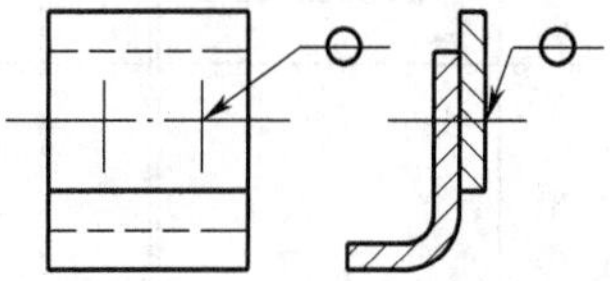

（2）补充符号。它用于补充说明焊缝某些特征的符号，见表 9-2。

表 9-2　　　　　　　　　　辅助符号及标注

名　称	符　号	示 意 图	标 注 示 例	说　明
平面	—		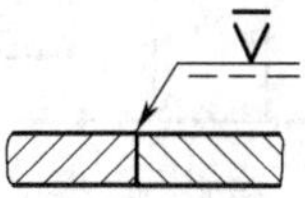	平面 V 形对接焊缝
凸面	 ⌒		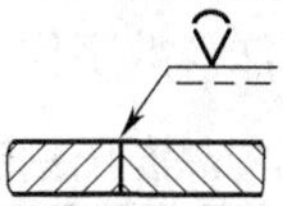	凸面 V 形对接焊缝
凹面	 ⌣	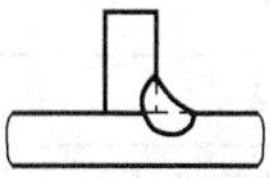	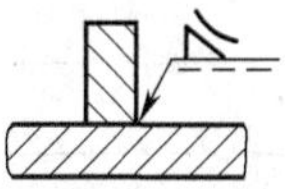	凹面角焊缝
三面焊缝	⊏	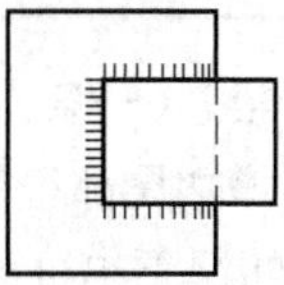	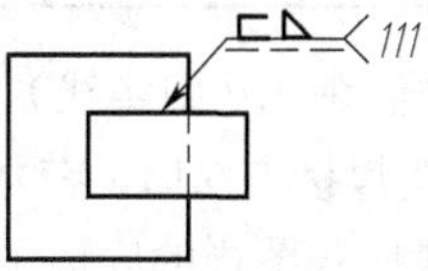	工件三面带有焊缝
周围焊缝	○	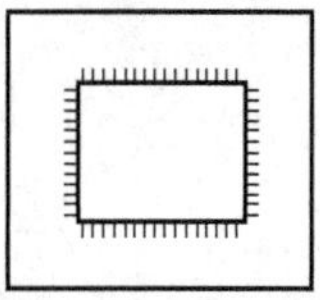	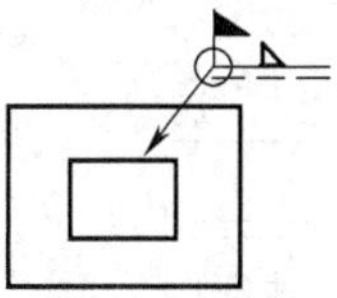	表示在现场沿工件周围施焊
现场焊缝	 ◤	—	见上图	表示在现场或工地上进行焊接
尾部	 ＜	—	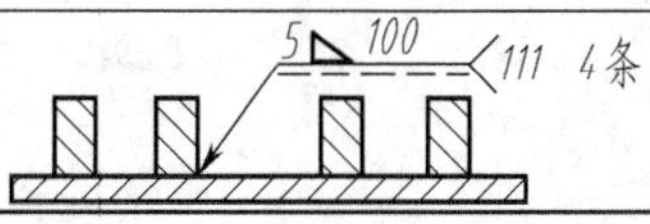	焊接方法为手工电弧焊

（3）尺寸符号。焊缝尺寸符号表明焊缝截面、长度、数量以及坡口等有关尺寸的符号，是用字母代表焊缝的尺寸要求。焊缝尺寸符号的含义见表 9-3。

表 9-3　　　　　　　　　　　　　　　　　尺寸符号

符号	名称	示 意 图	符号	名称	示 意 图	符号	名称	示 意 图	符号	名称	示 意 图
δ	工件厚度		c	焊缝宽度		e	焊缝间距		l	焊缝长度	
α	坡口角度		R	根部半径		K	焊角尺寸		n	焊缝段数	
b	根部间隙		s	焊缝有效厚度		d	点焊：熔核直径 塞焊：孔径		β	坡口面角度	
P	钝边		h	余高		N	相同焊缝数量		H	坡口深度	

（4）焊接方法数字代号。焊接方法可用文字注写在技术要求中，也可用数字代号直接注写在指引线的尾部，常用的焊接方法及数字代号见表 9-4。

表 9-4　　　　　　　　常用的焊接方法代号（摘自 GB/T 5185—2005）

111	手弧焊	21	点焊	311	氧-乙炔焊
131	MIG 焊、溶化惰性气体保护焊	22	缝焊	312	氧-丙烷焊
135	MAG 焊、溶化极非惰性气体保护焊	221	搭接焊缝	751	激光焊

（5）指引线。指引线由箭头线（细实线）及两条基准线（一条为细实线，一条为虚线）组成，如图 9-13 所示。当需要说明焊接方法时，在基准线末端增加尾部符号，基准线的虚线可画在基准线实线的上侧或下侧，一般应与图样的底边平行，特殊情况下也可与底边垂直。

图 9-13　指引线

二、焊缝的标注方法

1. 箭头线相对焊缝的位置

箭头线相对焊缝的位置一般无特殊要求，可画在焊缝的正面或背面，如图 9-14 所示，但在标注 Y、V、J 形焊缝时，箭头应指向工件上焊缝带有坡口一侧，必要时，允许箭头线弯折一次。箭头线与焊缝接头的相对位置术语，接头的箭头侧及接头的非箭头侧如图 9-15 所示。

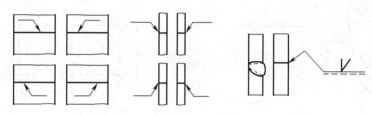

图 9-14　箭头线相对焊缝的位置

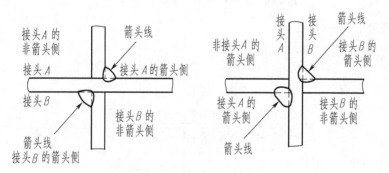

图 9-15　箭头线与焊缝接头的相对位置

2. 基本符号相对基准线的位置

国家标准对标注时，基本符号相对基准线的位置做了如下严格规定。

（1）如果焊缝在接头的箭头侧，须将基本符号标注在基准线的实线侧，如图 9-16（a）所示。

（2）如果焊缝在接头的非箭头侧，须将基本符号标注在基准线的虚线侧，如图 9-16（b）所示。

（3）标注对称焊缝及双面焊缝时，可免去基准线中的虚线，如图 9-16（c）所示。

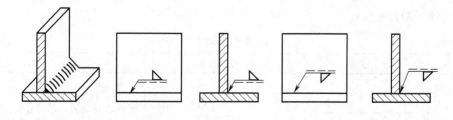

（a）

图 9-16　基本符号相对基准线的位置

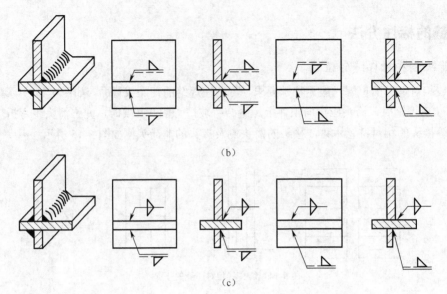

（b）

（c）

图 9-16　基本符号相对基准线的位置（续）

3. 焊缝尺寸符号的标注

焊缝尺寸符号的标注如图 9-17 所示。

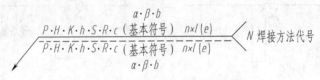

图 9-17　焊缝尺寸符号的标注

（1）焊缝横截面的尺寸标注在基本符号的左侧。

（2）焊缝长度方向的尺寸标注在基本符号的右侧。

（3）坡口角度、坡口面角度、根部间隙标注在基本符号的上侧或下侧。

（4）相同数量及焊接方法代号标在尾部。

（5）当需要标注的尺寸较多又不易分辨时，可在数据前增加相应的尺寸符号。

三、焊缝的标注示例

1. 焊缝标注示例

焊缝标注示例见表 9-5。

表 9-5　　　　　　　　　　　　　焊缝标注示例

接头形式	示　意　图	标　注　示　例	说　　明
对接接头			用氧–乙炔焊形成的带钝边 V 形表面平齐连续焊缝，焊缝在箭头侧钝边 $p = 2$ mm，根部间隙 $b = 2$ mm，坡口角度 $\alpha = 60°$

续表

接头形式	示意图	标注示例	说　　明
梯形接头			用手工电弧焊形成的连续、对称、表面凸起焊缝，焊角尺寸 $K=3$ mm
对接接头			手工电弧焊形成的 V 形焊缝坡口角度为 60°，根部间隙为 2，有 4 段长度为 6 的焊缝

2. 焊接图

例　支座焊接图，如图 9-18 所示。

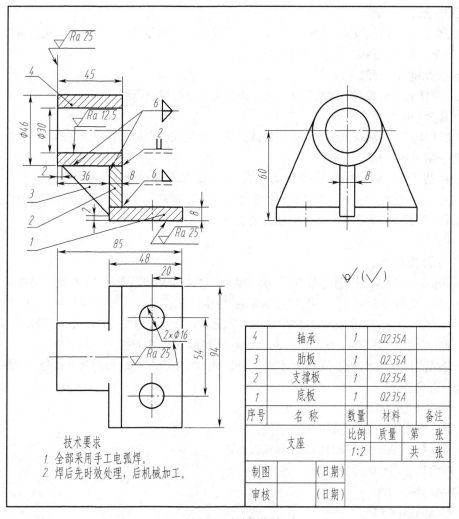

技术要求
1. 全部采用手工电弧焊。
2. 焊后先时效处理，后机械加工。

4	轴承	1	Q235A	
3	肋板	1	Q235A	
2	支撑板	1	Q235A	
1	底板	1	Q235A	
序号	名　称	数量	材料	备注

支座		比例	质量	第　张
		1:2		共　张
制图	(日期)			
审核	(日期)			

图 9-18　支座焊接图

分析：可知轴承与肋板间为双面连续角焊缝，焊角高为 6。底板与支撑板之间为单面角焊缝，焊缝在箭头侧，焊角高为 6。轴承与支撑板间为 I 形焊缝根部间隙为 2。

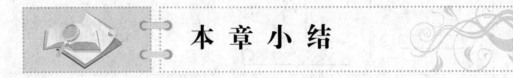

本章主要讲了展开图和焊接图方面的知识，要点如下。

一、展开图

将零件的各表面按其实际形状和大小依次摊平在一个平面上，所得的图形称为零件的表面展开图，分为可展和不可展表面。

1．一般位置直线求实长的方法

（1）旋转法：把空间任意位置的直线段绕固定旋转轴旋转成某一投影面的平行线，从而求出该直线段的实长。

（2）三角形法：以线段某一投影的长度为一直角边，以线段另一投影两端点的坐标差为另一直角边，直角三角形的斜边，即为线段实长。

2．棱柱管和圆柱管的展开

柱类管零件表面棱线或素线均为平行线，通常可用平行线法作展开图。

3．棱锥管和圆锥管的展开

用旋转法和三角形法求出棱锥管上棱线或圆锥管上素线的实长，再作展开图。

4．管子零件的展开

（1）1/4 圆环管的展开。圆环管为不可展表面，用近似将零件分成几段柱管后展开。

（2）顶圆底方接头的展开。顶圆底方接头由 4 个 1/4 圆锥和 4 个全等的等腰三角形组成，三角形两腰及锥面素线均无实长，需求实长后依次展开求得实形。

二、焊接图

1．焊缝的表达方法

（1）图示法：在图样中用图示法表示的焊缝可用一系列细实线段表示（允许徒手绘制），也允许用（宽度为可见轮廓线 2～3 倍）粗实线表示焊缝，但同一图样上，只允许采用一种画法。在焊缝的端面视图中用粗实线画焊缝的轮廓，必要时用细实线画出焊接前焊缝坡口的形状，在剖视图或断面图上一般应画出焊缝形式并涂黑，用图示法表示焊缝也应加注相应的标注。

（2）焊缝的代号。焊缝代号由基本代号、辅助代号、补充代号、焊缝尺寸代号、焊接方法数字代号及指引线组成。

2．焊缝的标注方法

（1）箭头线相对焊缝的位置的标注方法。

（2）基本符号相对基准线的位置的标注方法。

（3）焊缝尺寸符号的标注方法。

3．焊缝的标注示例

（1）焊缝的标注示例。

（2）焊接图。

第10章

计算机绘图

　　AutoCAD 2013 是由美国 Autodesk 公司开发的通用计算机辅助绘图与设计软件包，具有易于掌握、使用方便、体系结构开放等特点，深受广大工程技术人员的欢迎。AutoCAD 自 1982 年问世以来，已经进行了近 26 次的升级，从而使其功能逐渐强大，且日趋完善。如今，AutoCAD 2013 已广泛应用于机械、建筑、电子、航天、造船、石油化工、土木工程、冶金、农业、气象、纺织、轻工业等领域。在我国，AutoCAD 2013 已成为工程设计领域中应用极为广泛的计算机辅助设计软件之一。 本章主要介绍二维图形的绘制、编辑、标注与打印出图等内容。

知识目标

◎ 熟悉 AutoCAD 2013 的基本操作和文件管理。

◎ 熟悉 AutoCAD 2013 的基本设置和坐标系统。

◎ 掌握 AutoCAD 2013 的基本图形绘制。

◎ 掌握 AutoCAD 2013 的基本编辑命令。

◎ 掌握 AutoCAD 2013 的尺寸标注。

◎ 了解 AutoCAD 2013 的打印出图。

技能目标

◎ 能对 AutoCAD 2013 进行基本的设置与操作。

◎ 能绘制和编辑二维图形。

◎ 能标注和打印二维图形。

AutoCAD 2013 的基本操作

一、启动

AutoCAD 2013 可以通过下述方法启动。

（1）双击桌面上的 AutoCAD 2013 启动图标。

（2）选择开始菜单程序项内的 AutoCAD 2013 选项。

二、AutoCAD 2013 用户界面

AutoCAD 2013 的经典工作界面由题栏、菜单浏览器、菜单栏、工具栏、绘图窗口、光标、坐标系图标、命令窗口、状态栏、模型/布局选项卡和滚动条等组成，如图 10-1 所示。

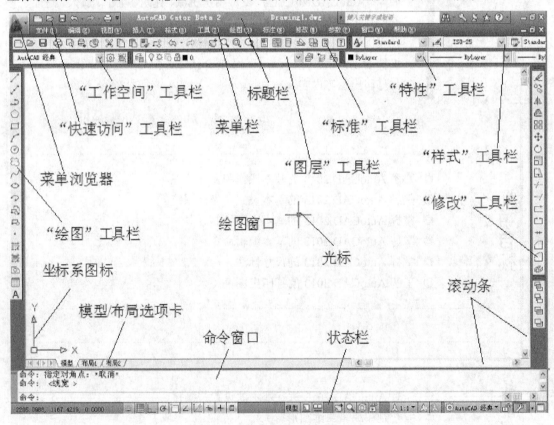

图 10-1　AutoCAD 2013 的工作界面

1. 标题栏

标题栏位于界面的顶部，在标题栏上显示有软件的名称以及正在编辑的文件名称。标题栏右侧有控制窗口大小以及关闭窗口的"最小化"按钮、"最大化"按钮、"还原"按钮和"关闭"按

钮，可以分别实现 AutoCAD 2013 窗口的最小化、还原（或最大化）以及关闭等操作。

2. 菜单浏览器

单击绘图界面左上角的"菜单浏览器"按钮，AutoCAD 2013 则会弹出应用程序菜单，用于新建、打开、保存、打印文件的命令，如图 10-2 所示。

3. 菜单栏

菜单栏又称下拉菜单，位于标题栏下方。选择菜单的方法为：将光标移动到菜单栏，单击鼠标，弹出下拉菜单条，移动光标并单击即可选取相应的命令，如图 10-3 所示。

菜单命令后有省略号（"…"）表示选择菜单命令能打开一个对话框。

菜单命令后有三角符号表示选择菜单命令能够打开下级菜单。

菜单栏中还定义有热键，例如：同时按下"Ctrl+O"组合键可以打开文件。

图 10-2　菜单浏览器

图 10-3　AutoCAD 2013 菜单栏

4. 工具栏

AutoCAD 2013 提供了多个工具栏，每一个工具栏上均有一些形象化的按钮。单击某一按钮，可以启动 AutoCAD 2013 的对应命令。用户可以根据需要打开或关闭任一个工具栏。操作方法：在已有工具栏上右键单击，AutoCAD 2013 弹出工具栏快捷菜单，通过其可实现工具栏的打开与关闭。

此外，通过选择与下拉菜单"工具"|"工具栏"|"AutoCAD"对应的子菜单命令，也可以打开 AutoCAD 2013 的工具栏，如图 10-4 所示。

5. 绘图窗口

绘图窗口类似于手工绘图时的图纸，是用户使用 AutoCAD 2013 绘图并显示所绘图形的区域。

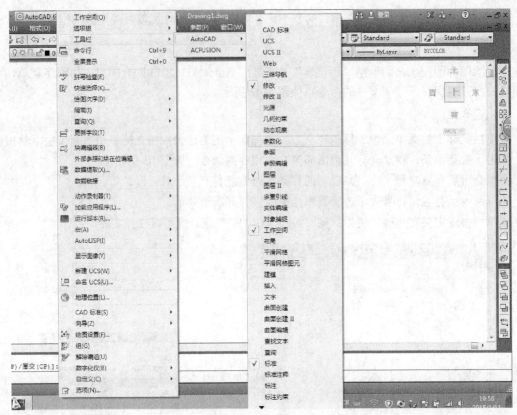

图 10-4　工具栏的选择

6. 光标

当光标位于 AutoCAD 2013 的绘图窗口时，光标显示为十字形状，所以又称其为十字光标。十字线的交点为光标的当前位置。AutoCAD 2013 的光标用于绘图、选择对象等操作。

7. 坐标系图标

坐标系图标通常位于绘图窗口的左下角，表示当前绘图所使用的坐标系的形式以及坐标方向等。AutoCAD 2013 提供有世界坐标系（World Coordinate System，WCS）和用户坐标系（User Coordinate System，UCS）两种坐标系。世界坐标系为默认坐标系。

8. 命令窗口

命令窗口是 AutoCAD 2013 显示用户从键盘键入的命令和显示 AutoCAD 2013 提示信息的地方。默认时，AutoCAD 2013 在命令窗口保留最后三行所执行的命令或提示信息。用户可以通过拖动窗口边框的方式改变命令窗口的大小，使其显示多于 3 行或少于 3 行的信息。

9. 状态栏

状态栏用于显示或设置当前的绘图状态。状态栏上，位于左侧的一组数字反映当前光标的坐标，其余按钮从左到右分别表示当前是否启用了捕捉模式、栅格显示、正交模式、极轴追踪、对象捕捉、对象捕捉追踪、动态 UCS（用鼠标双击，可打开或关闭其选项）、动态输入等功能，以及是否显示线宽、当前的绘图空间等信息。

10. 模型/布局选项卡

模型/布局选项卡用于实现模型空间与图纸空间的转换。

11. 滚动条

利用水平和垂直滚动条，可以使图纸沿水平或垂直方向移动，即平移绘图窗口中显示的内容。

 AutoCAD 2013 的文件管理

一、新建文件

单击标准工具栏上的"新建"按钮，或选择"文件"|"新建"命令，即执行"NEW"命令，AutoCAD 2013 将弹出图 10-5 所示的"选择样板"对话框，选择新样板、输入新文件名称后，单击"确定"完成创建新文件。

图 10-5　创建新文件

通过此对话框选择对应的样板后（初学者一般选择样板文件 acadiso.dwt 即可），单击"打开"按钮，就会以对应的样板为模板建立一个新图形文件。

二、保存文件

1. 用 QSAVE 命令保存图形

单击标准工具栏上的"保存"按钮，或选择"文件"|"保存"命令，即执行"QSAVE"命令，如果当前图形没有命名保存过，AutoCAD 2013 会弹出"图形另存为"对话框。通过该对话框指定文件的保存位置及名称后，单击"保存"按钮即可实现保存；如果执行"QSAVE"命令前已对当前绘制的图形命名保存过，AutoCAD 2013 将直接以原文件名保存图形，不再要求用户指定文件的保存位置和文件名。

2．换名存盘

换名存盘指将当前绘制的图形以新文件名存盘。执行"SAVEAS"命令，AutoCAD 2013 弹出"图形另存为"对话框，如图 10-6 所示，要求用户确定文件的保存位置及文件名，用户输入后单击"保存"按钮即可。

图 10-6　"图形另存为"对话框

三、打开文件

单击标准工具栏上的"打开"按钮 ，或选择"文件"|"打开"命令，即执行"OPEN"命令，AutoCAD 2013 弹出"选择文件"对话框，如图 10-7 所示，可通过此对话框选择要打开的文件。

图 10-7　打开文件对话框

AutoCAD 2013 的基本设置

一、设置图形界限

图形界限是一个矩形绘图区域，它表明用户的工作区域和图纸边界，设置绘图界限可以避免绘制的图形超出图纸边界。

执行菜单栏中"格式"|"图形界限"命令或在命令行中输入"LIMITS "，AutoCAD 2013 提示：

> 指定左下角点或 [开（ON）/关（OFF）] <0.0000，0.0000>：（指定图形界限的左下角位置，直接按"Enter"键或"Space"键采用默认值）
>
> 指定右上角点<420.0000，210.0000>：297，210（指定图形界限的右上角位置）

注意　[开(ON)/关(OFF)]是控制打开图形界限或者关闭图形界限检查，选择开(ON)用户只能在设定的图形界限内绘图，当用户绘制的图形超出图形界限时，AutoCAD 2013 将给出提示并拒绝执行命令。

二、设置绘图单位和精度

通过选择下拉菜单"格式"|"单位"命令，或在命令行中输入"UNITS"命令，即可设置绘图的长度单位、角度单位以及它们的精度。AutoCAD 2013 弹出"图形单位"对话框，如图 10-8 所示。在对话框中，"长度"选项组确定长度单位与精度，"角度"选项组确定角度单位与精度，还可以确定角度正方向、零度方向以及插入内容的单位等。

图 10-8　"图形单位"对话框

三、设置线型、线宽、图层和颜色

1. 线型设置（LINETYPE）

选择下拉菜单"格式"|"线型"命令，即执行"LINETYPE"命令，AutoCAD 2013 弹出"线型管理器"对话框，如图 10-9 所示，可通过其确定绘图线型和线型比例等内容。

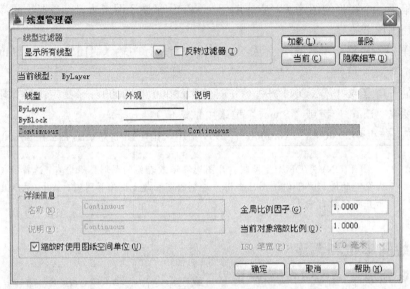

图 10-9　"线型管理器"对话框

如果线型列表框中没有列出需要的线型，则应从线型库加载它。单击上图中"加载"按钮，AutoCAD 2013 将弹出如图 10-10 所示的"加载或重载线型"对话框，从中可选择要加载的线型，单击"确定"按钮完成线型的加载。

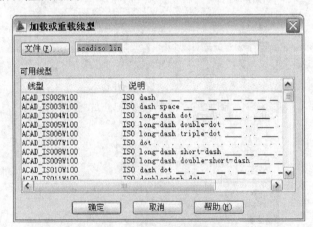

图 10-10　"加载或重载线型"对话框

2. 线宽设置（LWEIGHT）

选择"格式"|"线宽"命令，即执行"LWEIGHT"命令，AutoCAD 2013 弹出"线宽设置"

对话框，如图 10-11 所示。

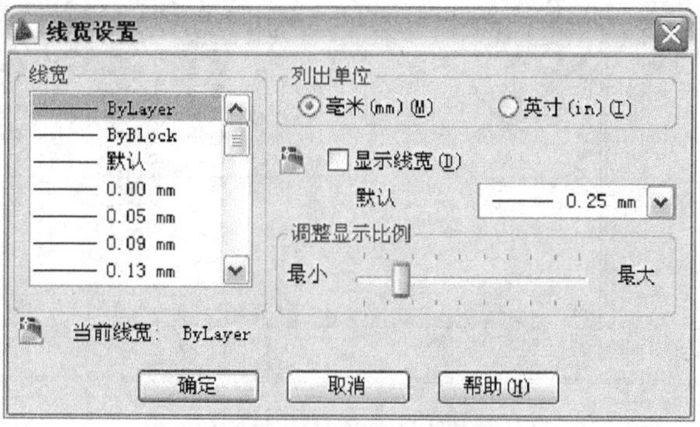

图 10-11　"线宽设置"对话框

列表框中列出了 AutoCAD 2013 提供的 20 余种线宽，用户可从中在"ByLayer（随层）""ByBlock（随块）"或某一具体线宽之间选择。其中，"ByLayer"表示绘图线宽始终与图形对象所在图层设置的线宽一致，这也是最常用到的设置。还可以通过此对话框进行其他设置，如单位、显示比例等。

3. 颜色设置 （COLOR）

选择"格式"|"颜色"命令，即执行"COLOR"命令，AutoCAD 2013 弹出"选择颜色"对话框，如图 10-12 所示。用户可以将绘图颜色设为"ByLayer（随层）""ByBlock（随块）"或某一具体颜色。其中，"ByLayer"指所绘对象的颜色总是与对象所在图层设置的绘图颜色相一致，这是最常用到的设置。

图 10-12　"选择颜色"对话框

4. 图层设置（LAYER）

单击对象特性工具栏上的"图层特性管理器"按钮，选择下拉菜单"格式（F）"|"图层（L）…"选项，或在命令行中输入"LAYER"， 弹出如图 10-13 所示对话框。

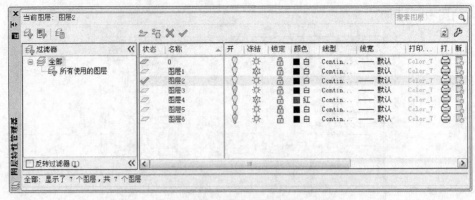

图 10-13　图层特性管理器

用户可通过"图层特性管理器"对话框建立新图层，为图层设置线型、颜色、线宽以及其他操作等。当用户单击选定层，将右侧的"开""冻结""锁定"设为开时，可改变其状态。当用户单击"颜色""线型"和"线宽"列时，系统将分别打开"选择颜色"对话框、"选择线型"对话框和"选择线宽"对话框，可通过这 3 个对话框为选定图层指定颜色、线型和线宽。

另外，还可以利用"特性"工具栏，快速、方便地设置绘图颜色、线型以及线宽。

四、AutoCAD 2013 辅助绘图工具

1. 设置栅格和捕捉

栅格是由一系列有一定间隔、规则排列的点来表示的。捕捉用于设定光标移动的最小间距。栅格与捕捉的配合使用是快速绘图的辅助手段。可以打开或者关闭"栅格"模式，以及指定其间隔和角度。栅格是点的矩阵，可延伸到指定为图形界限的整个区域。在图形中显示栅格，并设置栅格捕捉，可控制其间距、角度以及对齐方式，提高图形的生成速度和效率。通过选择"工具"|"草图设置"选项或在状态栏的"栅格"按钮▦、"捕捉"按钮▦上右键单击，选择"设置"命令，弹出"草图设置"对话框如图 10-14 所示，具体操作步骤如下：

图 10-14　"捕捉和栅格"设置

（1）选择"捕捉和栅格"选项卡；

（2）选择"启用栅格""启用捕捉"选项复选框；

（3）分别指定"栅格 X 轴间隔和栅格 Y 轴间隔""捕捉 X 轴间距和捕捉 Y 轴间距"；

（4）单击"确定"按钮。

 要打开或者关闭"捕捉模式"，单击状态栏"捕捉模式"图标，或者按 F9 也可以实现同样的功能；要打开或者关闭"栅格显示"，单击状态栏中的"栅格显示"图标，或者按 F7 键。

除了设置栅格间距、捕捉间距之外，还可以改变捕捉和栅格的方向。同时，还可旋转栅格队列或使用它创建等轴测图形。

2. 正交模式

打开正交模式，意味着只能画水平或垂直线。可以通过单击状态栏上的"正交"按钮▦或使用"ORTHO"或按 F8 打开或关闭正交模式。

3. 极轴追踪

极轴的开启方法与栅格的开启方法相同。开启"极轴追踪"模式并设置极轴角的角度增量，可以通过选择"工具"|"草图设置"选项、单击"对象捕捉设置"按钮☑或在命令行中输入"SETTINGS"命令，在弹出的如图 10-15 所示的对话框中进行设置。

图 10-15　"极轴追踪"设置

"自动追踪"包括两种追踪选项："极轴追踪"和"对象捕捉追踪"。可以通过状态栏上的"极轴"或"对象追踪"按钮打开或关闭"自动追踪"。

启用"极轴追踪"时，光标将按指定角度进行移动。启用"对象捕捉追踪"时，光标将基于对象捕捉点的对齐路径进行追踪。当"极轴追踪"模式打开时，光标自动按照指定的角度增量移动。

"极轴追踪"和"正交"模式不能同时打开。开启其中一种模式将会关闭另外一种模式。

单击状态栏中的"极轴"按钮，或者按 F10 键来打开或关闭"极轴追踪"模式。

4. 对象捕捉

利用对象捕捉功能，在绘图过程中可以快速、准确地确定一些特殊点，如圆心、端点、中点、切点、交点、垂足等。

可以通过右键单击状态行上"对象捕捉"按钮 □ 和对象捕捉菜单（按下"Shift"键后右键单击可弹出此快捷菜单）启动"对象捕捉"功能。"对象捕捉"工具栏和对象捕捉菜单如图 10-16 所示。

图 10-16　对象捕捉工具栏和对象捕捉菜单

"对象捕捉"功能只对可见的对象或者对象的可见部分有效。"对象捕捉"功能不能捕捉到关闭的图层上的对象或者是虚线的空白位置。

开启了"对象捕捉"模式后，当绘制对象过程中，光标移动到图形中已经存在的对象的某个点上时，将在此点上显示标记和工具栏提示。

对象自动捕捉（简称自动捕捉）又称为隐含对象捕捉，利用此捕捉模式可以使 AutoCAD 2013 自动捕捉到某些特殊点。选择"工具"|"草图设置"命令，从弹出的"草图设置对话框中选择"对象捕捉"选项卡，如图 10-17 所示。在状态栏上的"对象捕捉"图标按钮上右键单击，从快捷菜单选择"设置"命令，也可以打开此对话框。

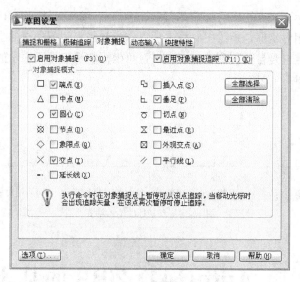

图 10-17　"对象捕捉"设置

五、AutoCAD 2013 的坐标系统

1. 世界坐标系

AutoCAD 2013 的默认坐标为世界坐标系（又称 WCS），如图 10-18（a）所示。3 个轴相互垂直并且坐标原点位于绘图区的左下角，其 X 轴正向水平向右，Y 轴正向垂直向上，Z 轴正向向外指向用户，坐标系的原点和各轴的方向都是固定不变的。在二维平面上操作中，只需输入 X、Y 的坐标值，假定当前的标高为 Z 坐标值。

2. 用户坐标系

为便于绘图和提高效率，用户经常需要任意改变坐标系的原点和 X 轴的正方向，这就是用户坐标系（UCS）。用户可以在命令行下输入"UCS"命令来创建用户坐标系，如图 10-18（b）所示。

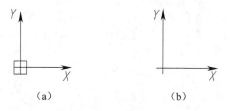

（a）　　　　　　　　　　　（b）

图 10-18　坐标系

（1）绝对坐标。绝对坐标是指绘图时，各点的坐标值都是参照坐标的原点（0，0）而言的，可使用直角坐标或极坐标两种格式输入。

① 直角坐标输入。用户可以用分数、小数等计数形式输入点（X，Y）坐标值，坐标间用逗号隔开。格式为："直角坐标：X，Y"。

② 极坐标输入。极坐标是通过输入某点距坐标原点的距离及它在 XY 平面中与 X 轴正向之间的角度来确定该点的，其中角度用 "<" 号隔开，格式为："距离值<角度值"。

例如：15<30，表示下一点是从原点开始，其长度为 15，线与 X 轴间的角度为 30° 所确定的点。

（2）相对坐标。相对坐标是指绘图时将上一点作为参照点，下一点的坐标值是参照上一点而言的，即认为坐标原点总是自动移到上一点上。直角坐标和极坐标所表示的相对坐标是在绝对坐标前加上"@"号，如图 10-19 所示。

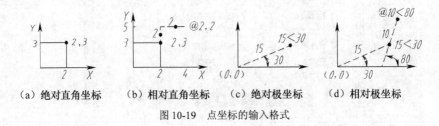

（a）绝对直角坐标　　（b）相对直角坐标　　（c）绝对极坐标　　（d）相对极坐标

图 10-19　点坐标的输入格式

第4节　AutoCAD 2013 的基本图形绘制

任何一幅复杂的图形都是由一些基本图形组成，例如点、线、弧线、圆、多边形等，下面介绍这些基本元素的画法。如图 10-20 所示，AutoCAD 2013 的绘图命令可以通过下列方式调用：

（1）通过菜单调用命令；

（2）单击工具栏上的绘图按钮；

（3）在命令行中输入命令。

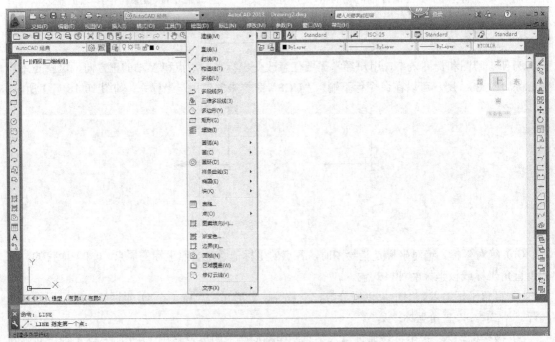

图 10-20　AutoCAD 2013 绘图命令的调用

一、绘制点（POINT）

绘图时，经常要输入一些点，如线段的起点和端点、圆的圆心、矩形的角点等，在 AutoCAD 2013 中，可以通过 3 种方式指定点：①选择下拉菜单"绘图"|"点"选项；②在绘图工具栏中单击"点"图标按钮；③在命令行中输入"Point✓"。点的样式可通过选择菜单"格式"|"点样式"选项，在弹出的如图 10-21 所示的对话框上选取。

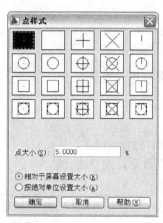

图 10-21　"点样式"对话框

二、绘制直线（LINE）

1．功能

直线命令可以绘制一条或多条连续的线段，但每条线段都是一个独立的图形对象，可以对其单独进行编辑操作。

2．调用方法

① 在下拉菜单中选择"绘图"|"直线"。

② 在"绘图"工具栏上单击"直线"图标按钮。

③ 在命令行输入"LINE"并按"Enter"键。

直线的绘制实例如图 10-22 所示。

第一段线：起点坐标（30，20），终点坐标（70，40）。

第二段线：终点相对坐标（@15，-20）。

第三段线：终点极坐标（@40<30）。

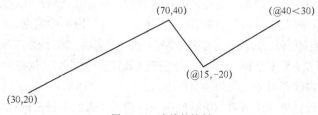

图 10-22　直线的绘制

说明：

（1）画完一条独立直线或连续几段的直线的末端时，按下"Enter"键或空格键，结束此线的绘制。

（2）如画封闭多边形时，在最后命令提示行输入"C"，将所画线框首尾相连即为封闭多边形。

（3）在画线过程中要取消刚刚画过的线段，在命令提示下输入"U"（Undo 取消）将取消最后画的线段。

（4）若要画水平和垂直方向的线段应按下 F8 键进入正交模式。

三、绘制多段线（PLINE）

1．功能

如图 10-23 所示，多段线是由直线段、圆弧段构成并且可以有宽度的图形对象。

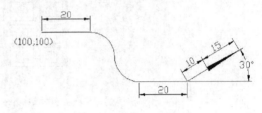

图 10-23　多段线的绘制

2．调用方法

① 在常用工具栏中单击"多段线"图标按钮　。

② 在命令行中输入"PLINE"命令，按空格键执行命令，AutoCAD 2013 提示：

> 在绘图窗口适当位置单击拾取一点，作为所绘制多段线起点

在此提示下再确定一点，AutoCAD 2013 按当前线宽绘制出连接两点的直线段，同时 AutoCAD 2013 给出提示：

> PLINE 指定下一点或[圆弧（A）闭合（C）半宽（H）长度（L）放弃（U）宽度（W）]：

命令行输入字母"A"可以使 PLINE 命令由绘直线方式改为绘圆弧方式。执行此选项，AutoCAD 2013 提示：

> 指定圆弧的端点或
>
> PLINE [角度（A）圆心（CE）闭合（CL）方向（D）半宽（H）直线（L）半径（R）第二点（S）放弃（U）宽度（W）]：

此提示相当于已知圆弧的起点来绘制圆弧段，其各项含义如下。

（1）角度（A）。根据圆弧的包含角绘制圆弧。在此提示下，输入圆弧的包含角度值后按空格键。默认设置下，输入正角度值，AutoCAD 2013 将沿逆时针方向绘制圆弧；输入负角度值沿顺时针方向绘制圆弧。此时可以通过确定圆弧的端点、圆心或半径来绘制圆弧。

（2）圆心（CE）。根据圆弧的圆心绘圆弧。执行此选项(要用 CE 响应)，先确定圆弧的圆心位置，再通过确定圆弧的端点、包含角或弦长来绘制圆弧。

（3）闭合（CL）。用圆弧封闭多段线。闭合后，AutoCAD 2013 结束"PLINE"命令的执行。

（4）方向（D）。确定所绘圆弧在起点处的切线方向。执行此选项，先指定圆弧在起点处的切线方向与水平方向之间的夹角来确定圆弧的起点方向，再确定圆弧的端点，即可绘出圆弧。

（5）半宽（H）。确定圆弧的起点半宽与终点半宽。执行此选项，确定起始半宽和终止半宽后，紧接着绘制的圆弧就按此半宽设置来绘制，但再往后绘制的圆弧宽度均会根据"端点半宽"设置的宽度绘制。

（6）直线（L）。将绘圆弧方式改为绘直线方式。

（7）半径（R）。根据半径绘圆弧。执行此选项，输入圆弧的半径值后按空格键，此时可以通过确定圆弧的端点或包含角来绘圆弧。

（8）第二个点（S）。根据圆弧上的其他两点绘制圆弧。执行此选项，先指定圆弧上的第二点，再指定圆弧的端点，即可绘制圆弧。

（9）放弃（U）。取消上一次绘出的圆弧。用此选项可以修改绘图过程中的错误操作。

（10）宽度（W）。确定所绘圆弧的起始与终止宽度。设置宽度后，紧接着所绘圆弧段就会按此宽度值绘制，但再往后绘制的圆弧宽度会根据由"指定端点宽度"设置的宽度绘制。

四、绘制矩形（RECTANG）

1．功能

绘制矩形并可通过选项来设置矩形的宽度、倒角、倒圆、厚度等。

2．调用方法

① 单击"绘图"工具栏上的"矩形"按钮 ⬜。

② 选择"绘图"|"矩形"命令。

③ 在命令行中输入"RECTANG"命令，AutoCAD 2013 提示：

> 指定第一角点或[倒角（C）标高（E）圆角（F）厚度（T）宽度（W）]：
> 指定另一角点或[面积（A）尺寸（D）旋转（R）]：

此时可通过指定另一角点绘制矩形，通过"面积"选项根据面积绘制矩形，通过"尺寸"选项根据矩形的长和宽绘制矩形，通过"旋转"选项表示绘制按指定角度放置的矩形。

执行"RECTANG"命令时，"倒角"选项表示绘制在各角点处有倒角的矩形；"标高"选项用于确定矩形的绘图高度，即绘图面与 *XY* 面之间的距离；"圆角"选项确定矩形角点处的圆角半径，使所绘制矩形在各角点处按此半径绘制出圆角；"厚度"选项确定矩形的绘图厚度，使所绘制矩形具有一定的厚度；"宽度"选项确定矩形的线宽。

五、绘制圆（CIRCLE）

调用方法

① 单击"绘图"工具栏上"圆"按钮 ⊘；

② 选择"绘图"|"圆"命令；

③ 在命令行中输入"CIRCLE"命令，AutoCAD 2013 提示：

> 指定圆的圆心或 [三点（3P）/两点（2P）/相切、相切、半径（T）]：

其中，"指定圆的圆心"选项用于根据指定的圆心以及半径或直径绘制圆弧；"三点"选项根据指定的三点绘制圆；"两点"选项根据指定两点绘制圆；"相切、相切、半径"选项用于绘制与已有两对象相切，且半径为给定值的圆。画圆的 4 种方式如图 10-24 所示。

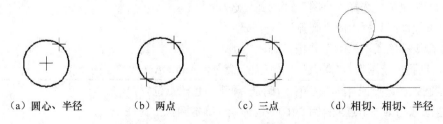

（a）圆心、半径　　　（b）两点　　　（c）三点　　　（d）相切、相切、半径

图 10-24　画圆的 4 种方式

六、绘制正多边形（POLYGON）

1. 功能

绘制正多边形对象。正多边形对象是以多段线对象为基准建立起来的。多边形的预设宽度以"PLINEWID"系统变量来指定，但可在绘制多边形时改变宽度。

2. 调用方法

（1）单击"绘图"工具栏上的"正多边形"按钮 ⬡。

（2）选择"绘图"|"正多边形"命令。

（3）在命令行中输入 "POLYGON"命令，AutoCAD 2013 提示：

指定正多边形的中心点或 [边（E）]：

① 指定正多边形的中心点。此默认选项要求用户确定正多边形的中心点，指定后将利用多边形的假想外接圆或内切圆绘制等边多边形。执行该选项，即确定多边形的中心点后，AutoCAD 2013 提示：

输入选项 [内接于圆（I）/外切于圆（C）]：

其中，"内接于圆"选项表示所绘制多边形将内接于假想的圆；"外切于圆"选项表示所绘制多边形将外切于假想的圆。

② 边。根据多边形某一条边的两个端点绘制多边形。绘制正多边形的三种方法，如图 10-25 所示。

  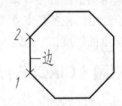

（a）内接于圆　　　　　　（b）外切于圆　　　　　　（c）指定边

图 10-25 正多边形的绘制

七、绘制圆弧（ARC）

1. 功能

根据不同的已知条件绘制圆弧，AutoCAD 2013 提供了多种绘制圆弧的方法。

2. 调用方法

① 在下拉菜单中选择"绘图"|"圆弧"选项。

② 单击绘图工具栏上的"圆弧"图标按钮 ⌒。

③ 在命令行输入"ARC"并按"Enter"键。

例如，选择"绘图"|"圆弧"|"三点"命令，AutoCAD 2013 提示：

指定圆弧的起点或 [圆心(C)]：　(确定 圆弧的起始点位置)
指定圆弧的第二个点或 [圆心(C)/端点(E)]: (确定圆弧上的任一点)
指定圆弧的端点：　(确定圆弧的终止点位置)

AutoCAD 2013 执行结果是绘制出由指定三点确定的圆弧。

绘制圆弧菜单项，如图 10-26 所示。绘制圆弧的方法如图 10-27 所示。

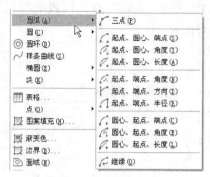

图 10-26　绘制圆弧的菜单项

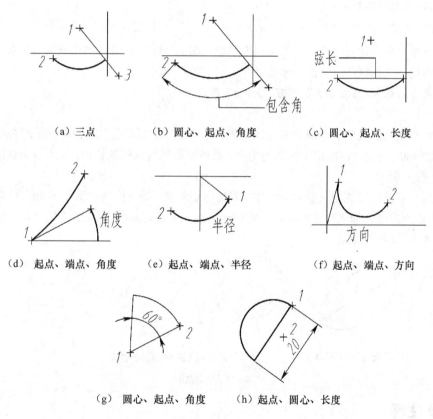

（a）三点　　　（b）圆心、起点、角度　　　（c）圆心、起点、长度

（d）起点、端点、角度　　（e）起点、端点、半径　　（f）起点、端点、方向

（g）圆心、起点、角度　　　（h）起点、圆心、长度

图 10-27　绘制圆弧的方法

八、绘制圆环（DONUT）

1. 功能

绘制圆环对象。圆环是由宽弧线段组成的闭合多段线构成的。使用"FILL"命令可设置圆环内填充图案的方式。

2．调用方法

① 选择"绘图"|"圆环"命令；

② 在命令行输入"DONUT"命令，AutoCAD 2013 提示：

> 指定圆环的内径:(输入圆环的内径):
>
> 指定圆环的外径:(输入圆环的外径):
>
> 指定圆环的中心点或<退出>:(确定圆环的中心点位置，或按"Enter"键或"Space"键结束命令的执行。

图 10-28　绘制圆环

绘制圆环的实例如图 10-28 所示。

九、绘制椭圆（ELLIPSE）

1．功能

绘制椭圆或椭圆弧对象。

2．调用方法

① 在下拉菜单中选择"绘图"|"椭圆"|"轴、端点"选项、"中心点"选项或"圆弧"选项。

② 单击绘图工具栏的"椭圆"按钮 ◯ 。

③ 在命令行输入"ELLIPS"并按"Enter"键。

说明：

① 通过指定椭圆上的 3 个端点来绘制椭圆对象。其中第一和第二端点用于确定椭圆的一条轴线，而且这条轴线的确定也确定了椭圆的角度。这条轴可以为椭圆的长轴，也可以为椭圆的短轴，如图 10-29（a）所示。

② 以第一和第二端点定义的轴为主轴，旋转一定角度，确定椭圆的离心率来绘制椭圆。绕主轴旋转可有以下方法：输入一角度值，或指定一个点 3 来确定角度，如图 10-29（b）所示为分别输入 0°、45°和 75°所绘。

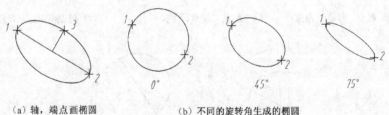

（a）轴，端点画椭圆　　　　　（b）不同的旋转角生成的椭圆

图 10-29　绘制椭圆

十、文本注释

1．创建单行文字（TEXT）

（1）功能

创建的是单行文字对象，每行文字是一个独立的对象。若要使用"TEXT"命令输入多行文字，可在"输入文字"提示下输入字符后按"Enter"键，输入的文字对象可进行旋转、对正和大小调整。在命令行提示"输入文字"下输入的文字内容会同步显示在屏幕中。还可使用多种文字样式来设置输入的文字对象。这些设置了样式后的文字对象可进行拉伸、压缩、倾斜、镜像或排

列成垂直列的操作。

（2）调用方法

① 选择"绘图"|"文字"|"单行文字"命令。

② 在命令行输入"TEXT"命令，AutoCAD 2013 提示：

> 当前文字样式：　文字 35　当前文字高度：　2.5000
>
> 指定文字的起点或 [对正（J）/样式（S）]：

其中，第一行提示信息说明当前文字样式以及字高度；第二行中，"指定文字的起点"选项用于确定文字行的起点位置。用户响应后，AutoCAD 2013 提示：

> 指定高度:(输入文字的高度值)
>
> 指定文字的旋转角度 <0>:(输入文字行的旋转角度)

而后，AutoCAD 2013 在绘图屏幕上显示出一个表示文字位置的方框，用户在其中输入要标注的文字后，按两次"Enter"键，即可完成文字的标注。

文字对象的对正方式，如图 10-30 所示。

（a）各种样式　　　　（b）对齐（A）　　　　（c）调整（F）

（d）其他选项的对齐点

图 10-30　文字对象的对正方式

- 中心（C）：指定文字要对齐的中心点，使输入的文字会对齐中心点的基准线。
- 中间（M）：指定要插入文字的中间点，使输入的文字会对齐该点。
- 右边（R）：指定一个点，使输入的文字对象以此点为基准右对齐。
- 左上（TL）：指定一个点为文字对象的左上点，使输入的文字对象以此点为基准向上靠左对齐。此选项只对水平方向文字有效。
- 中上（TC）：指定文字上部中心点使文字对象与之对齐。此选项只适用于水平方向的文字。
- 右上（TR）：指定文字对象的右上点，使输入的文字对象在此点之下延伸并靠右对齐。此选项只适用于水平方向的文字。
- 左中（ML）：指定文字的左边中间点，在此点靠左对齐文字。此选项只适用于水平方向的文字。

- 正中（MC）：指定文字字符的中心点，使文字对象与之对齐。此选项只适用于水平方向的文字。
- 右中（MR）：在指定为文字中间点的点上靠右对齐文字。此选项只适用于水平方向的文字。
- 左下（BL）：指定文字的底部左点，使输入的文字对象以此点为基准靠左对齐。此选项只适用于水平方向的文字。
- 中下（BC）：指定文字的底部中心点，使文字对象以此点为基准，居中对齐。此选项只适用于水平方向的文字。
- 右下（BR）：指定文字的右下点，使输入的文字对象以此点为基准靠右对齐。

2．创建多行文字对象（MTEXT）

（1）功能

在绘图区域用户指定的文本边界框内输入文字内容，并将其视为一个实体。此文本边界框定义了段落的宽度和段落在图形中的位置。

（2）调用方法

① 单击对应的工具栏图标按钮 A。

② 选择"绘图" | "文字" | "多行文字"命令。

③ 在命令行中输入 "MTEXT"命令，AutoCAD 2013 提示：

> 指定第一角点：

在此提示下指定一点作为第一角点后，AutoCAD 2013 继续提示：

> 指定对角点或 [高度（H）/对正（J）/行距（L）/旋转（R）/样式（S）/宽度（W）]：

如果响应默认项，即指定另一角点的位置，AutoCAD 2013 弹出如图 10-31 所示的"在位文字编辑器"。

图 10-31　在位文字编辑器

在位文字编辑器由"文字格式"工具栏和水平标尺等组成，工具栏上有一些下拉列表框、按钮等。用户可通过该编辑器输入要标注的文字，并进行相关标注设置。

第5节　AutoCAD 2013 的基本编辑命令

图形编辑是指对已有的图形对象进行移动、旋转、缩放、复制、删除、参数修改及其他操作。所有这些操作都要通过选择对象才能进行。可以通过选择"修改"下拉菜单中的选项和单击"修改"工具栏上的相应命令图标按钮执行图形编辑命令，如图 10-32 所示。

图 10-32　"修改"下拉菜单和"修改"工具栏

一、选择对象

当启动 AutoCAD 2013 的某一编辑命令或其他某些命令后，状态栏通常会提示"选择对象："，即要求用户选择要进行操作的对象，同时把十字光标改为小方框形状（称之为拾取框），此时用户应选择对应的操作对象。常用选择对象的方式有：

（1）直接拾取；

（2）选择全部对象；

（3）默认矩形窗口选择方式；

（4）矩形窗口选择方式；

（5）交叉矩形窗口选择方式；

（6）不规则窗口选择方式；

（7）不规则交叉窗口选择方式；

（8）前一个方式；

（9）最后一个方式；

（10）栏选方式；

（11）取消操作。

二、删除与恢复对象

1．删除（ERAS）

（1）功能：删除已选中的对象。

（2）调用方法：单击"修改"工具栏上的"删除"按钮✍，或选择"修改"|"删除"命令，即执行"ERASE"命令并按"Enter"键，AutoCAD 2013 提示：

> 选择对象：（选择要删除的对象，可以用前面介绍的各种方法进行选择
> 选择对象：✓（也可以继续选择对象）

2．取消操作（UNDO）

（1）功能：撤销最近使用命令进行的操作。使用"U"命令一次只能放弃一步操作。若要一次放弃多个操作，可使用"Undo"命令，在命令行提示的"Undo"选项设置一次放弃多个操作。

（2）调用方法：从下拉菜单中选择"编辑"|"放弃"命令；在命令行输入"Undo"或"U"并按"Enter"键。

3．重新恢复（Redo）

（1）功能：重新恢复由最近一次"U/Undo"命令所放弃的操作，但只有在"U/Undo"命令结束后立即执行才有效。

（2）调用方法：从下拉菜单中选择"编辑"|"重做"命令；单击标准工具栏中的"重做"工具按钮或在命令行输入"Redo"命令。

三、复制对象（COPY）

1．功能

将选定对象一次或多次重复绘制，并复制到指定位置。

2．调用方法

① 单击"修改"工具栏上的"复制"按钮📇。

② 选择"修改"|"复制"命令。

③ 在命令行中输入"COPY"命令，AutoCAD 2013 提示：

> 选择对象：（选择要复制的对象）
> 选择对象：✓（也可以继续选择对象）
> 指定基点或 [位移（D）/模式（O）] <位移>：

（1）指定基点。确定复制基点，为默认项。执行该默认项，即指定复制基点后，AutoCAD 2013 提示：

> 指定第二个点或 <使用第一个点作为位移>：

在此提示下再确定一点，AutoCAD 2013 将所选择对象按由两点确定的位移矢量复制到指定位置；如果在该提示下直接按"Enter"键或空格键，AutoCAD 2013 将第一点的各坐标分量作为位移量复制对象。

（2）位移。根据位移量复制对象。执行该选项，AutoCAD 2013 提示：

> 指定位移：

如果在此提示下输入坐标值（直角坐标或极坐标），AutoCAD 2013 将所选择对象按与各坐标值对应的坐标分量作为位移量复制对象。

（3）模式（O）。确定复制模式。执行该选项，AutoCAD 2013 提示：

> 输入复制模式选项 [单个（S）/多个（M）] <多个>：

其中，"单个(S)"选项表示执行 COPY 命令后只能对选择的对象执行一次复制；而"多个(M)"选项表示可以多次复制，AutoCAD 2013 默认为"多个(M)"。

四、镜像对象（MIRROR）

1. 功能

以指定的两个点构成一条直线，系统将以此条直线为基准，创建选定对象的反射副本。主要用来绘制对称图形。

2. 调用方法

① 单击"修改"工具栏上的"镜像"按钮 。

② 选择"修改"|"镜像"命令。

③ 在命令行中输入"MIRROR"命令，AutoCAD 2013 提示：

选择对象：（选择要镜像的对象）

选择对象：✓（也可以继续选择对象）

指定镜像线的第一点：（确定镜像线上的一点）

指定镜像线的第二点：（确定镜像线上的另一点）

是否删除源对象？[是（Y）/否（N）] <N>：（根据需要响应即可)

镜像对象操作举例如图 10-33 所示。

| 窗交选择对象 | 指定镜面线 | 保留源对象 | 删除源对象后 |

图 10-33　镜像对象

命令：_mirror ✓

选择对象：（单击 1 点）

另一角点：（单击 2 点）

选择集当中的对象：（3）

选择对象：✓

指定镜面线的第一点：（单击 3 点）

指定镜面线的第二点：（单击 4 点）

要删除源对象吗？[是（Y）/否（N）] <N>：✓　　//选 N 保留源对象，如选 Y 删除源对象

五、偏移对象（OFFSET）

1. 功能

创建同心圆、平行线或等距曲线。偏移操作又称为偏移复制。

2．调用方法

① 单击"修改"工具栏上的"偏移"按钮 ⟳。

② 选择"修改"|"偏移"命令。

③ 在命令行中输入"OFFSET"命令，AutoCAD 2013 提示：

> 指定偏移距离或 [通过(T)/删除(E)/图层(L)] <通过>:

（1）指定偏移距离：根据偏移距离偏移复制对象。在"指定偏移距离或 [通过(T)/删除(E)/图层(L)]:"提示下直接输入距离值，AutoCAD 2013 提示：

> 选择要偏移的对象，或 [退出(E)/放弃(U)] <退出>:(选择偏移对象)
>
> 指定要偏移的那一侧上的点，或 [退出(E)/多个(M)/放弃(U)] <退出>:(在要复制到的一侧任意确定一点；"多个(M)"选项用于实现多次偏移复制)
>
> 选择要偏移的对象，或 [退出(E)/放弃(U)] <退出>:↙ (也可以继续选择对象进行偏移复制)

（2）通过：使偏移复制后得到的对象通过指定的点。

（3）删除：实现偏移源对象后删除源对象。

（4）　图层：确定将偏移对象创建在当前图层上还是源对象所在的图层上。

举例操作如图 10-34、图 10-35 所示。

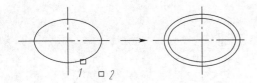
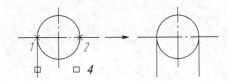

图 10-34　输入偏移距离　　　　　　　　　　图 10-35　拾取偏移距离

六、阵列对象（ARRAY）

1．功能

用矩形或环形的排列方式多重复制对象。

2．调用方法

① 单击"修改"工具栏上的"阵列"按钮 ⊞。

② 选择"修改"|"阵列"命令。

③ 在命令行中输入"ARRAY"命令，AutoCAD 2013 弹出"阵列"对话框,如图 10-36 所示。

（1）矩形阵列 。利用其选择阵列对象，并设置阵列行数、列数、行间距、列间距等参数后，即可实现阵列。

（2）环形阵列。选中了"阵列"对话框中的"矩形阵列"单选按钮，如图 10-37 所示，利用其选择阵列对象，并设置了阵列中心点、填充角度等参数后，即可实现阵列。举例操作如图 10-38 所示。

图 10-36　"阵列"对话框

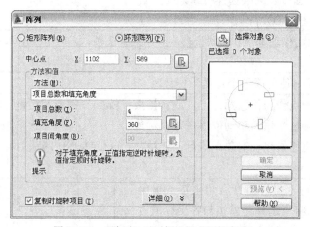

图 10-37　"阵列"对话框设置"环形阵列"

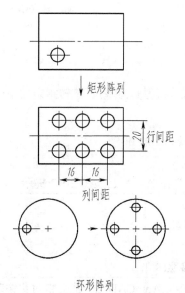

图 10-38　阵列命令实例

七、移动对象（MOVE）

1. 功能

将选取的对象以指定的距离从原来位置移动到新的位置。

2. 调用方法

① 将选中的对象从当前位置移到另一位置，即更改图形在图纸上的位置。

② 单击"修改"工具栏上的"移动"按钮 ✥ 。

③ 选择"修改" | "移动"命令。

④ 在命令行中输入"MOVE"命令，AutoCAD 2013 提示：

> 选择对象：（选择要移动位置的对象）
>
> 选择对象：✓（也可以继续选择对象）
>
> 指定基点或 [位移（D）] <位移>：

（1）指定基点。确定移动基点，为默认项。执行该默认项，即指定移动基点后，AutoCAD 2013 提示：

> 指定第二个点或 <使用第一个点作为位移>：

在此提示下指定一点作为位移第二点，或直接按"Enter"键或空格键，将第一点的各坐标分量（也可以看成为位移量）作为移动位移量移动对象。

（2）位移。根据位移量移动对象。执行该选项，AutoCAD 2013 提示：

> 指定位移：

如果在此提示下输入坐标值（直角坐标或极坐标），AutoCAD 2013 将所选择对象按与各坐标值对应的坐标分量作为移动位移量移动对象。

举例操作如图 10-39 所示。

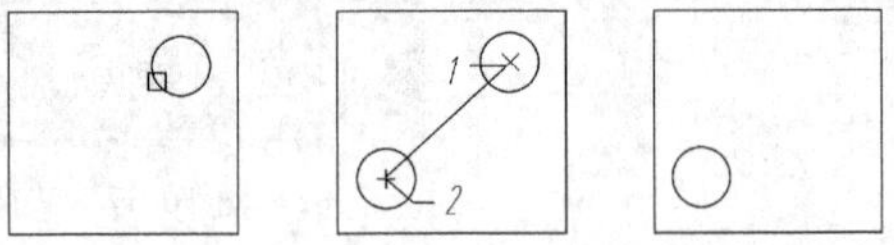

（a）选定对象　（b）操作　（c）移动后的对象

图 10-39　移动命令实例

八、旋转对象（ROTATE）

1. 功能

旋转对象指将指定的对象绕指定点(称其为基点)旋转指定的角度。

2. 调用方法

① 单击"修改"工具栏上的"旋转"按钮 ↺ 。

② 选择"修改" | "旋转"命令。

③ 在命令行中输入"ROTATE"命令，AutoCAD 2013 提示：

> 选择对象:(选择要旋转的对象)
>
> 选择对象:✓(也可以继续选择对象)
>
> 指定基点:(确定旋转基点)
>
> 指定旋转角度，或[复制(C)/参照(R)]:

（1）指定旋转角度。输入角度值，AutoCAD 2013 会将对象绕基点转动该角度。在默认设置下，角度为正时沿逆时针方向旋转，反之沿顺时针方向旋转。

（2）复制。创建出旋转对象后仍保留原对象。

（3）参照(R)。以参照方式旋转对象。执行该选项，AutoCAD 2013 提示：

> 指定参照角:(输入参照角度值)
>
> 指定新角度或 [点（P)] <0>:(输入新角度值，或通过"点(P)"选项指定两点来确定新角度)

执行结果：AutoCAD 根据参照角度与新角度的值自动计算旋转角度(旋转角度 = 新角度–参照角度)，然后将对象绕基点旋转该角度。

操作实例如图 10-40、图 10-41 所示。

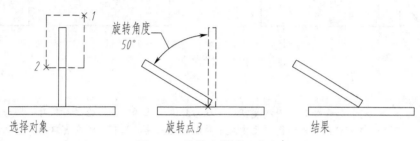

图 10-40　旋转（直接输入角度）

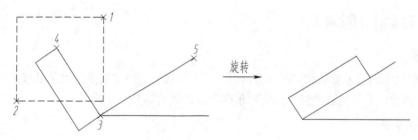

图 10-41　旋转（相对角度）

九、拉伸对象（STRETCH）

1. 功能

拉伸与移动（MOVE)命令的功能有类似之处，可移动图形，但拉伸通常用于使对象拉长或压缩。

2. 调用方法

① 单击"修改"工具栏上的"拉伸"按钮。

② 选择"修改"|"拉伸"命令。

③ 在命令行中输入"STRETCH"命令，AutoCAD 2013 提示：

> 以交叉窗口或交叉多边形选择要拉伸的对象 ...
>
> 选择对象：C✓（或用 CP 响应)//第一行提示说明用户只能以交叉窗口方式（即交叉矩形窗口，用 C 响应）或交叉多边形方式（即不规则交叉窗口方式，用 CP 响应）选择对象
>
> 选择对象：（可以继续选择拉伸对象）

选择对象：✓
指定基点或 [位移（D）] <位移>：

其中，指定基点用于确定拉伸或移动的基点；位移（D）用于根据位移量移动对象。
拉伸操作举例如图 10-42 所示。

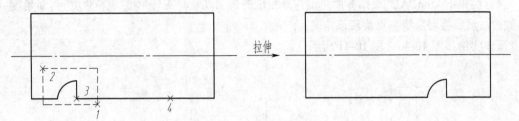

图 10-42 拉抻

注意 　执行拉伸命令时，用相交窗口（从右到左）选择对象。选择对象时，图形元素的整体都在选择窗口内，则该图形元素是平移而不是拉伸，只有一端在窗口内，一端在窗口外，该图形元素才被拉伸或压缩。

十、修剪对象（TRIM）

1. 功能

用作为剪切边的对象修剪指定的对象(称后者为被剪边)，即将被修剪对象沿修剪边界(即剪切边)断开，并删除位于剪切边一侧或位于两条剪切边之间的部分。

2. 调用方法

① 单击"修改"工具栏上的"修剪"按钮；
② 选择"修改"|"修剪"命令；
③ 在命令行中输入"TRIM"命令。

修剪对象举例操作如图 10-43 所示。

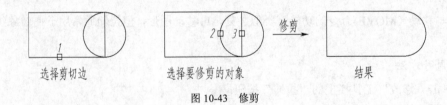

选择剪切边　　　　选择要修剪的对象　　　　结果

图 10-43 修剪

十一、延伸对象（EXTEND）

1. 功能

将指定的对象延伸到指定边界。

2．调用方法

① 单击"修改"工具栏上的"延伸"按钮 。

② 选择"修改"|"延伸"命令。

③ 在命令行中输入"EXTEND"命令，AutoCAD 2013 提示：

> 选择边界的边...
>
> 选择对象或 <全部选择>：（选择作为边界边的对象，按"Enter"键则选择全部对象）
>
> 选择对象：✓（也可以继续选择对象）
>
> 选择要延伸的对象，或按住" Shift " 键选择要修剪的对象，或
>
> [栏选（F）/窗交（C）/投影（P）/边（E）/放弃（U）]：

（1）选择要延伸的对象，或按住"Shift"键选择要修剪的对象。选择对象进行延伸或修剪，为默认项。用户在该提示下选择要延伸的对象，AutoCAD 把该对象延长到指定的边界对象。如果延伸对象与边界交叉，在该提示下按下"Shift"键，然后选择对应的对象，那么 AutoCAD 2013 会修剪它，即将位于拾取点一侧的对象用边界对象将其修剪掉。

（2）栏选(F)。以栏选方式确定被延伸对象。

（3）窗交(C)。使与选择窗口边界相交的对象作为被延伸对象。

（4）投影(P)。确定执行延伸操作的空间。

（5）边(E)。确定延伸的模式。

（6）放弃(U)。取消上一次的操作。

延伸操作举例如图 10-44 所示。

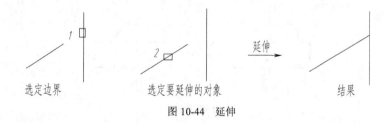

图 10-44　延伸

十二、打断对象（BREAK）

1．功能

从指定的点处将对象分成两部分，或删除对象上所指定两点之间的部分。

2．调用方法

① 单击"修改"工具栏上的"延伸"按钮 。

② 选择"修改"|"打断"命令。

③ 在命令行中输入执行"BREAK"命令，AutoCAD 2013 提示：

> 选择对象：（选择要断开的对象。此时只能选择一个对象）
>
> 指定第二个打断点或 [第一点(F)]：

（1）指定第二个打断点。此时 AutoCAD 2013 以用户选择对象时的拾取点作为第一断点，并要求确定第二断点。用户可以有以下选择：

- 如果直接在对象上的另一点处单击拾取键，AutoCAD 2013 将对象上位于两拾取点之间的对象删除掉。
- 如果输入符号 "@" 后按 "Enter" 键或空格键，AutoCAD 2013 在选择对象时的拾取点处将对象一分为二。
- 如果在对象的一端之外任意拾取一点，AutoCAD 2013 将位于两拾取点之间的那段对象删除掉。

（2）第一点(F)。重新确定第一断点。执行该选项，AutoCAD 2013 提示：

> 指定第一个打断点：（重新确定第一断点）
> 指定第二个打断点：

在此提示下，可以按前面介绍的 3 种方法确定第二断点。

打断对象举例操作如图 10-45 所示。

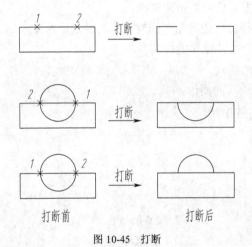

图 10-45 打断

十三、倒角（CHAMFER）

1. 功能

在两线、交叉线、放射状线条或无限长的线上实现倒角。

2. 调用方法

① 单击 "修改"工具栏上的 "倒角" 按钮 。

② 选择 "修改"| "倒角"命令。

③ 在命令行中输入 "CHAMFER" 命令，AutoCAD 2013 提示：

> ("修剪"模式) 当前倒角距离 1 = 0.0000，距离 2 - 0.0000
> 选择第一条直线或 [放弃(U)/多段线(P)/距离(D)/角度(A)/修剪(T)/方式(E)/多个(M)]:

提示的第一行说明当前的倒角操作属于"修剪"模式，且第一、第二倒角距离分别为 1 和 2。

（1）选择第一条直线

要求选择进行倒角的第一条线段，为默认项。选择某一线段，即执行默认项后，AutoCAD 2013 提示：

> 选择第二条直线，或按住"Shift" 键选择要应用角点的直线：

在该提示下选择相邻的另一条线段即可。

（2）多段线(P)

对整条多段线倒角。

（3）距离(D)

设置倒角距离。

（4）角度(A)

根据倒角距离和角度设置倒角尺寸。

（5）修剪(T)

确定倒角后是否对相应的倒角边进行修剪。

（6）方式(E)

确定将以什么方式倒角，即根据已设置的两倒角距离倒角，还是根据距离和角度设置倒角。

（7）多个(M)

如果执行该选项，当用户选择了两条直线进行倒角后，可以继续对其他直线倒角，不必重新执行"CHAMFER"命令。

（8）放弃(U)

放弃已进行的设置或操作。

倒角举例操作如图 10-46 所示。

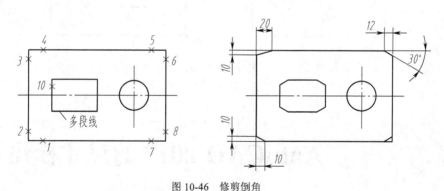

图 10-46　修剪倒角

十四、圆角（FILLET）

1. 功能

为两段圆弧、圆、椭圆弧、直线、多段线、射线、样条曲线或构造线以及三维实体创建以指定半径的圆弧形成的圆角。

2. 调用方法

① 单击"修改"工具栏上的"圆角"图标按钮 🔲。

② 选择"修改"|"圆角"命令。

③ 在命令行中输入"FILLET"命令，AutoCAD 2013 提示：

> 当前设置：模式 = 修剪，半径 = 0.0000
>
> 选择第一个对象或 [放弃(U)/多段线(P)/半径(R)/修剪(T)/多个(M)]:

提示中，第一行说明当前的创建圆角操作采用了"修剪"模式，且圆角半径为 0。第二行的含义如下：

（1）选择第一个对象。此提示要求选择创建圆角的第一个对象，为默认项。用户选择后，AutoCAD 2013 提示：

> 选择第二个对象，或按住" Shift "键选择要应用角点的对象:

在此提示下选择另一个对象，AutoCAD 2013 按当前的圆角半径设置对它们创建圆角。如果按住 Shift 键选择相邻的另一对象，则可以使两对象准确相交。

（2）多段线(P)。对二维多段线创建圆角。

（3）半径(R)。设置圆角半径。

（4）修剪(T)。确定创建圆角操作的修剪模式。

（5）多个(M)。执行该选项且用户选择两个对象创建出圆角后，可以继续对其他对象创建圆角，不必重新执行"FILLET"命令。

圆角举例操作如图 10-47 所示。

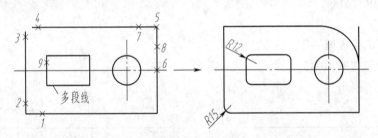

图 10-47　倒圆角

第 6 节　AutoCAD 2013 的尺寸标注

在工程图中，尺寸标注是必不可少的。AutoCAD 2013 提供了一套完整、快速、准确的尺寸标注方式和命令。在标注之前要以尺寸、尺寸界线、尺寸箭头及公差等进行必要的设置，尺寸标注的下拉菜单和工具栏如图 10-48 所示。

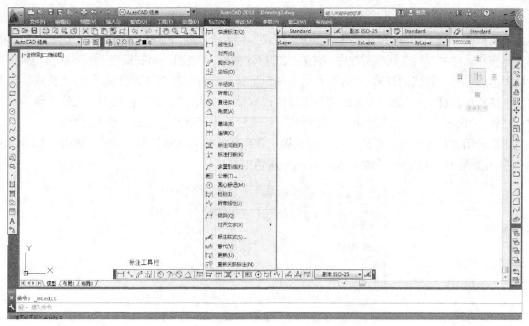

图 10-48 "尺寸标注"的下拉菜单和工具栏

一、标注样式（DIMSTYLE）

1. 功能

尺寸标注样式（简称标注样式）用于设置尺寸标注的具体格式，如尺寸文字采用的样式；尺寸线、尺寸界线以及尺寸箭头的标注设置等，以满足不同行业或不同国家的尺寸标注要求。

2. 调用方法

单击"标注"工具栏上的"标注样式"按钮，或选择"标注"|"标注样式"命令，即执行"DIMSTYLE"命令，AutoCAD 2013 弹出如图 10-49 所示的"标注样式管理器"对话框。

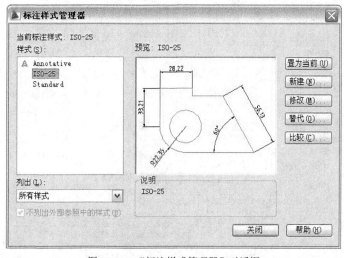

图 10-49 "标注样式管理器"对话框

其中，"当前标注样式"标签显示出当前标注样式的名称；"样式"列表框用于列出已有标注样式的名称；"列出"下拉列表框确定要在"样式"列表框中列出哪些标注样式；"预览"图片框用于预览在"样式"列表框中所选中标注样式的标注效果；"说明"标签框用于显示在"样式"列表框中所选定标注样式的说明；"置为当前"按钮把指定的标注样式置为当前样式；"新建"按钮用于创建新标注样式；"修改"按钮则用于修改已有标注样式；"替代"按钮用于设置当前样式的替代样式；"比较"按钮用于对两个标注样式进行比较，或了解某一样式的全部特性。

下面介绍如何新建标注样式。在"标注样式管理器"对话框中单击"新建"按钮，AutoCAD 2013 弹出如图 10-50 所示"创建新标注样式"对话框。

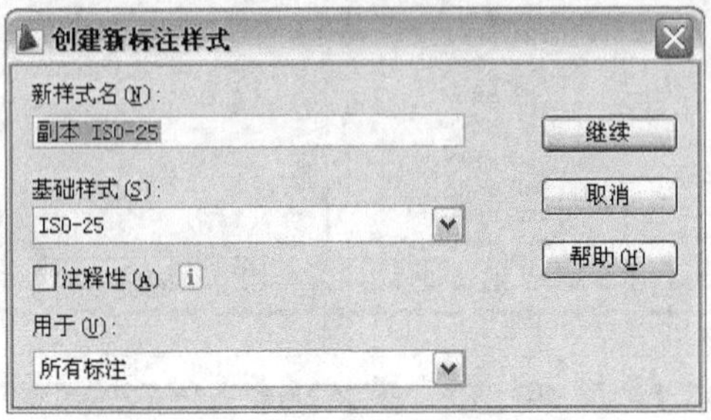

图 10-50　"创建新标注样式"对话框

可通过该对话框中的"新样式名"文本框指定新样式的名称；通过"基础样式"下拉列表框确定基础用来创建新样式的基础样式；通过"用于"下拉列表框，可确定新建标注样式的适用范围。下拉列表中有"所有标注""线性标注""角度标注""半径标注""直径标注""坐标标注"和"引线和公差"等选择项，分别用于使新样式适于对应的标注。确定新样式的名称和有关设置后，单击"继续"按钮，AutoCAD 2013 弹出"新建标注样式"对话框，如图 10-51 所示。

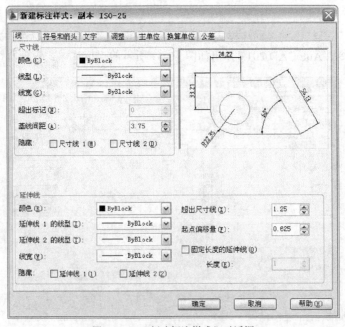

图 10-51　"新建标注样式"对话框

　　对话框中有"线""符号和箭头""文字""调整""主单位""换算单位"和"公差"7 个选项卡，下面分别给予介绍。

　　（1）"线"选项卡。设置尺寸线和尺寸界线的格式与属性。图 10-51 为所示与"线"选项卡对应的对话框。该选项卡中，"尺寸线"选项组用于设置尺寸线的样式；"延伸线"选项组用于设置尺寸界线的样式。预览窗口可根据当前的样式设置显示出对应的标注效果示例。

　　（2）"符号和箭头"选项卡。如图 10-52 所示，"符号和箭头"选项卡用于设置尺寸箭头、圆心标记、弧长符号以及半径折弯标注等方面的格式。

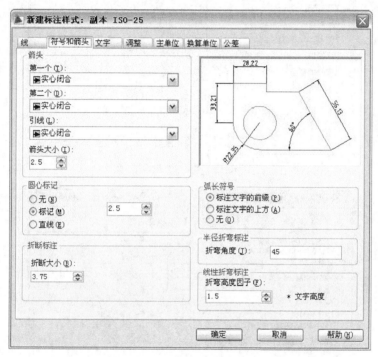

图 10-52　"符号和箭头"选项卡

　　该选项卡中，"箭头"选项组用于确定尺寸线两端的箭头样式；"圆心标记"选项组用于确定当对圆或圆弧执行标注圆心标记操作时，圆心标记的类型与大小；"折断标注"选项组确定在尺寸线或延伸线与其他线重叠处打断尺寸线或延伸线时的尺寸；"弧长符号"选项组用于为圆弧标注长度尺寸时的设置；"半径折弯标注"选项组通常用于标注尺寸的圆弧的中心点位于较远位置时；"线性折弯标注"选项用于线性折弯标注设置。

　　（3）"文字"选项卡。此选项卡用于设置尺寸文字的外观、位置以及对齐方式等，如图 10-53 所示，其中包括文字外观、文字位置、文字对齐方式等选项。

　　该选项卡中，"文字外观"选项组用于设置尺寸文字的样式等；"文字位置"选项组用于设置尺寸文字的位置；"文字对齐"选项组则用于确定尺寸文字的对齐方式。

　　（4）"调整"选项卡。此选项卡用于控制尺寸文字、尺寸线以及尺寸箭头等的位置和其他一些特征。如图 10-54 所示，其中包括：调整选项、文字位置、标注特征比例、优化等选项。

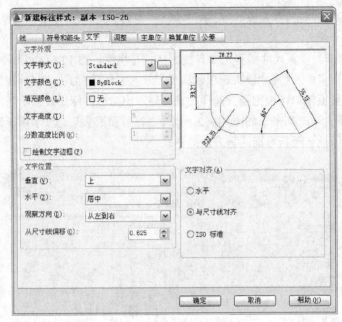

图 10-53　"文字"选项卡

图 10-54　"调整"选项卡

该选项卡中,"调整选项"选项组确定当尺寸界线之间没有足够的空间同时放置尺寸文字和箭头时,应首先从尺寸界线之间移出尺寸文字和箭头的哪一部分,用户可通过该选项组中的各单选按钮进行选择;"文字位置"选项组确定当尺寸文字不在默认位置时,应将其放在何处;"标注特征比例"选项组用于设置所标注尺寸的缩放关系;"优化"选项组该选项组用于设置标注尺寸时是否进行附加调整。

(5)"主单位"选项卡。此选项卡用于设置主单位的格式、精度以及尺寸文字的前缀和后缀,如图 10-55 所示"主单位"选项卡中，"线性标注"选项组用于设置线性标注的格式与精度；"角度标注"选项组确定标注角度尺寸时的单位、精度以及是否消零。

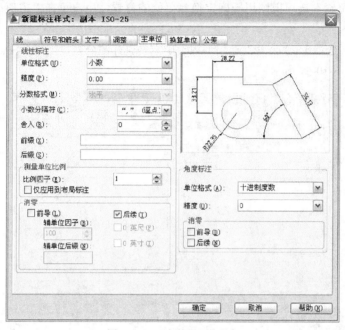

图 10-55　"主单位"选项卡

（6）"换算单位"选项卡。"换算单位"选项卡用于确定是否使用换算单位以及换算单位的格式，如 10-56 图所示。

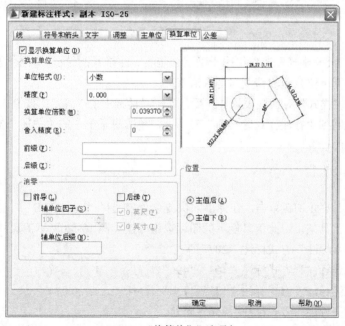

10-56　"换算单位"选项卡

该选项卡中，"显示换算单位"复选框用于确定是否在标注的尺寸中显示换算单位；"换算单位"选项组确定换算单位的单位格式、精度等设置；"消零"选项组确定是否消除换算单位的前导或后续零；"位置"选项组则用于确定换算单位的位置，用户可在"主值后"与"主值下"之间选择。

（7）"公差"选项卡。"公差"选项卡用于确定是否标注公差，如果标注公差的话，以何种方式进行标注，如图 10-57 所示。

图 10-57　"公差"选项卡

该选项卡中，"公差格式"选项组用于确定公差的标注格式；"换算单位公差"选项组确定当标注换算单位时换算单位公差的精度与是否消零。

利用"新建标注样式"对话框设置样式后，单击对话框中的"确定"按钮，完成样式的设置，AutoCAD 2013 返回到"标注样式管理器"对话框，单击对话框中的"关闭"按钮关闭对话框，完成尺寸标注样式的设置。

二、标注实例

将光标放在工具栏上右键单击，在弹出的快捷菜单中选择"AutoCAD"｜"标注"命令，则弹出"尺寸标注"工具条，用此工具栏上的图标按钮标注如图 10-58 所示的尺寸。

（1）选择"线性标注"方式标注"207"尺寸。

（2）选择"基线标注"方式标注"104""496"尺寸。

（3）选择"连续标注"方式标注"127""136"尺寸。

（4）选择"对齐标注"方式标注"256"尺寸。

（5）选择"角度标注"方式标注"25°"角。

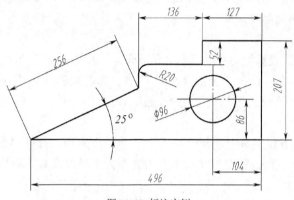

图 10-58 标注实例

（6）选择"半径标注"方式标注圆弧半径"R20"。

（7）选择"直径标注"方式标注圆弧直径"φ96"。

第7节 AutoCAD 2013 的绘图实例

本节通过绘制汽车发动机翻转架装配图中的零件图，来说明实际设计中如何运用 AutoCAD 2013 进行绘图，重点掌握绘图、标注的方法和步骤。

例 1 绘制汽车发动机翻转架中的"槽臂"零件图，如图 10-59 所示。要求如下所述。

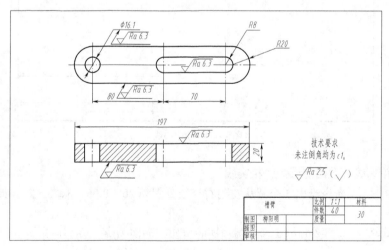

图 10-59 槽臂

① 图形范围为 420 × 297，将显示的范围设置为和图形范围相同。

② 长度和角度单位均采用十进制，精度为小数点后 0 位。

③ 设立 4 个新图层：中心线、粗实线、标注和剖面线，中心线图层的线型为"Center"，颜色为蓝色，其他图层的线型为"Continuous"，除粗实线层线宽为 0.35mm 外，其他线宽均为默认。

④ 在中心线层上绘制中心线，在粗实线层上绘制实体部分，在标注层上标注尺寸。

⑤ 在剖面线层填充剖面线。

操作步骤如下所述

（1）设置绘图界限。设置绘图界限左下角点坐标为（0，0），右上角点坐标为（420，297）。

执行"ZOOM"命令，选择"全部（A）"选项。即在绘图窗口中显示位于图形界限中的内容；如果有图形对象绘制到图纸边界之外，显示范围则会扩大，以便将超出边界的部分也显示在屏幕上。

（2）设置单位。从下拉菜单中选择"格式"|"单位"选项，打开"图形单位"对话框，在其中设置长度的类型为小数，精度为 0；角度的类型为十进制度数，精度为 0，系统默认逆时针方向为正。

（3）设置图层。设 4 个图层，其中包括：中心线图层、粗实线图层、标注图层、剖面线图层。

（4）绘制边线框和标题栏。

（5）绘中心线。选"中心线"为当前图层。单击"绘图"工具栏上的"直线"按钮，根据给出的尺寸，画出如图 10-60 所示的中心线。

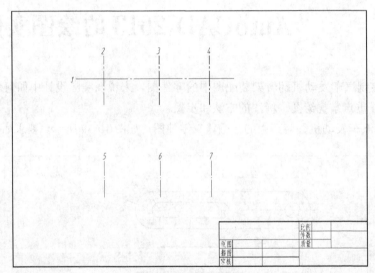

图 10-60　绘中心线

（6）绘制轮廓线。设当前层为"粗实线"。

利用"CIRCLE"命令绘出 5 个圆从左到右半径分别为 20、8.05、8、8、20，如图 10-61（a）所示。

利用"LINE"命令，绘制出 4 条与圆相切的直线，如图 10-61（b）所示。

利用"TRIM"命令，将 4 个圆修剪成半圆，如图 10-61（c）所示。

利用"LINE"命令，绘出俯视图。

（7）填充剖面线。设置当前图层为"剖面线"图层，执行"图案填充"命令。选择图案为"ANSI31"，设角度为"0"、比例为 1，通过"拾取点"来选择边界。

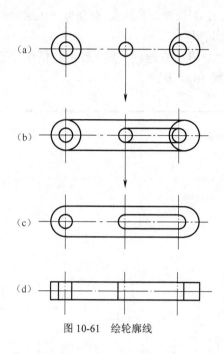

图 10-61　绘轮廓线

（8）标注尺寸。设置当前图层为"标注"图层，依次标注图中尺寸。

例 2　绘制发动机翻转架中"轴"的零件图，如图 10-62 所示，并标注尺寸。

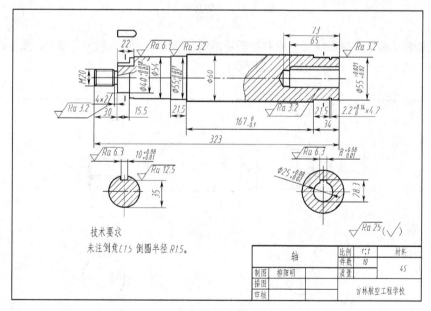

图 10-62　轴

操作步骤如下所述

（1）设置图形界限（参照例 1）。

（2）设置单位（参照例 1）。

（3）设置图层（参照例 1）。新设置 6 个图层，分别为：中心线图层、粗实线图层、细实线图层、标题栏图层、剖面线图层、虚线图层。

（4）绘制标题栏和中心线。在"标题栏"层上绘制边框和标题栏，在"中心线"层上绘出中心线，注意比例分配，如图 10-63 所示。

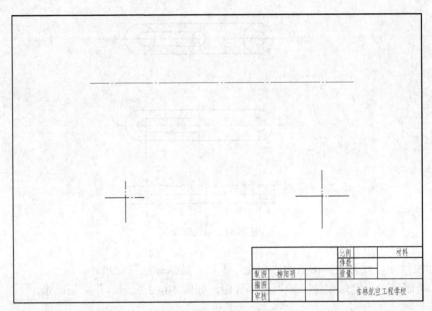

图 10-63　绘制轴-中心线

（5）绘制轮廓线。在粗实线层上绘制轴的轮廓线，可先绘制轴线的下半部分，然后再利用"镜像"和"修改"画出上部分，如图 10-64 所示。

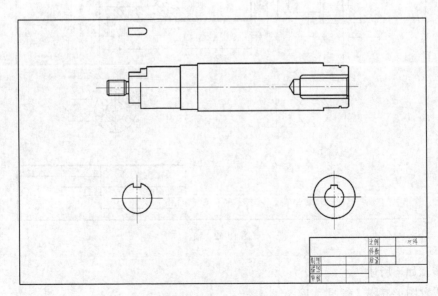

图 10-64　轴（轮廓）

（6）绘制剖面线。在细实线图层上绘出波浪线，在剖面线图层上填充剖面线，如图 10-65 所示。

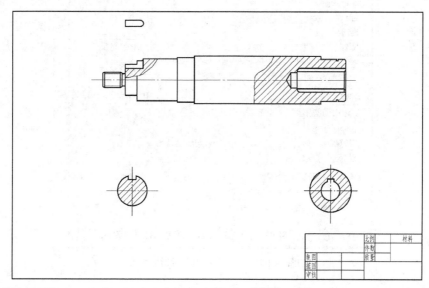

图 10-65　轴（剖面线）

（7）标注尺寸。在"标注"图层上标注尺寸，填写技术条件和标题栏。

第8节　AutoCAD 2013 的图形打印

当用户绘制完图形后，一般需要以图纸文件形式输出图形，AutoCAD 2013 可以使用多种方法输出。可以将图形打印在图纸上，也可以创建成文件以供其他应用程序使用。以上两种情况都需要进行打印设置。

绘图窗口中包括模型空间和图纸空间，模型空间是完成绘图和设计工作的工作空间，图纸空间代表图纸，可以在上面布局图形，也就是最终打印出来的图纸。这两个空间都可以打印出图形，但打印之前都必须进行页面设置等。对于简单的图形，用户可以直接在模型空间打印。

一、打印出图的一般步骤

（1）打开已有的文件或绘制完一幅新图之后，在界面的左上角快速访问工具栏中，单击"打印"按钮 🖨，或在菜单栏选择"文件/打印"选项，打开"打印–模型"对话框，如图 10-66 所示，单击右下角"更多"按钮，展开全部内容，如图 10-67 所示。

图 10-66　"打印−模型"对话框 1

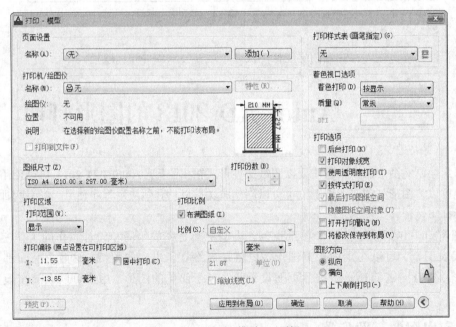

图 10-67　"打印−模型"对话框 2

（2）设置"打印−模型"对话框中的打印参数，如页面设置、打印机/绘图仪、图形尺寸、打印区域、打印偏移、打印比例及打印选项等。

（3）设置完成后，可单击"打印−模型"对话框中的"预览"按钮，预览打印效果。如果效果不满意，可单击"关闭预览窗口"按钮，退出预览并返回到"打印−模型"对话框，重新设置打印参数；如果满意，单击"确定"按钮，即可完成图形的打印。

二、打印参数的设置

1. 页面设置

显示当前页面设置的名称,使用页面设置为打印作业保存和重复使用设置,可以默认为"<无>"。

2. 打印机/绘图仪

打印图形前,必须选择打印机或绘图仪的类型,选择的设备会影响图形的可打印区域。在选择打印设备后,单击右侧的"特性"按钮,可以查看有关设备名称和位置的详细信息。

3. 图纸尺寸

显示所选打印设备可用的标准图纸尺寸。当选择一个打印图纸尺寸之后,上面的局部预览图会精确显示图纸尺寸,其中的阴影区域是有效的打印区域。

4. 打印区域

选择打印范围,包括显示、窗口、范围、图形界限四个选项,各选项的功能如下:

(1)显示。打印区域为当前绘图窗口中所显示的所有图形,没有显示的图形将不被打印。

(2)窗口。打印指定的矩形区域内的图形。当选择"窗口"选项,"窗口"按钮将成为可用按钮。单击"窗口"按钮以使用定点设备指定要打印区域的两个角点,或输入坐标值。

(3)范围。打印当前空间内所有图形,即按图形最大范围输出。

(4)图形界限。打印在图形界限内的图形。

5. 打印比例

控制图形单位与打印单位之间的相对尺寸。打印布局时,默认缩放缩放比例设置为1:1。从"模型"选项卡打印时,默认设置为"布满图纸"。

(1)布满图纸。默认为勾选,此时系统将缩放打印图形以布满所选图纸尺寸。

(2)比例。定义打印的精确比例。

6. 打印偏移

指定打印区域相对于可打印区域左下角或图纸边界的偏移。"打印"对话框的"打印偏移"区域显示了包括在括号中的指定打印偏移选项。如果勾选"居中打印",系统将自动计算偏移值,在图纸上居中打印。

7. 图形方向

用于设置图纸的方向。图纸图标代表所选图纸的介质方向,"A"字母图标代表图形在图纸上的方向。

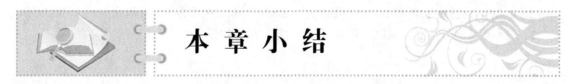

本 章 小 结

本章主要讲解了 AutoCAD 2013 的基本知识,其主要内容如下所述。

一、AutoCAD 2013 的基本操作

1. AutoCAD 2013 启动方法

2．AutoCAD 2013 的用户界面包括标题栏、菜单浏览器、菜单栏、工具栏、绘图窗口、光标、坐标系图标、命令窗口、状态栏、模型/布局选项卡和滚动条等

二、AutoCAD 2013 的文件管理

新建文件、打开文件、保存文件和退出文件的方法及操作步骤。

三、AutoCAD 2013 的基本设置

1．AutoCAD 2013 的基本设置包括：图形界限、绘图单位和精度、线型、线宽、图层和颜色等。辅助绘图工具的设置包括：设置栅格和捕捉、正交模式、极轴追踪、对象捕捉等。

2．AutoCAD 2013 的坐标系统分为世界坐标系和用户坐标系。在两种坐标系下，用户都可根据需要使用绝对坐标、相对坐标和极坐标等。合理使用各种坐标系统，可给作图带来很大的方便。

四、基本图形绘制

任何复杂的图形都是由基本的直线、圆弧、圆、椭圆和多边形等元素组成。这些基本元素的绘制都可通过 3 种命令执行方式来完成：①单击下拉菜单"绘图"中的各选项；②单击绘图工具栏的各种命令图标；③在"命令行"直接输入命令。

五、基本编辑命令

AutoCAD 2013 的基本编辑命令除了包括常用的对图形的移动、旋转、复制、拉伸、修剪等编辑功能，还有一些特殊的编辑功能，如对图像进行圆弧过渡或修倒角、创建镜像对象、创建环形或矩形对象阵列等。这给图形编辑带来了极大灵活性，也使原本复杂的处理，变得简单易行了。

六、文本及尺寸标注

1．文本标注

①　"类型"可用来设定字体、字体样式、字高、效果等。

②　"输入文本"可通过执行"TEXT""MTEXT"等命令来实现，单击命令按钮或用下拉菜单来实现。

2．尺寸标注

①　"标注样式"用来设定尺寸线、尺寸界线、箭头和圆心；文字的外观位置及对齐方式；尺寸数字的格式与精度，以及尺寸文字的前缀与后缀；公差及公差的标注格式。

②　可通过标注工具栏上的各命令按钮、"标注"下拉菜单中的各选项及在命令行上直接输入标注命令来进行尺寸标注。

七、绘制平面图实例

通过绘制发动机翻转架零件图实例的操作对上述 6 个方面的内容进行了综合运用和训练。

八、图形打印

1．在"打印设备"选项卡中，选择打印机。

2．在"打印设置"选项卡中，选择图纸大小和图纸单位、图形方向、打印比例、打印区域等。

3．打印前要进行预览，满意后单击"确定"按钮即可出图。

附　　录

附表 1　　　普通螺纹直径与螺距（摘自 GB/T 192—2003、GB/T193—2003）　　　单位：mm

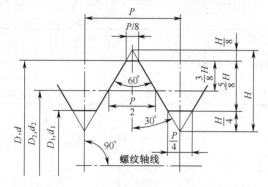

D——内螺纹大径

d——外螺纹大径

D_2——内螺纹中径

d_2——外螺纹中径

D_1——内螺纹小径

d_1——外螺纹小径

P——螺距

H——原始三角形高度

标记示例：

M10—6g（粗牙普通外螺纹、公称直径 d=M10、右旋、中径及大径公差带均为 6g、中等旋合长度）

M10×1—6H—LH（细牙普通内螺纹、公称直径 D=10、螺距 P=1、中径及小径公差带均为 6H、中等旋合长度、左旋）

公称直径（D、d）			螺距（P）	
第 一 系 列	第 二 系 列	第 三 系 列	粗　牙	细　牙
4	3.5		0.7	0.5
5			0.8	0.5
6		5.5	1	0.75
	7		1	0.75
8			1.25	1、0.75
		9	1.25	1、0.75
10			1.5	1.25、1、0.75
12		11	1.5	1.5、1、0.75
			1.75	1.25、1
	14		2	1.5、1.25、1
16		15		1.5、1
			2	1.5、1
		17		1.5、1
20	18		2.5	2、1.5、1
			2.5	2、1.5、1
24	22		2.5	
			3	2、1.5、1
		25		

续表

公称直径（D、d）			螺距（P）	
第 一 系 列	第 二 系 列	第 三 系 列	粗　牙	细　牙
		26	3	1.5
	27			2、1.5、1
		28		2、1.5、1
30			3.5	(3)、2、1.5、1
		32		2、1.5
	33		3.5	(3)、2、1.5
		35		1.5
36			4	3、2、1.5
		38		1.5
	39		4	3、2、1.5

注：1.优先选用第一系列，其次是第二系列、第三系列。

2.括号内尺寸尽可能不用。

3.M14×1.25仅用于火花塞，M35×1.5仅用于滚动轴承锁紧螺母。

附表2　　　　　梯形螺纹（摘自GB/T 5796.1～4—2005）　　　　单位：mm

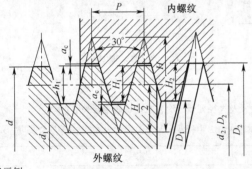

d——外螺纹大径（公称直径）
d_3——外螺纹小径
D_4——内螺纹大径
D_1——内螺纹小径
d_2——外螺纹中径
D_2——内螺纹中径
P——螺距
a_c——牙顶间隙

标记示例：

Tr40×7—7H（单线梯形内螺纹、公称直径d=40、螺距P=7、右旋、中径公差带为7H、中等旋合长度）

Tr60×18（P9）—8e—L—LH（双线梯形外螺纹、公称直径d=60、导程S=18、螺距P=9、中径公差带为8E、长旋合长度、左旋）

梯形螺纹的基本尺寸

d公称系列		螺距 P	中径 $d_2=D_2$	大径 D_4	小　径		d公称系列		螺距 P	中径 $d_2=D_2$	大径 D_4	小　径	
第一系列	第二系列				d_3	D_1	第一系列	第二系列				d_3	D_1
8	—	1.5	7.25	8.3	6.2	6.5	32	—	6	29.0	33	25	26
—	9		8.0	9.5	6.5	7	—	34		31.0	35	27	28
10	—	2	9.0	10.5	7.5	8	36	—		33.0	37	29	30
—	11		10.0	11.5	8.5	9	—	38		34.5	39	30	31
12	—	3	10.5	12.5	8.5	9	40	—	7	36.5	41	32	33
—	14		12.5	14.5	10.5	11	—	42		38.5	43	34	35
16	—	4	14.0	16.5	11.5	12	44	—		40.5	45	36	37
—	18		16.0	18.5	13.5	14	—	46	8	42.0	47	37	38
20	—		18.0	20.5	15.5	16	48	—		44.0	49	39	40
—	22		19.5	22.5	16.5	17	—	50		46.0	51	41	42
24	—	5	21.5	24.5	18.5	19	52	—		48.0	53	43	44
—	26		23.5	26.5	20.5	21	—	55	9	50.5	56	45	46
28	—		25.5	28.5	22.5	23	60	—		55.5	61	50	51
—	30	6	27.0	31.0	23.0	24	—	65	10	60.0	66	54	55

注：1.优先选用第一系列的直径。

2.表中所列的螺距和直径，是优先选择的螺距及与之对应的直径。

附表3 管 螺 纹

用螺纹密封的管螺纹

（摘自 GB/T 7306.1～2—2000）

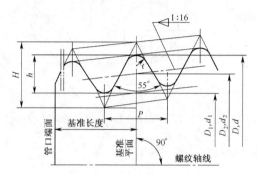

非螺纹密封的管螺纹

（摘自 GB/T 7307—2001）

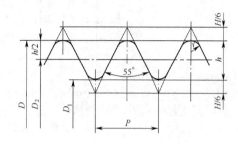

标记示例：

R1½（尺寸代号1½，右旋圆锥外螺纹）

Rc1¼—LH（尺寸代号1¼，左旋圆锥内螺纹）

Rp2（尺寸代号2，右旋圆柱内螺纹）

标记示例：

G1½—LH（尺寸代号1½，左旋内螺纹）

G1¼—A（尺寸代号1¼，A级右旋外螺纹）

G2B—LH（尺寸代号2，B级左旋外螺纹）

尺寸代号	基面上的直径（GB/T 7306）基本直径（GB/T 7307）			螺距 P/mm	牙高 h/mm	圆弧半径 r/mm	每25.4mm内的牙数 n	有效螺纹长度 /mm （GB/T 7306—2000）	基准长度 /mm （GB/T 7306—2000）
	大径 $d=D$ /mm	中径 $d_2=D_2$ /mm	小径 $d_1=D_1$ /mm						
1/16	7.723	7.142	6.561	0.907	0.581	0.125	28	6.5	4.0
1/8	9.728	9.147	8.566						
1/4	13.157	12.301	11.445	1.337	0.856	0.184	19	9.7	6.0
3/8	16.662	15.806	14.950					10.1	6.4
1/2	20.955	19.793	18.631	1.814	1.162	0.249	14	13.2	8.2
3/4	26.441	25.279	24.117					14.5	9.5
1	33.249	31.770	30.291					16.8	10.4
1¼	41.910	40.431	28.952					19.1	12.7
1½	47.803	46.324	44.845						
2	59.614	58.135	56.656					23.4	15.9
2½	75.184	73.705	72.226	2.309	1.479	0.317	11	26.7	17.5
3	87.884	86.405	84.926					29.8	20.6
4	113.030	111.551	110.072					35.8	25.4
5	163.830	136.951	135.472					40.1	28.6
6	163.830	162.351	160.872						

附表4　　　　　　　　　　　　　六角头螺栓　　　　　　　　　　　单位：mm

六角头螺栓　C级（摘自 GB/T 5780—2000）

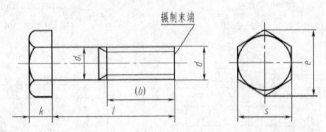

标记示例：

螺栓 GB/T 5780—2000　M20×100（螺纹规格 d=M20、公称长度 l=100、性能等级为4.8级、不经表面处理、杆身半螺纹、产品等级为C级的六角头螺栓）

六角头螺栓　全螺纹　C级（摘自 GB/T 5781—2000）

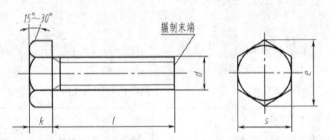

标记示例：

螺栓 GB/T 5781—2000　M12×80（螺纹规格 d=M12、公称长度 l=80、性能等级为4.8级、不经表面处理、全螺纹、产品等级为C级的六角头螺栓）

螺纹规格（d）		M5	M6	M8	M10	M12	M16	M20	M24	M30	M36	M42	M48
b 参考	$l_{公称}$≤125	16	18	22	26	30	38	40	54	66	78	—	—
	125<$l_{公称}$≤200	—	—	28	32	36	44	52	60	72	84	96	108
	$l_{公称}$>200	—	—	—	—	—	57	65	73	85	97	109	121
$k_{公称}$		3.5	4.0	5.3	6.4	7.5	10	12.5	15	18.7	22.5	26	30
s_{min}		8	10	13	16	18	24	30	36	46	55	65	75
e_{max}		8.63	10.9	14.2	17.6	19.9	26.2	33.0	39.6	50.9	60.8	72.0	82.6
d_{smax}		5.48	6.48	8.58	10.6	12.7	16.7	20.8	24.8	30.8	37.0	45.0	49.0
l 范围	GB/T 5780—2000	25~50	30~60	35~80	40~100	45~120	55~160	65~200	80~240	90~300	110~300	160~420	180~480
	GB/T 5781—2000	10~40	12~50	16~65	20~80	25~100	35~100	40~100	50~100	60~100	70~100	80~420	90~480
$l_{公称}$		10、12、16、20~50（5进位）、(55)、60、(65)、70~160（10进位）、180、220~500（20进位）											

注：1. 括号内的规格尽可能不用。末端按 GB/T 2—2001 规定。

　　2. 螺纹公差：8g（GB/T 5780—2000）；6g（GB/T 5781—2000）；机械性能等级：4.6级、4.8级；产品等级：C级。

附表5		双头螺柱（摘自 GB/T 897～GB/T900—1988）		单位：mm

b_m=1d（GB/T 897—1988）　b_m=1.25d（GB/T 898—1988）　b_m=1.5d（GB/T 899—1988）　b_m=2d（GB/T 900—1988）

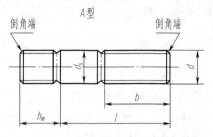 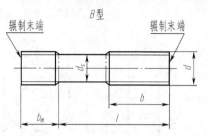

标记示例：

螺柱　GB/T 900—1988　M10×50（两端均为粗牙普通螺纹、d＝M10、l＝50、性能等级为4.8级、不经表面处理、B型、b_m＝2d 的双头螺柱）

螺柱　GB/T 900—1988　AM10-10×1×50（旋入机体一端为粗牙普通螺纹、旋螺母端为螺距 P＝1 的细牙普通螺纹、d＝M10、l＝50、性能等级为4.8级、不经表面处理、A型、b_m＝2d 的双头螺柱）

螺纹规格（d）	b_m（旋入机体端长度）				$\dfrac{l（螺柱长度）}{b（旋螺母端长度）}$				
	GB/T 897—1988	GB/T 898—1988	GB/T 899—1988	GB/T 900—1988					
M4	—	—	6	8	$\dfrac{16\sim22}{8}$	$\dfrac{25\sim40}{14}$			
M5	5	6	8	10	$\dfrac{16\sim22}{10}$	$\dfrac{25\sim50}{16}$			
M6	6	8	10	12	$\dfrac{20\sim22}{10}$	$\dfrac{25\sim30}{14}$	$\dfrac{32\sim75}{18}$		
M8	8	10	12	16	$\dfrac{20\sim22}{12}$	$\dfrac{25\sim30}{16}$	$\dfrac{32\sim90}{22}$		
M10	10	12	15	20	$\dfrac{25\sim28}{14}$	$\dfrac{30\sim38}{16}$	$\dfrac{40\sim120}{26}$	$\dfrac{130}{32}$	
M12	12	15	18	24	$\dfrac{25\sim30}{14}$	$\dfrac{32\sim40}{16}$	$\dfrac{45\sim120}{26}$	$\dfrac{130\sim180}{32}$	
M16	16	20	24	32	$\dfrac{30\sim38}{16}$	$\dfrac{40\sim55}{20}$	$\dfrac{60\sim120}{30}$	$\dfrac{130\sim200}{36}$	
M20	20	25	30	40	$\dfrac{35\sim40}{20}$	$\dfrac{45\sim65}{30}$	$\dfrac{70\sim120}{38}$	$\dfrac{130\sim200}{44}$	
（M24）	24	30	36	48	$\dfrac{45\sim50}{25}$	$\dfrac{55\sim75}{35}$	$\dfrac{80\sim120}{46}$	$\dfrac{130\sim200}{52}$	
（M30）	30	38	45	60	$\dfrac{60\sim65}{40}$	$\dfrac{70\sim90}{50}$	$\dfrac{95\sim120}{66}$	$\dfrac{130\sim200}{72}$	$\dfrac{210\sim250}{85}$
M36	36	45	54	72	$\dfrac{65\sim75}{45}$	$\dfrac{80\sim110}{60}$	$\dfrac{120}{78}$	$\dfrac{130\sim200}{84}$	$\dfrac{210\sim300}{97}$
M42	42	52	63	84	$\dfrac{70\sim80}{50}$	$\dfrac{85\sim110}{70}$	$\dfrac{120}{90}$	$\dfrac{130\sim200}{96}$	$\dfrac{210\sim300}{109}$
M48	48	60	72	96	$\dfrac{80\sim90}{60}$	$\dfrac{95\sim110}{80}$	$\dfrac{120}{102}$	$\dfrac{130\sim200}{108}$	$\dfrac{210\sim300}{121}$
$l_{公称}$	12、（14）、16、（18）、20、（22）、25、（28）、30、（32）、35、（38）、40、45、50、55、60、（65）、70、75、80、（85）、90								

注：1.尽可能不采用括号内的规格。末端按 GB/T 2—2001 规定。

　　2.b_m＝d，一般用于钢对钢；b_m＝(1.25～1.5)d，一般用于钢对铸铁；b_m＝2d，一般用于钢对铝合金。

附表6　　　　　　　　　　　　　　　Ⅰ型六角螺母　　　　　　　　　　　　　单位：mm

Ⅰ型六角螺母—A和B级（摘自GB/T6170—2000）　Ⅰ型六角螺母—细牙—A和B级（摘自GB/T6171—2000）
Ⅰ型六角螺母—C级（摘自GB/T41—2000）

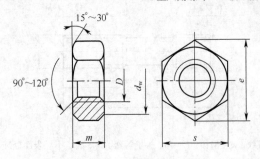

标记示例：

螺母　GB/T41—2000　M12

（螺纹规格 D=M12、性能等级为5级、不经表面处理、产品等级为C级的六角螺母）

Ⅰ型六角螺母　C级（摘自GB/T41—2000）

螺纹规格（D）	M5	M6	M8	M10	M12	M16	M20	M24	M30	M36	M42	M48	M56
s_{max}	8	10	13	16	18	24	30	36	46	55	65	75	95
e_{min}	8.63	10.9	14.2	17.6	19.9	26.2	33.0	39.6	50.9	60.8	72.0	82.6	104.8
m_{max}	5.6	6.1	7.9	9.5	12.2	15.9	18.7	22.3	26.4	31.5	34.9	38.9	52.4
d_w	6.9	8.7	11.5	14.5	16.5	22.0	27.7	33.2	42.7	51.1	60.6	69.4	88.2

注：1. P—螺距。

2. A级用于 D≤16 的螺母；B级用于 D>16 的螺母；C级用于 D≥5 的螺母。

3. 螺纹公差：A、B级为6H，C级为7H；机械性能等级：A、B级为6、8、10级，C级为4、5级。

附表7　　　　　　　　　　　　　　　　　垫圈　　　　　　　　　　　　　　　单位：mm

平垫圈　A级（摘自GB/T 97.1—2002）　　　　平垫圈　C级（摘自GB/T 95—2002）
平垫圈　倒角型　A级（摘自GB/T 97.2—2002）　　标准型弹簧垫圈（摘自GB/T 93—1987）

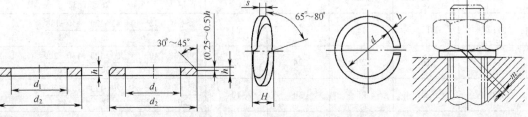

标记示例：

垫圈　GB/T 95—2000　8-100HV（标准系列、规格8mm、性能等级为100HV级、不经表面处理，产品等级为C级的平垫圈）

垫圈　GB/T 93—1987　10（规格10mm、材料为65Mn、表面氧化的标准型弹簧垫圈）

公称尺寸 d（螺纹规格）		4	5	6	8	10	12	14	16	20	24	30	36	42	48
GB/T 97.1—2002（A级）	d_1	4.3	5.3	6.4	8.4	10.5	13.0	15	17	21	25	31	37	—	—
	d_2	9	10	12	16	20	24	28	30	37	44	56	66	—	—
	h	0.8	1	1.6	1.6	2	2.5	2.5	3	3	4	4	5	—	—
GB/T 97.2—2002（A级）	d_1	—	5.3	6.4	8.4	10.5	13	15	17	21	25	31	37	—	—
	d_2	—	10	12	16	20	24	28	30	37	44	56	66	—	—
	h	—	1	1.6	1.6	2	2.5	2.5	3	3	4	4	5	—	—
GB/T 95—2002（C级）	d_1	—	5.5	6.6	9	11	13.5	15.5	17.5	22	26	33	39	45	52
	d_2	—	10	12	16	20	24	28	30	37	44	56	66	78	92
	h	—	1	1.6	1.6	2	2.5	2.5	3	3	4	4	5	8	8

公称尺寸 d（螺纹规格）		4	5	6	8	10	12	14	16	20	24	30	36	42	48
GB/T 93—1987	d_1	4.1	5.1	6.1	8.1	10.2	12.2	—	16.2	20.2	24.5	30.5	36.5	42.5	48.5
	$S=b$	1.1	1.3	1.6	2.1	2.6	3.1	—	4.1	5	6	7.5	9	10.5	12
	H	2.8	3.3	4	5.3	6.5	7.8	—	10.3	12.5	15	18.6	22.5	26.3	30

注：1. A 级适用于精装配系列，C 级适用于中等装配系列。
　　2. C 级垫圈没有 Ra=3.2 和去毛刺的要求。

附表 8	螺钉（一）	单位：mm

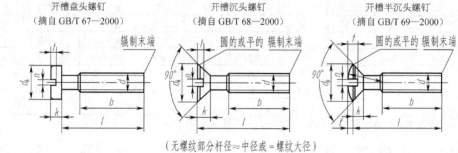

开槽盘头螺钉（摘自 GB/T 67—2000）　开槽沉头螺钉（摘自 GB/T 68—2000）　开槽半沉头螺钉（摘自 GB/T 69—2000）

（无螺纹部分杆径≈中径或 =螺纹大径）

标记示例：螺钉　GB/T 67—2000　M5×60

（螺纹规格 d=M5、l=60、性能等级为 4.8 级、不经表面处理的开槽盘头螺钉）

螺纹规格 d	P	b_{min}	$n_{公称}$	f		r_f	k_{max}		d_{kmax}		t_{min}			l范围		全螺纹时最大长度	
				GB/T 69—2000	GB/T 69—2000	GB/T 67—2000	GB/T 68—2000 GB/T 69—2000	GB/T 67—2000	GB/T 68—2000 GB/T 69—2000	GB/T 67—2000	GB/T 68—2000	GB/T 69—2000	GB/T 67—2000	GB/T 68—2000 GB/T 69—2000	GB/T 67—2000	GB/T 68—2000 GB/T 69—2000
M2	0.4	25	0.5	4	0.5	1.3	1.2	4	3.8	0.5	0.4	0.8	2.5~20	3~20	30	
M3	0.5		0.8	6	0.7	1.8	1.65	5.6	5.5	0.7	0.6	1.2	4~30	5~30		
M4	0.7		1.2	9.5	1	2.4	2.7	8	8.4	1	1	1.6	5~40	6~40	40	45
M5	0.8				1.2	3		9.5	9.3	1.2	1.1	2	6~50	8~50		
M6	1	38	1.6	12	1.4	3.6	3.3	12	12	1.4	1.2	2.4	8~60	8~60		
M8	1.25		2	16.5	2	4.8	4.65	16	16	1.9	1.8	3.2	10~80			
M10	1.5		2.5	19.5	2.3	6	5	20	20	2.4	2	3.8				

l系列　2、2.5、3、4、5、6、8、10、12、（14）、16、20~50（5 进位）、（55）、60、（65）、70、（75）、80

注：螺纹公差为 6g；机械性能等级为 4.8、5.8；产品等级为 A。

附表 9	螺钉（二）	单位：mm

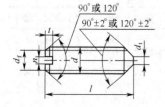

开槽锥端紧定螺钉（摘自 GB/T 71 1985）

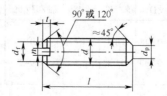

开槽平端紧定螺钉（摘自 GB/T 73 1985）

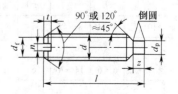

开槽长圆柱端紧定螺钉（摘自 GB/T 75 1985）

标记示例：螺钉 GB/T71—1985 M5×20

（螺纹规格 d=M5、公称长度 l=20、性能等级为 14H 级、表面氧化的开槽锥端紧定螺钉）

续表

螺纹规格 d	P	d_f	d_{tmax}	d_{pmax}	n 公称	t_{max}	Z_{max}	l 范围		
								GB/T 71 —1985	GB/T 73 —1985	GB/T 75 —1985
M2	0.4	螺纹小径	0.2	1	0.25	0.84	1.25	3～10	2～10	3～10
M3	0.5		0.3	2	0.4	1.05	1.75	4～16	3～16	5～16
M4	0.7		0.4	2.5	0.6	1.42	2.25	6～20	4～20	6～20
M5	0.8		0.5	3.5	0.8	1.63	2.75	8～25	5～25	8～25
M6	1		1.5	4	1	2	3.25	8～30	6～30	8～30
M8	1.25		2	5.5	1.2	2.5	4.3	10～40	8～40	10～40
M10	1.5		2.5	7	1.6	3	5.3	12～50	10～50	12～50
M12	1.75		3	8.5	2	3.6	6.3	14～60	12～60	14～60
l 系列		2、2.5、3、4、5、6、8、10、12、（14）、16、20、25、30、35、40、45、50、（55）、60								

注：螺纹公差为 6g；机械性能等级为 14H、22H；产品等级为 A 级。

附表 10　　平键及键槽各部尺寸（摘自 GB/T 1095—2003、GB/T1096—2003）　　单位：mm

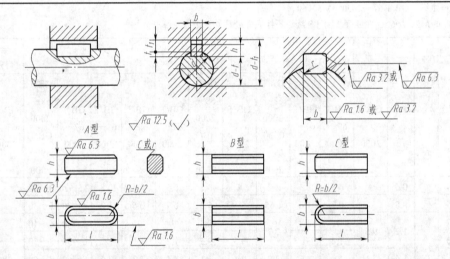

标记示例：

GB/T 1096　键　16×100　（圆头普通平键、b=16、h=10、L=100）

GB/T 1096　键　B16×100　（平头普通平键、b=16、h=10、L=100）

GB/T 1096　键　C16×100　（单圆头普通平键、b=16、h=10、L=100）

轴 公称直径 (d)	键		键槽									
	公称尺寸 $(b×h)$	长度 (L)	宽度 (b)						深度		半径 (r)	
			公称尺寸 (b)	极限偏差					轴 (t)	毂 (t_1)		
				较松键连接		一般键连接		较紧键连接				
				轴 H9	毂 D10	轴 N9	毂 JS9	轴和毂 P9	公称	偏差	公称	偏差	最大	最小
>10～12	4×4	8～45	4	+0.030 0	+0.078 +0.030	0 −0.030	±0.015	−0.012 −0.042	2.5	+0.1 0	1.8	+0.1 0	0.08	0.16
>12～17	5×5	10～56	5						3.0		2.3		0.16	0.25
>17～22	6×6	14～70	6						3.5		2.8			

续表

轴 公称直径 (d)	键 公称尺寸 (b×h)	长度 (L)	键槽 公称尺寸 (b)	较松键连接 轴 H9	较松键连接 毂 D10	一般键连接 轴 N9	一般键连接 毂 JS9	较紧键连接 轴和毂 P9	深度 轴(t) 公称	深度 轴(t) 偏差	深度 毂(t₁) 公称	深度 毂(t₁) 偏差	半径(r) 最大	半径(r) 最小
>22~30	8×7	18~90	8	+0.036 0	+0.098 +0.040	0 −0.036	±0.018	−0.015 −0.051	4.0		3.3			
>30~38	10×8	22~110	10						5.0		3.3			
>38~44	12×8	28~140	12						5.0		3.3			
>44~50	14×9	36~160	14	+0.043 0	+0.120 +0.050	0 −0.043	±0.022	−0.018 −0.061	5.5		3.8		0.25	0.40
>50~58	16×10	45~180	16						6.0	+0.2 0	4.3	+0.2 0		
>58~65	18×11	50~200	18						7.0		4.4			
>65~75	20×12	56~220	20						7.5		4.9			
>75~85	22×14	63~250	22	+0.052 0	+0.149 +0.065	0 −0.052	±0.026	−0.022 −0.074	9.0		5.4		0.40	0.60
>85~95	25×14	70~280	25						9.0		5.4			
>95~110	28×16	80~320	28						10		6.4			

L 系列	6~22（2 进位）、25、28、32、36、40、45、50、56、63、70、80、90、100、110、125、140、160、180、200、220、250、280、320、360、400、450、500

注：1. (d−t)和(d+t₁)两组组合尺寸的极限偏差按相应的 t 和 t₁ 的极限偏差选取，但(d−t)极限偏差应取负号（−）。

2. 键宽 b 的极限偏差为 h9，键高 h 的极限偏差为 h11，键长 L 的极限偏差为 h14。

附表 11　　　　圆柱销（不淬硬钢和奥氏体不锈钢）（摘自 GB/T 119.1—2000）　　　单位：mm

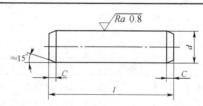

标记示例：

　　销 GB/T 119.1　10　m6×90　（公称直径 d=10、公差为 m6、公称长度 l=90、材料为钢、不经表面处理的圆柱销）

　　销 GB/T 119.1　10　m6×90-A1　（公称直径 d=10、公差为 m6、公称长度 l=90、材料为 A1 组奥氏体不锈钢、表面简单处理的圆柱销）

d 公称	2	2.5	3	4	5	6	8	10	12	16	20	25
c ≈	0.35	0.4	0.5	0.63	0.8	1.2	1.6	2.0	2.5.	3.0	3.5	4.0
l 范围	6~20	6~24	8~30	8~40	10~50	12~60	14~80	18~95	22~140	26~180	35~200	50~200
l 公称	2、3、4、5、6~32（2 进位）、35~100（5 进位）、120~200（20 进位）（公称长度大于 200，按 20 递增）											

附表 12　　　　　　圆锥销（摘自 GB/T 117—2000）　　　　单位：mm

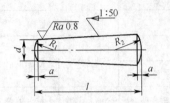

A 型（磨削）：锥面表面粗糙度 $Ra=0.8\mu m$

B 型（切削或冷镦）：锥面表面粗糙度 $Ra=3.2\mu m$

$$r_2 \approx \frac{a}{2} + d + \frac{(0.021)^2}{8a}$$

标记示例：销　GB/T 117　6×30

（公称直径 d=6、公称长度 l=30、材料为 35 钢、热处理硬度 28～38HRC、表面氧化处理的 A 型圆锥销）

d 公称	2	2.5	3	4	5	6	8	10	12	16	20	25
$a\approx$	0.25	0.3	0.4	0.5	0.63	0.8	1.0	1.2	1.6	2.0	2.5	3.0
l 范围	10～35	10～35	12～45	14～55	18～60	22～90	22～120	26～160	32～180	40～200	45～200	50～200
L 公称	2、3、4、5、6～32（2 进位）、35～100（5 进位）、120～200（20 进位）（公称长度大于 200，按 20 递增）											

附表 13　　　　　　　　　　滚 动 轴 承

深沟球轴承
（摘自 GB/T 276—2013）

标记示例：
滚动轴承　6310　GB/T 276

圆锥滚子轴承
（摘自 GB/T 297—2015）

标记示例：
滚动轴承　30212　GB/T 297

单向推力球轴承
（摘自 GB/T 301—1995）

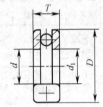

标记示例：
滚动轴承　51305　GB/T 301

轴承型号	尺寸/mm			轴承型号	尺寸/mm					轴承型号	尺寸/mm			
	d	D	B		d	D	B	C	T		d	D	T	d_1
尺寸系列〔（0）2〕				尺寸系列〔02〕						尺寸系列〔12〕				
6202	15	35	11	30203	17	40	12	11	13.25	51202	15	32	12	17
6203	17	40	12	30204	20	47	14	12	15.25	51203	17	35	12	19
6204	20	47	14	30205	25	52	15	13	16.25	51204	20	40	14	22
6205	25	52	15	30206	30	62	16	14	17.25	51205	25	47	15	27
6206	30	62	16	30207	35	72	17	15	18.25	51206	30	52	16	32
6207	35	72	17	30208	40	80	18	16	19.75	51207	35	62	18	37
6208	40	80	18	30209	45	85	19	16	20.75	51208	40	68	19	42
6209	45	85	19	30210	50	90	20	17	21.75	51209	45	73	20	47
6210	50	90	20	30211	55	100	21	18	22.75	51210	50	78	22	52
6211	55	100	21	30212	60	110	22	19	23.75	51211	55	90	25	57
6212	60	110	22	30213	65	120	23	20	24.75	51212	60	95	26	62

续表

尺寸系列（(0)3） / 尺寸系列（03） / 尺寸系列（13）

轴承型号	d	D	B	轴承型号	d	D	B	C	T	轴承型号	d	D	T	d_1
6302	15	42	13	30302	15	42	13	11	14.25	51304	20	47	18	22
6303	17	47	14	30303	17	47	14	12	15.25	51305	25	52	18	27
6304	20	52	15	30304	20	52	15	13	16.25	51306	30	60	21	32
6305	25	62	17	30305	25	62	17	15	18.25	51307	35	68	24	37
6306	30	72	19	30306	30	72	19	16	20.75	51308	40	78	26	42
6307	35	80	21	30307	35	80	21	18	22.75	51309	45	85	28	47
6308	40	90	23	30308	40	90	23	20	25.25	51310	50	95	31	52
6309	45	100	25	30309	45	100	25	22	27.25	51311	55	105	35	57
6310	50	110	27	30310	50	110	27	23	29.25	51312	60	110	35	62
6311	55	12'0	29	30311	55	120	29	25	31.50	51313	65	115	36	67
6312	60	130	31	30312	60	130	31	26	33.50	51314	70	125	40	72

尺寸系列（(0)4） / 尺寸系列（13） / 尺寸系列（14）

轴承型号	d	D	B	轴承型号	d	D	B	C	T	轴承型号	d	D	T	d_1
6403	17	62	17	31305	25	62	17	13	18.25	51405	25	60	24	27
6404	20	72	19	31306	30	72	19	14	20.75	51406	30	70	28	32
6405	25	80	21	31307	35	80	21	15	22.75	51407	35	80	32	37
6406	30	90	23	31308	40	90	23	17	25.25	51408	40	90	36	42
6407	35	100	25	31309	45	100	25	18	27.25	51409	45	100	39	47
6408	40	110	27	31310	50	110	27	19	29.25	51410	50	110	43	52
6409	45	120	29	31311	55	120	29	21	31.50	51411	55	120	48	57
6410	50	130	31	31312	60	130	31	22	33.50	51412	60	130	51	62
6411	55	140	33	31313	65	140	33	23	36.00	51413	65	140	56	68
6412	60	150	35	31314	70	150	35	25	38.00	51414	70	150	60	73
6413	65	160	37	31315	75	160	37	26	40.00	51415	75	160	65	78

注：圆括号中的尺寸系列代号在轴承型号中省略。

附表14　　　　倒角和倒圆（摘自 GB/T 6403.4—2008）　　　　单位：mm

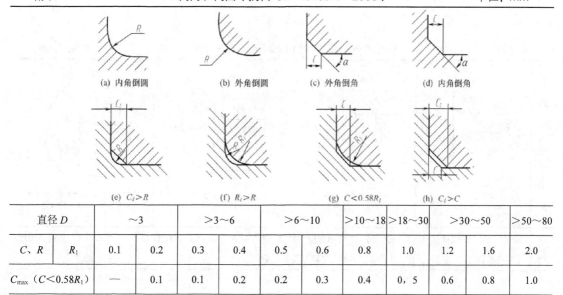

(a) 内角倒圆　(b) 外角倒圆　(c) 外角倒角　(d) 内角倒角

(e) $C_t > R$　(f) $R_t > R$　(g) $C < 0.58R_1$　(h) $C_t > C$

直径 D		～3		>3～6		>6～10	>10～18	>18～30	>30～50		>50～80
C、R	R_1	0.1	0.2	0.3	0.4	0.5	0.6	0.8	1.0	1.2	1.6	2.0
C_{max}（$C < 0.58R_1$）		—	0.1	0.1	0.2	0.2	0.3	0.4	0，5	0.6	0.8	1.0

续表

直径 D		>80~ 120	>120~ 180	>180~ 250	>250~ 320	>320~ 400	>400~ 500	>500~ 630	>630~ 800	>800~ 1 000	>1 000~ 1 250	>1 250~ 1 600
C、R	R_1	2.5	3.0	4.0	5.0	6.0	8.0	10	12	16	20	25
C_{max}（$C<0.58R_1$）		1.2	1.6	2.0	2.5	3.0	4.0	5.0	6.0	8.0	10	12

注：一般采用 45°，也可采用 30° 或 60°。

附表 15　　回转面及端面砂轮越程槽（摘自 GB/T 6403.5—2008）　　单位：mm

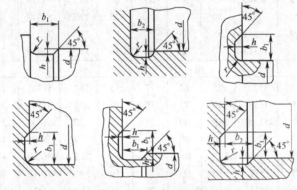

d		~10			>10~50		>50~100		>100	
b_1	0.6	1.0	1.6	2.0	3.0	4.0	5.0	8.0	10	
b_2	2.0	3.0		4.0		5.0				
h	0.1	0.2		0.3		0.4	0.6	0.8	1.2	
r	0.2	0.5		0.8	1.0	1.6		2.0	3.0	

附表 16　　中心孔表示法（摘自 GB/T 4459.5—1999）　　单位：mm

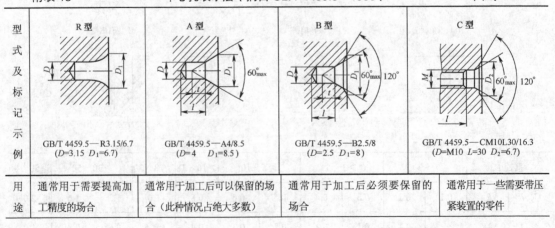

型式及标记示例	R 型	A 型	B 型	C 型
	GB/T 4459.5—R3.15/6.7 （D=3.15　D_1=6.7）	GB/T 4459.5—A4/8.5 （D=4　D_1=8.5）	GB/T 4459.5—B2.5/8 （D=2.5　D_1=8）	GB/T 4459.5—CM10L30/16.3 （D=M10　L=30　D_2=6.7）
用途	通常用于需要提高加工精度的场合	通常用于加工后可以保留的场合（此种情况占绝大多数）	通常用于加工后必须要保留的场合	通常用于一些需要带压紧装置的零件

要　　求	规定表示法	简化表示法	说　　明
中心孔表示法	在完工的零件上要求保留中心孔	GB/T 4459.5-B4/12.5	B4/12.5	采用 B 型中心孔 $D=4$　$D_1=12.5$
	在完工的零件上可以保留中心孔（是否保留都可以，多数情况如此）	GB/T 4459.5-A2/4.25	A2/4.25	采用 A 型中心孔 $D=2$　$D_1=4.25$ 一般情况下，均采用这种方式
		2×A4/8.5 GB/T 4459.5	2×A4/8.5	采用 A 型中心孔 $D=4$　$D_1=8.5$ 轴的两端中心孔相同，可只在一端注出
	在完工的零件上不允许保留中心孔	GB/T 4459.5-A1.6/3.35	A1.6/3.35	采用 A 型中心孔 $D=1.6$　$D_1=3.35$

注：1. 对标准中心孔，在图样中可不绘制其详细结构。
　　2. 简化标注时，可省略标准编号。
　　3. 尺寸 L 取决于零件的功能要求。

中心孔的尺寸参数

导向孔直径 D（公称尺寸）	R 型	A 型		B 型		C 型	
	锥孔直径 D_1	锥孔直径 D_1	参照尺寸 t	锥孔直径 D_1	参照尺寸 t	公称尺寸 M	锥孔直径 D_2
1	2.12	2.12	0.9	3.15	0.9	M3	5.8
1.6	3.35	3.35	1.4	5	1.4	M4	7.4
2	4.25	4.25	1.8	6.3	1.8	M5	8.8
2.5	5.3	5.3	2.2	8	2.2	M6	10.5
3.15	6.7	6.7	2.8	10	2.8	M8	13.2
4	8.5	8.5	3.5	12.5	3.5	M10	16.3
（5）	10.6	10.6	4.4	16	4.4	M12	19.8
6.3	13.2	13.2	5.5	18	5.5	M16	25.3
（8）	17	17	7	22.4	7	M20	31.3
10	21.2	21.2	8.7	28	8.7	M24	38

注：尽量避免选用括号中的尺寸。

附表 17　　优先及常用配合轴的极限偏差表（摘自 GB/T 1800.3—1998、1801—2009）单位：μm

代号		a	b	c	d	e	f	g	h					
基本尺寸/mm							公　　　差							
大于	至	11	11	*11	*9	8	*7	*6	5	*6	*7	8	*9	10
—	3	−270 / −330	−140 / −200	−60 / −120	−20 / −45	−14 / −28	−6 / −16	−2 / −8	0 / −4	0 / −6	0 / −10	0 / −14	0 / −25	0 / −40
3	6	−270 / −345	−140 / −215	−70 / −145	−30 / −60	−20 / −38	−10 / −22	−4 / −12	0 / −5	0 / −8	0 / −12	0 / −18	0 / −30	0 / −48
6	10	−280 / −338	−150 / −240	−85 / −170	−40 / −76	−25 / −47	−13 / −28	−5 / −14	0 / −6	0 / −9	0 / −15	0 / −22	0 / −36	0 / −58
10	14	−290 / −400	−150 / −260	−95 / −205	−50 / −93	−32 / −59	−16 / −34	−6 / −17	0 / −8	0 / −11	0 / −18	0 / −27	0 / −43	0 / −70
14	18													
18	24	−300 / −430	−160 / −290	−110 / −240	−65 / −117	−40 / −73	−20 / −41	−7 / −20	0 / −9	0 / −13	0 / −21	0 / −33	0 / −52	0 / −84
24	30													
30	40	−310 / −470	−170 / −330	−120 / −280	−80 / −142	−50 / −89	−25 / −50	−9 / −25	0 / −11	0 / −16	0 / −25	0 / −39	0 / −62	0 / −100
40	50	−320 / −480	−180 / −340	−130 / −290										
50	65	−340 / −530	−190 / −380	−140 / −330	−100 / −174	−60 / −106	−30 / −60	−10 / −29	0 / −13	0 / −19	0 / −30	0 / −46	0 / −74	0 / −120
65	80	−360 / −550	−200 / −390	−150 / −340										
80	100	−380 / −600	−220 / −440	−170 / −390	−120 / −207	−72 / −126	−36 / −71	−12 / −34	0 / −15	0 / −22	0 / −35	0 / −54	0 / −87	0 / −140
100	120	−410 / −630	−240 / −460	−180 / −400										
120	140	−460 / −710	−260 / −510	−200 / −450	−145 / −245	−85 / −148	−43 / −83	−14 / −39	0 / −18	0 / −25	0 / −40	0 / −63	0 / −100	0 / −160
140	160	−520 / −770	−280 / −530	−210 / −460										
160	180	−580 / −830	−310 / −560	−230 / −480										
180	200	−660 / −950	−340 / −630	−240 / −530	−170 / −285	−100 / −172	−50 / −96	−15 / −44	0 / −20	0 / −29	0 / −46	0 / −72	0 / −115	0 / −185
200	225	−740 / −1 030	−380 / −670	−260 / −550										
225	250	−820 / −1 110	−420 / −710	−280 / −570										
250	280	−920 / −1 240	−480 / −800	−300 / −620	−190 / −320	−110 / −191	−56 / −108	−17 / −49	0 / −23	0 / −32	0 / −52	0 / −81	0 / −130	0 / −210
280	315	−1 050 / −1 370	−540 / −860	−330 / −650										
315	355	−1 200 / −1 560	−600 / −960	−360 / −720	−210 / −350	−125 / −214	−62 / −119	−18 / −54	0 / −25	0 / −36	0 / −57	0 / −89	0 / −140	0 / −230
355	400	−1 350 / −1 710	−680 / −1 040	−400 / −760										
400	450	−1 500 / −1 900	−760 / −1 160	−440 / −840	−230 / −385	−135 / −232	−68 / −131	−20 / −60	0 / −27	0 / −40	0 / −63	0 / −97	0 / −155	0 / −250
450	500	−1 650 / −2 050	−840 / −1 240	−480 / −880										

		js	k	m	n	p	r	s	t	u	v	x	y	z
							等 级							
*11	12	6	*6	6	*6	*6	6	*6	6	*6	6	6	6	6
0 / −60	0 / −100	±3	+6 / 0	+8 / +2	+10 / +4	+12 / +6	+16 / +10	+20 / +14	—	+24 / +18	—	+26 / +20	—	+32 / +26
0 / −75	0 / −120	±4	+9 / +1	+12 / +4	+16 / +8	+20 / +12	+23 / +15	+27 / +19	—	+31 / +23	—	+36 / +28	—	+43 / +35
0 / −90	0 / −150	±4.5	+10 / +1	+15 / +6	+19 / +10	+24 / +15	+28 / +19	+32 / +23	—	+37 / +28	—	+43 / +34	—	+51 / +42
0 / −110	0 / −180	±5.5	+12 / +1	+18 / +7	+23 / +12	+29 / +18	+34 / +23	+39 / +28	—	+44 / +33	—	+51 / +40	—	+61 / +50
											+50 / +39	+56 / +45	—	+71 / +60
0 / −130	0 / −210	±6.5	+15 / +2	+21 / +8	+28 / +15	+35 / +22	+41 / +28	+48 / +35	—	+54 / +41	+60 / +47	+67 / +54	+76 / +63	+86 / +73
									+54 / +41	+61 / +48	+68 / +55	+77 / +64	+88 / +75	+101 / +88
0 / −160	0 / −250	±8	+18 / +2	+25 / +9	+33 / +17	+42 / +26	+50 / +34	+59 / +43	+64 / +48	+76 / +60	+84 / +68	+96 / +80	+110 / +94	+128 / +112
									+70 / +54	+86 / +70	+97 / +81	+113 / +97	+130 / +114	+152 / +136
0 / −190	0 / −300	±9.5	+21 / +2	+30 / +11	+39 / +20	+51 / +32	+60 / +41	+72 / +53	+85 / +66	+106 / +87	+121 / +102	+141 / +122	+163 / +144	+191 / +172
							+62 / +43	+78 / +59	+94 / +75	+121 / +102	+139 / +120	+165 / +146	+193 / +174	+229 / +210
0 / −220	0 / −350	±11	+25 / +3	+35 / +13	+45 / +23	+59 / +37	+73 / +51	+93 / +71	+113 / +91	+146 / +124	+168 / +146	+200 / +178	+236 / +214	+280 / +258
							+76 / +54	+101 / +79	+126 / +104	+166 / +144	+194 / +172	+232 / +210	+276 / +254	+332 / +310
0 / −250	0 / −400	± 12.5	+28 / +3	+40 / +15	+52 / +27	+68 / +43	+88 / +63	+117 / +92	+147 / +122	+195 / +170	+227 / +202	+273 / +248	+325 / +300	+390 / +365
							+90 / +65	+125 / +100	+159 / +134	+215 / +190	+253 / +228	+305 / +280	+365 / +340	+440 / +415
							+93 / +68	+133 / +108	+171 / +146	+235 / +210	+277 / +252	+335 / +310	+405 / +380	+490 / +465
0 / −290	0 / −460	± 14.5	+33 / +4	+46 / +17	+60 / +31	+79 / +50	+106 / +77	+151 / +122	+195 / +166	+265 / +236	+313 / +284	+379 / +350	+454 / +425	+549 / +520
							+109 / +80	+159 / +130	+209 / +180	+287 / +258	+339 / +310	+414 / +385	+499 / +470	+604 / +575
							+113 / +84	+169 / +140	+225 / +196	+313 / +284	+369 / +340	+454 / +425	+549 / +520	+669 / +640
0 / −320	0 / −520	±16	+36 / +4	+52 / +20	+66 / +34	+88 / +56	+126 / +94	+190 / +158	+250 / +218	+347 / +315	+417 / +385	+507 / +475	+612 / +580	+742 / +710
							+130 / +98	+202 / +170	+272 / +240	+382 / +350	+457 / +425	+557 / +525	+682 / +650	+822 / +790
0 / −360	0 / −570	±18	+40 / +4	+57 / +21	+73 / +37	+98 / +62	+144 / +108	+226 / +190	+304 / +268	+426 / +390	+511 / +475	+626 / +590	+766 / +730	+936 / +900
							+150 / +114	+244 / +208	+330 / +294	+471 / +435	+566 / +530	+696 / +660	+856 / +820	+1 036 / +1 000
0 / −400	0 / −630	±20	+45 / +5	+63 / +23	+80 / +40	+108 / +68	+166 / +126	+272 / +232	+370 / +330	+530 / +490	+635 / +595	+780 / +740	+960 / +920	+1 140 / +1 100
							+172 / +132	+292 / +252	+400 / +360	+580 / +540	+700 / +660	+860 / +820	+1 040 / +1 000	+1 290 / +1 250

注：带*者为优先选用的，其他为常用的。

附表 18　优先及常用配合孔的极限偏差表（摘自 GB/T 1800.3—1998、1801—2009）单位：μm

代号		A	B	C	D	E	F	G	H					
基本尺寸/mm							公　差							
大于	至	11	11	*11	*9	8	*8	*7	6	*7	*8	*9	10	*11
—	3	+330/+270	+200/+140	+120/+60	+45/+20	+28/+14	+20/+6	+12/+2	+6/0	+10/0	+14/0	+25/0	+40/0	+60/0
3	6	+345/+270	+215/+140	+145/+70	+60/+30	+38/+20	+28/+10	+16/+4	+8/0	+12/0	+18/0	+30/0	+48/0	+75/0
6	10	+370/+280	+240/+150	+170/+80	+76/+40	+47/+25	+35/+13	+20/+5	+9/0	+15/0	+22/0	+36/0	+58/0	+90/0
10	14	+400/+290	+260/+150	+205/+95	+93/+50	+59/+32	+43/+16	+24/+6	+11/0	+18/0	+27/0	+43/0	+70/0	+110/0
14	18	+400/+290	+260/+150	+205/+95	+93/+50	+59/+32	+43/+16	+24/+6	+11/0	+18/0	+27/0	+43/0	+70/0	+110/0
18	24	+430/+300	+290/+160	+240/+110	+117/+65	+73/+40	+53/+20	+28/+7	+13/0	+21/0	+33/0	+52/0	+84/0	+130/0
24	30	+430/+300	+290/+160	+240/+110	+117/+65	+73/+40	+53/+20	+28/+7	+13/0	+21/0	+33/0	+52/0	+84/0	+130/0
30	40	+470/+310	+330/+170	+280/+120	+142/+80	+89/+50	+64/+25	+34/+9	+16/0	+25/0	+39/0	+62/0	+100/0	+160/0
40	50	+480/+320	+340/+180	+290/+130	+142/+80	+89/+50	+64/+25	+34/+9	+16/0	+25/0	+39/0	+62/0	+100/0	+160/0
50	65	+530/+340	+380/+190	+330/+140	+174/+100	+106/+60	+76/+30	+40/+10	+19/0	+30/0	+46/0	+74/0	+120/0	+190/0
65	80	+550/+360	+390/+200	+340/+150	+174/+100	+106/+60	+76/+30	+40/+10	+19/0	+30/0	+46/0	+74/0	+120/0	+190/0
80	100	+600/+380	+440/+220	+390/+170	+207/+120	+126/+72	+90/+36	+47/+12	+22/0	+35/0	+54/0	+87/0	+140/0	+220/0
100	120	+630/+410	+460/+240	+400/+180	+207/+120	+126/+72	+90/+36	+47/+12	+22/0	+35/0	+54/0	+87/0	+140/0	+220/0
120	140	+710/+460	+510/+260	+450/+200	+245/+145	+148/+85	+106/+43	+54/+14	+25/0	+40/0	+63/0	+100/0	+160/0	+250/0
140	160	+770/+520	+530/+280	+460/+210	+245/+145	+148/+85	+106/+43	+54/+14	+25/0	+40/0	+63/0	+100/0	+160/0	+250/0
160	180	+830/+580	+560/+310	+480/+230	+245/+145	+148/+85	+106/+43	+54/+14	+25/0	+40/0	+63/0	+100/0	+160/0	+250/0
180	200	+950/+660	+630/+340	+530/+240	+285/+170	+172/+100	+122/+50	+61/+15	+29/0	+46/0	+72/0	+115/0	+185/0	+290/0
200	225	+1 030/+740	+670/+380	+550/+260	+285/+170	+172/+100	+122/+50	+61/+15	+29/0	+46/0	+72/0	+115/0	+185/0	+290/0
225	250	+1 110/+820	+710/+420	+570/+280	+285/+170	+172/+100	+122/+50	+61/+15	+29/0	+46/0	+72/0	+115/0	+185/0	+290/0
250	280	+1 240/+920	+800/+480	+620/+300	+320/+190	+191/+110	+137/+56	+69/+17	+32/0	+52/0	+81/0	+130/0	+210/0	+320/0
280	315	+1 370/+1 050	+860/+540	+650/+330	+320/+190	+191/+110	+137/+56	+69/+17	+32/0	+52/0	+81/0	+130/0	+210/0	+320/0
315	355	+1 560/+1 200	+960/+600	+720/+360	+350/+210	+214/+125	+151/+62	+75/+18	+36/0	+57/0	+89/0	+140/0	+230/0	+360/0
355	400	+1 710/+1 350	+1 040/+680	+760/+400	+350/+210	+214/+125	+151/+62	+75/+18	+36/0	+57/0	+89/0	+140/0	+230/0	+360/0
400	450	+1 900/+1 500	+1 160/+760	+840/+440	+385/+230	+232/+135	+165/+68	+83/+20	+40/0	+63/0	+97/0	+155/0	+250/0	+400/0
450	500	+2 050/+1 650	+1 240/+840	+880/+480	+385/+230	+232/+135	+165/+68	+83/+20	+40/0	+63/0	+97/0	+155/0	+250/0	+400/0

	JS		K			M	N		P		R	S	T	U
								等 级						
12	6	7	6	*7	8	7	6	7	6	*7	7	*7	7	· *7
+100 0	±3	±5	0 −6	0 −10	0 −14	−2 −12	−4 −10	−4 −14	−6 −12	−6 −16	−10 −20	−14 −24	—	−18 −28
+120 0	±4	±6	+2 −6	+3 −9	+5 −13	0 −12	−5 −13	−4 −16	−9 −17	−8 −20	−11 −23	−15 −27	—	−19 −31
+150 0	±4.5	±7	+2 −7	+5 −10	+6 −16	0 −15	−7 −16	−4 −19	−12 −21	−9 −24	−13 −28	−17 −32	—	−22 −37
+180 0	±5.5	±9	+2 −9	+6 −12	+8 −19	0 −18	−9 −20	−5 −23	−15 −26	−11 −29	−16 −34	−21 −39	—	−26 −44
+210 0	±6.5	± 10	+2 −11	+6 −15	+10 −23	0 −21	−11 −24	−7 −28	−18 −31	−14 −35	−20 −41	−27 −48	— −33 −54	−33 −54 −40 −61
+250 0	±8	± 12	+3 −13	+7 −18	+12 −27	0 −25	−12 −28	−8 −33	−21 −37	−17 −42	−25 −50	−34 −59	−39 −64 −45 −70	−51 −76 −61 −86
+300 0	±9.5	± 15	+4 −15	+9 −21	+14 −32	0 −30	−14 −33	−9 −39	−26 −45	−21 −51	−30 −60 −32 −62	−42 −72 −48 −78	−55 −85 −64 −94	−76 −106 −91 −121
+350 0	±11	± 17	+4 −18	+10 −25	+16 −38	0 −35	−16 −38	−10 −45	−30 −52	−24 −59	−38 −73 −41 −76	−58 −93 −66 −101	−78 −113 −91 −126	−111 −146 −131 −166
+400 0	±12.5	± 20	+4 −21	+12 −28	+20 −43	0 −40	−20 −45	−12 −52	−36 −61	−28 −68	−48 −88 −50 −90 −53 −93	−77 −117 −85 −125 −93 −133	−107 −147 −119 −159 −131 −171	−155 −195 −175 −215 −195 −235
+460 0	±14.5	± 23	+5 −24	+13 −33	+22 −50	0 −46	−22 −51	−14 −60	−41 −70	−33 −79	−60 −106 −63 −109 −67 −113	−105 −151 −113 −159 −123 −169	−149 −195 −163 −209 −179 −225	−219 −265 −241 −287 −267 −313
+520 0	±16	± 26	+5 −27	+16 −36	+25 −56	0 −52	−25 −57	−14 −66	−47 −79	−36 −88	−74 −126 −78 −130	−138 −190 −150 −202	−198 −250 −220 −272	−295 −347 −330 −382
+570 0	±18	± 28	+7 −29	+17 −40	+28 −61	0 −57	−26 −62	−16 −73	−51 −87	−41 −98	−87 −144 −93 −150	−169 −226 −187 −244	−247 −304 −273 −330	−369 −426 −414 −471
+630 0	±20	± 31	+8 −32	+18 −45	+29 −68	0 −63	−27 −67	−17 −80	−55 −95	−45 −108	−103 −166 −109 −172	−209 −272 −229 −292	−307 −370 −337 −400	−467 −530 −517 −580

注：带"*"者为优先选用的，其他为常用的。